现代数学基础丛书·典藏版　11

分 析 概 率 论

胡迪鹤　著

科学出版社

北 京

内 容 简 介

本书在测度论与初等概率论的基础上，讲述了相互独立的随机变量序列的强、弱极限理论，部分章节后附有习题。

本书可供高等院校数学专业高年级学生、研究生、教师及科学工作者参考。

图书在版编目(CIP)数据

分析概率论/胡迪鹤著.—北京：科学出版社，1984.4（2016.6 重印）

（现代数学基础丛书·典藏版；11）

ISBN 978-7-03-005990-1

I.①分… Ⅱ.①胡… Ⅲ.①概率论 Ⅳ.①O211

中国版本图书馆 CIP 数据核字(2016) 第 112460 号

责任编辑：张 扬／责任校对：林青梅
责任印制：徐晓晨／封面设计：王 浩

科 学 出 版 社 出版
北京东黄城根北街 16 号
邮政编码：100717
http://www.sciencep.com

北京厚诚则铭印刷科技有限公司印刷
科学出版社发行 各地新华书店经销

*

1984 年 4 月第 一 版 开本：B5(720×1000)
2016 年 6 月印 刷 印张：14 1/4
字数：181 000
定价：**98.00 元**
（如有印装质量问题，我社负责调换）

序

极限理论是概率论的一个重要方面，而相互独立的随机变量序列的极限理论又是其它随机过程的极限理论的基础．本书的目的是论述相互独立随机变量序列的弱极限理论与强极限理论．全书由三大部分组成：第一部分包括本书第一、二章，叙述概率论的一些分析基础；第二部分包括本书第三、四、五、六章，讲述弱极限理论；第三部分，即本书第七章，讲述强极限理论．

本书是根据作者在北京大学数学系讲授"分析概率论"的讲义经过整理而写成的，内容上部分地吸取了许宝騄教授生前领导的"极限理论讨论班"的有关材料．书中大部分章节后面附有一定量的习题．

由于作者学识浅薄，本书的缺点错误定然不少，敬请不吝指教，以期改进．

胡 迪 鹤

1978 年于武汉大学

目　录

第一章 R^N 上的 L-S 测度及其弱收敛性

本书是基于测度论之上而写的。但是为了陈述方便及本书的特殊需要,测度论中的某些有关概念及结果,特别是 N 维欧氏空间中的勒贝格-斯蒂尔吉斯测度及其弱收敛性,仍给以扼要的论证。§1,§2 是测度论的一些基本概念,易于查找,故只简略叙述,而不加证明。§3 是弱收敛性,给出了必要的证明。

§1 集合族及其上的测度

关于集合的运算,我们沿用习惯的术语与符号。例如,$\bigcup A_n$ 表示集合族 $\{A_n\}$ 的和(并),$\bigcap\limits_n A_n$ 表示集合族 $\{A_n\}$ 的积(交),$A \backslash B$ 表示 A 与 B 之差,$A \triangle B = (A \backslash B) \cup (B \backslash A)$ 表示 A 与 B 的对称差,$\bar{A}$ 表示 A 的补集,$\{A_n, \text{i. o.}\} = \limsup\limits_{n \to \infty} A_n = \bigcap\limits_{n=1}^{\infty} \bigcup\limits_{k=n}^{\infty} A_k$,$\{A_n, \text{a. a.}\} = \liminf\limits_{n \to \infty} A_n = \bigcup\limits_{n=1}^{\infty} \bigcap\limits_{k=n}^{\infty} A_k$。

定义 1.1 设 Ω 为一集合。由 Ω 的一族子集构成的集合族 $\mathscr{P}$ 称为一个半环,如果: (1) $\varnothing \in \mathscr{P}$($\varnothing$ 表空集); (2) $E_1, E_2 \in \mathscr{P} \Longrightarrow E_1 \bigcap E_2 \in \mathscr{P}$; (3) $E, F \in \mathscr{P}$,$E \supset F \Longrightarrow E \backslash F = \bigcup\limits_{i=1}^{n} E_i$,$E_i \in \mathscr{P}$,$E_i \bigcap E_j = \varnothing$,$i \neq j$,$i, j = 1, 2, \cdots, n$。

称 Ω 的子集族 $\mathscr{R}$ 是一个环,如果 $E, F \in \mathscr{R} \Longrightarrow E \cup F \in \mathscr{R}$,$E \backslash F \in \mathscr{R}$。

称 Ω 的子集族 $\mathscr{F}$ 为一个域,如果 $\mathscr{F}$ 是环而且 $\Omega \in \mathscr{F}$。

称域 $\mathscr{F}$ 是波莱尔(Borel, E.)域,如果 $\mathscr{F}$ 中可数个集之和仍属于 $\mathscr{F}$。

称 Ω 的子集族 $\mathfrak{M}$ 是一个 π 系,如果 $E_i \in \mathfrak{M}$($i = 1, \cdots, n$)$\Longrightarrow \bigcap\limits_{i=1}^{n} E_i \in \mathfrak{M}$。

称 Ω 的子集族 $\mathscr{D}$ 是一个 D 系,如果 $\Omega \in \mathscr{D}$;而且 $A, B \in \mathscr{D}$,$A \subset B \Longrightarrow B \backslash A \in \mathscr{D}$; $A_n \in \mathscr{D}$, $A_n \subset A_{n+1} \Longrightarrow \bigcup\limits_{n=1}^{\infty} A_n \in \mathscr{D}$.

若 $\mathfrak{M}$ 是 Ω 的一个子集族,包含 $\mathfrak{M}$ 的最小波莱尔域称为由 $\mathfrak{M}$ 所产生的波莱尔域,记之为 $\mathscr{B}(\mathfrak{M})$. 类似地,包含 $\mathfrak{M}$ 的最小 D 系称之为由 $\mathfrak{M}$ 所产生的 D 系,记之为 $\mathscr{D}(\mathfrak{M})$.

可以证明:

1. 若 $\mathscr{D}$ 既是 π 系又是 D 系,则 $\mathscr{D}$ 必为波莱尔域.

2. 若 $\mathfrak{M}$ 是 π 系,则 $\mathscr{D}(\mathfrak{M}) = \mathscr{B}(\mathfrak{M})$.

定义 1.2 设 $\mathfrak{M}$ 是 Ω 的一族子集(不妨令 $\varnothing \in \mathfrak{M}$). 定义在 $\mathfrak{M}$ 上的取广义实数值(即添加了 ∞ 的实数集)的集函数 μ 称为一个测度,如果 μ 满足:

(μ_1) μ 在 $\mathfrak{M}$ 上非负;

(μ_2) μ 在 $\mathfrak{M}$ 上有完全可加性,即对任何 $E_n \in \mathfrak{M}$, $E_m \cap E_n = \varnothing$ $(m \neq n)$, $\bigcup\limits_{n=1}^{\infty} E_n \in \mathfrak{M}$,都有 $\mu\left(\bigcup\limits_{n=1}^{\infty} E_n\right) = \sum\limits_{n=1}^{\infty} \mu(E_n)$;

(μ_3) $\mu(\varnothing) = 0$.

特别地,若测度 μ 只取实值,则称 μ 为有限测度,若对任何 $E \in \mathfrak{M}$,都有 $E_n \in \mathfrak{M}$, $E \subset \bigcup\limits_{n=1}^{\infty} E_n$,使 $\mu(E_n) < \infty$ $(n = 1, 2, \cdots)$,则称 μ 是 σ 有限测度. 显然有限测度必为 σ 有限测度. 若 $\mu(\Omega) = 1$,则称 μ 为正则化测度或概率测度.

定理 1.1 若 μ 是环 $\mathscr{R}$ 上的广义实值集函数,且满足定义 1.2 中的 (μ_1) 及 (μ_3) 及

(μ_2^*) μ 在 $\mathscr{R}$ 上具有有限可加性且

$$E_n \in \mathscr{R}, \ E_n \supset E_{n+1}, \bigcap\limits_{n=1}^{\infty} E_n = \varnothing \Longrightarrow \lim\limits_{n \to \infty} \mu(E_n) = 0,$$

则 μ 是 $\mathscr{R}$ 上一个测度.

定理 1.2 若 μ 是半环 $\mathscr{P}$ 上一个有限测度,则 μ 可以唯一地扩张到 $\mathscr{B}(\mathscr{P})$ 上去,即存在唯一一个定义在 $\mathscr{B}(\mathscr{P})$ 上的测度

μ^* 满足 $\mu(E) = \mu^*(E)$ （当 $E \in \mathscr{D}$ 时）。

§2 随机变量的分布函数及其所产生的 L-S 测度

定义 2.1 设 Ω 为一集合，$\mathscr{F}$ 是 Ω 上的一个波莱尔域，则称 $(\Omega, \mathscr{F})$ 是一个可测空间，$\mathscr{F}$ 中每一集合 A 都称为可测集。如在 $\mathscr{F}$ 上定义了一个测度 μ，则称 $(\Omega, \mathscr{F}, \mu)$ 是测度空间。特别地，若 μ 是概率测度，即满足 $\mu(\Omega) = 1$ 的测度，则称 $(\Omega, \mathscr{F}, \mu)$ 是概率空间。概率测度常用 P 表示，所以今后总用 $(\Omega, \mathscr{F}, P)$ 表示概率空间。

定义 2.2 设 $(\Omega_1, \mathscr{F}_1)$，$(\Omega_2, \mathscr{F}_2)$ 为二个可测空间。变换 X 把 Ω_1 的点映射到 Ω_2 中。如果对任何 $A \in \mathscr{F}_2$，都有 $X^{-1}(A) \equiv \{\omega_1 | X(\omega_1) \in A, \omega_1 \in \Omega_1\} \in \mathscr{F}_1$，则称 X 是 $(\mathscr{F}_1, \mathscr{F}_2)$ 可测的，或者说 X 可测 $(\mathscr{F}_1, \mathscr{F}_2)$。特别地，若 $(\Omega_2, \mathscr{F}_2)$ 是 $(R^1, \mathscr{B}^1)$（其中 R^N 是 N 维欧氏空间，$\mathscr{B}^N$ 是全体开集所产生的波莱尔域），则称 $(\mathscr{F}_1, \mathscr{B}^1)$ 可测变换为 $(\Omega_1, \mathscr{F}_1)$ 上的可测函数。概率空间上的可测函数 X 称为随机变量，用 R. V. 表示。

若 $(\Omega, \mathscr{F}, \mu)$ 是测度空间，f 是其上的可测函数，$A \in \mathscr{F}$，f 在 A 上关于测度 μ 的积分记之为

$$\int_A f(\omega)d\mu(\omega) \quad 或 \quad \int_A f(\omega)\mu(d\omega) \quad 或 \quad \int_A fd\mu.$$

涉及随机变量时，总是某个概率空间上的随机变量，只不过有时为简便而把概率空间隐去不提而已。

定义 2.3 设 X 是概率空间 $(\Omega, \mathscr{F}, P)$ 上的随机变量，函数 $F(x) \equiv P(X < x)$ 称为 X 的分布函数，用 d. f. 表示。若 X 至多只能取可数个值，则称 X 是离散的；若 $F(x)$ 绝对连续，即存在非负勒贝格可积函数 $p(t)$，使

$$F(x) = \int_{-\infty}^x p(t)dt, \quad x \in R^1,$$

则称 X 是连续的。这时，称 $p(t)$ 为 X（或者 $F(x)$）的密度函数。显然，$p(t)$ 差一勒贝格（Lebesgue, H. L.）零测集而唯一确定。"X 具有分布函数 $F(x)$"有时也称作"X 服从 $F(x)$ 分布"。

显然分布函数 $F(x)$ 具有下述性质：

(c_1) $F(x)$ 是实值函数；

(c_2) $F(x)$ 单调非降；

(c_3) $F(x)$ 左连续；

(c_4) $\lim\limits_{x \to -\infty} F(x) = 0$；

(c_5) $\lim\limits_{x \to \infty} F(x) = 1$.

易证：分布函数在 R^1 上最多只能有可数个间断点，而且都是第一类的. 分布函数由其连续点上的函数值所唯一决定.

定义 2.4 设 $X_1, \cdots, X_N$ 都是概率空间 $(\Omega, \mathscr{F}, P)$ 上的随机变量，则称 $X = (X_1, \cdots, X_N)$ 为 N 维随机向量，或 N 维随机变量. 函数 $F(x_1, \cdots, x_N) = P\left(\bigcap\limits_{i=1}^{N} \{X_i < x_i\}\right)$ 称为 X 的联合分布函数，简称分布函数. 如果 $X = (X_1, \cdots, X_N)$ 最多只能取 R^N 中可数个点，则说 $X = (X_1, \cdots, X_N)$ 是离散的；如果 $F(x_1, \cdots, x_N)$ 是绝对连续的，即存在非负勒贝格可积函数 $p(t_1, \cdots, t_N)$，使

$$F(x_1, \cdots, x_N) = \int_{-\infty}^{x_1} \cdots \int_{-\infty}^{x_N} p(t_1, \cdots, t_N) dt_1 \cdots dt_N,$$

则说 $(X_1, \cdots, X_N)$ 是连续的，$p(t_1, \cdots, t_N)$ 称为 $(X_1, \cdots, X_N)$（或 $F(x_1, \cdots, x_N)$）的联合密度函数，简称密度函数. $p(t_1, \cdots, t_N)$ 差一个勒贝格零测集而唯一决定.

显然，$X = (X_1, \cdots, X_N)$ 的联合分布函数 $F(x_1, \cdots, x_N)$ 也满足：

(c_1) $F(x_1, \cdots, x_N)$ 是实值函数；

(c_2) 对任何 N 维非空（半开闭）区间

$I = [a, b) = [a_1, b_1; \cdots; a_N, b_N)$

$= \{x = (x_1, \cdots, x_N) \mid a_i \leqslant x_i < b_i, i = 1, \cdots, N\}$,

有

$F(I) = F(b_1, \cdots, b_N)$

$- [F(a_1, b_2, \cdots, b_N) + \cdots + F(b_1, \cdots, b_{N-1}, a_N)]$

$$+ [F(a_1, a_2, b_3, \cdots, b_N) + \cdots + F(b_1, \cdots, b_{N-2}, a_{N-1}, a_N)]$$
$$- \cdots + (-1)^N F(a_1, \cdots, a_N) \geqslant 0;$$

(c₃)　$F(x_1, \cdots, x_N)$ 对每一个自变量皆左连续;

(c₄)　$\lim\limits_{x_i \to -\infty} F(x_1, \cdots, x_N) = 0,\ i = 1, \cdots, N;$

(c₅)　$\lim\limits_{\substack{x_i \to \infty \\ i=1,\cdots,N}} F(x_1, \cdots, x_N) = 1.$

定义 2.5　设 $(X_1, \cdots, X_N)$ 是 N 维随机向量,从其中任取 i 个 ($i \leqslant N$) 分量所构成的 i 维随机向量 $(X_{i_1}, \cdots, X_{j_i})$ 的联合分布函数相对于 $(X_1, \cdots, X_N)$ 的联合分布函数来说,就称为边缘分布函数.

显然边缘分布函数由联合分布函数唯一决定,但逆命题一般不成立. 反例如下:

设 (X_1, X_2) 服从二维正态分布函数,即它有联合密度函数:

$$p(x, y)$$
$$= \frac{1}{2\pi\sqrt{1 - r^2}\, \sigma_1 \sigma_2} e^{-\frac{1}{2(1-r^2)}\left[\left(\frac{x-a_1}{\sigma_1}\right)^2 - 2r\left(\frac{x-a_1}{\sigma_1}\right)\left(\frac{y-a_2}{\sigma_2}\right) + \left(\frac{y-a_2}{\sigma_2}\right)^2 \right]},$$

其中 $a_1, a_2, \sigma_1, \sigma_2, r$ 为常数, $\sigma_1 > 0$, $\sigma_2 > 0$, $r^2 \leqslant 1$.

可以算出 X_i 的密度函数为

$$p_i(x) = \frac{1}{\sqrt{2\pi}\sigma_i} e^{-\frac{1}{2}\left(\frac{x-a_i}{\sigma_i}\right)^2}$$

与 r 无关. 这说明了 X_1, X_2 的分布函数确定以后,(X_1, X_2) 的联合分布函数还不确定 (r 可以取不同的常数).

什么情况下边缘分布函数唯一确定了联合分布函数呢? 这就须要引进随机变量的独立性的概念. 而本书的中心论题,正是独立随机变量和的极限理论.

定义 2.6　称概率空间 $(\Omega, \mathscr{F}, P)$ 上的随机变量 $X_1, \cdots, X_N$ 是相互独立的,简称独立,如果

$$P(X_1 < x_1, \cdots, X_N < x_N)$$
$$= P(X_1 < x_1) \cdots P(X_N < x_N),\ x_i \in R^1,\ i = 1, 2, \cdots N,$$

即联合分布函数等于边缘分布函数之积.

由此看出: 若随机变量 $X_1, \cdots, X_N$ 相互独立,则其联合分布函数与边缘分布函数相互唯一决定.

下面我们将要由分布函数 $F(x_1, \cdots, x_N)$ 产生 $(R^N, \mathscr{B}^N)$ 上的勒贝格-斯蒂尔吉斯 (Lebesgue-Stieltjes) 测度($L\text{-}S$ 测度). 令

$$I = [a, b) = [a_1, b_1; \cdots; a_N, b_N)$$
$$= \{x = (x_1, \cdots, x_N) \mid a_i \leqslant x_i < b_i, \ i = 1, \cdots, N\}$$

为 R^N 中的(半开闭)区间,(本书所言之区间,意即此种半开闭区间)仿之可以定义 R^N 中之闭区间 $I^c = [a, b] = [a_1, b_1; \cdots; a_N, b_N]$, 开区间 $I^0 = (a, b) = (a_1, b_1; \cdots; a_N, b_N)$. 再令 $\mathscr{I}_N = \{R^N$ 中一切区间$\}$, $\mathscr{I}_N^c = \{R^N$ 中一切闭区间$\}$, $\mathscr{I}_N^0 = \{R^N$ 中一切开区间$\}$. 只要有一个 $b_i < a_i$, 则 $[a, b) = [a, b] = (a, b) = \varnothing$, 所以 $\varnothing \in \mathscr{I}_N, \mathscr{I}_N^c, \mathscr{I}_N^0$. 显然 $\mathscr{I}_N$ 是半环, $\mathscr{B}^N = \mathscr{B}(\mathscr{I}_N) = \mathscr{B}(\mathscr{I}_N^c) = \mathscr{B}(\mathscr{I}_N^0) = \mathscr{B}(R^N$ 中一切闭集$) = \mathscr{B}(R^N$ 中一切开集$)$.

设 $x = (x_1, \cdots, x_N)$, $y = (y_1, \cdots, y_N) \in R^N$, $x < y$ (或 $x \leqslant y$) 意即 $x_i < y_i$ (或 $x_i \leqslant y_i$) 对一切 $1 \leqslant i \leqslant N$ 成立. R^N 上的点函数 $F(x_1, \cdots, x_N)$ 有时记为 $F(x)$.

定义 2.7 设 $F(x) = F(x_1, \cdots, x_N)$ 是定义在 R^N 上的点函数. 如果它满足定义 2.4 后面的 (c_1)—(c_3), 则说它是典范函数. 若它满足 (c_1)—(c_4) 及

$$(c_5') \qquad \lim_{\substack{x_i \to \infty \\ i = 1, \cdots, N}} F(x_1, \cdots, x_N) \leqslant 1,$$

则称之为准分布函数. 若它满足 (c_1)—(c_5), 则称之为分布函数.

定理 2.1 设 $F(x) = F(x_1, \cdots, x_N)$ 是典范函数,任取 $I \in \mathscr{I}_N$, 定义

$$F(I) = 0 \quad (\text{若 } I = \varnothing),$$
$$F(I) = F(b_1, \cdots, b_N)$$
$$\quad - [F(a_1, b_2, \cdots, b_N) + \cdots + F(b_1, \cdots, b_{N-1}, a_N)]$$
$$\quad + [F(a_1, a_2, b_3, \cdots, b_N) + \cdots + F(b_1, \cdots, b_{N-2}, a_{N-1}, a_N)]$$

· 6 ·

$$- \cdots + (-1)^N F(a_1, \cdots, a_N)$$

（若 $I = [a, b) = [a_1, b_1; \cdots; a_N, b_N) \neq \varnothing$），

则 F 是半环 $\mathscr{I}_N$ 上的一个有限测度. 用定理 1.2，它可以唯一地扩张到 $\mathscr{B}^N = \mathscr{B}(\mathscr{I}_N)$ 上去，所得到的测度仍用 F 表之. 此测度称为由典范函数 $F(x)$ 所产生的勒贝格-斯蒂尔吉斯测度（L-S 测度）.

特别地，若 $F(x)$ 是准分布函数，则它所产生的 $\mathscr{B}^N$ 上的 L-S 测度满足 $F(R^N) \leqslant 1$. 更特别地，若 $F(x)$ 是分布函数，则它所产生的 L-S 测度是概率测度.

注 若 $F(x) = F(x_1, \cdots, x_N)$ 只满足 (c_1) 和 (c_2)，则在定理 2.1 中所定义的集函数 F 在 $\mathscr{I}_N$ 上未必有完全可加性. 例如，$F(x) = (x)$（(x) 表示比 x 大的最小整数），则 $F(x)$ 满足 (c_1) 和 (c_2)，但不满足 (c_3). 取 $I = [1, 2)$，$I_n = \left[\sum_{i=0}^{n-1} \frac{1}{2^i}, \sum_{i=0}^{n} \frac{1}{2^i} \right)$，则 $\{I_n\}$ 两两不交，$I = \bigcup_{n=1}^{\infty} I_n$，但 $F(I) = 1$，$F(I_n) = 0$（$n \geqslant 1$），所以 F 在 $\mathscr{I}_N$ 上不满足完全可加性.

虽然满足 (c_1)，(c_2) 的点函数 $F(x_1, \cdots, x_N)$ 按定理 2.1 的方式定义的 $\mathscr{I}_N$ 上的集函数 F 未必是测度，但我们可以找出与此集函数对应的测度，而且这种测度在某种限制下还是唯一的. 这样，我们从只满足 (c_1)，(c_2) 的点函数出发，仍可导出 $\mathscr{B}^N$ 上的测度.

定理 2.2 设 $F(x_1, \cdots, x_N)$ 定义在 R^N 的全部有理点（即每个坐标都是有理数）上，而且满足 (c_1)，(c_2)，造集函数 F 如下：对有理区间 $[a, b) = [a_1, b_1; \cdots; a_N, b_N)$（即此区间的每个顶点皆为有理点，也就是每个 a_i，b_i 皆为有理数），定义 $F(I)$ 如定理 2.1，则在 $\mathscr{B}^N$ 上存在唯一一个测度 F^*，使得对任意有理区间 I，只要 $I^c \subset J^0$，就有 $F(I) \leqslant F^*(J)$；只要 $I^0 \supset J^c$，就有 $F(I) \geqslant F^*(J)$，其中 $J \in \mathscr{B}^N$，A^0，A^c 分别表示集 A 的内部及闭包.

实际上，本定理只要求 $F(x_1, \cdots, x_N)$ 定义在某点集 $A = \{(x_1, \cdots, x_N) | x_i \in D, i = 1, \cdots, N\}$ 上，其中 D 在 R^1 中处处稠密.

测度 F^* 称为 $F(x_1, \cdots, x_N)$（或集函数 F）的伴随测度. 若

$F(x_1, \cdots, x_N)$ 是定义在 R^N 上的典范函数,则集函数 $F(I)$ ($I \in \mathscr{I}_N$) 是 $\mathscr{I}_N$ 上的测度,伴随测度就是 F 在 $\mathscr{B}^N$ 上的扩张,即 F^* 就是由 $F(x_1, \cdots, x_N)$ 所产生的 L-S 测度.

易证:$F(x_1, \cdots, x_N)$ 的伴随测度 F^* 具有下列性质:

$$F^*([a, b]) = \lim_{\substack{a' \downarrow a \\ b' \downarrow b}} F([a', b'));$$

$$F^*((a, b)) = \lim_{\substack{a' \downarrow a \\ b' \uparrow b}} F([a', b')).$$

定理 2.1 说明 R^N 上的任一典范函数 $F(x_1, \cdots, x_N)$ 均可产生一个 $\mathscr{B}^N$ 上的 L-S 测度 F. 现在反过来问:任给 $\mathscr{B}^N$ 上一个测度 F,是否存在一个典范函数 $F(x_1, \cdots, x_N)$,其所产生的 L-S 测度就是 F?再问:这样的函数是否唯一?如果一般说不唯一,那么在什么条件下唯一?

(甲) 如果 $\mathscr{B}^N$ 上的测度 F 满足 $F(I) < \infty$ ($I \in \mathscr{I}_N$),则存在 R^N 上的典范函数 $F(x_1, \cdots, x_N)$,其伴随测度(在此场合,它就是此典范函数所产生的 L-S 测度)就是 F,而且这样的典范函数有无穷多个.

例如,$\mathscr{B}^1$ 上给定一个测度 F,它满足 $F(I) < \infty$ ($I \in \mathscr{I}_1$),造点函数如下:

$$F(x) = \begin{cases} \int_{[0, x)} dF, & x > 0; \\ 0, & x = 0; \\ -\int_{[x, 0)} dF, & x < 0, \end{cases}$$

则 $F(x)$ 是典范函数,而且 $F(x)$ 的伴随测度(L-S 测度)就是 F,不仅如此,$F(x) + c$ (c 为任一实数)也满足上述一切要求.

由此看出:R^N 上的典范函数与 $\mathscr{B}^N$ 上的满足 $F(I) < \infty$ ($I \in \mathscr{I}_N$) 的测度之间存在一个多对一的对应关系.

(乙) 若 $\mathscr{B}^N$ 上的测度 F 满足

(A) $F(\{(x_1, \cdots, x_N) | x_i < a_i, i = 1, \cdots, N\}) < \infty$,

其中 a_i 是实数,则恰有唯一一个满足 (c_1)—(c_4) 的点函数

$F(x_1, \cdots, x_N)$，它的伴随测度（L-S 测度）就是 F.

事实上，取 $F(a_1, \cdots, a_N) = F(\{(x_1, \cdots, x_N) | x_i < a_i, i = 1, \cdots, N\})$ 即为所求. 若 $F_i(x_1, \cdots, x_N)$（$i = 1, 2$）都满足 (c_1)—(c_4)，且它们的伴随测度都是 F，则

$$F_1(b_1, \cdots, b_N) = \lim_{a_1 \to -\infty} \cdots \lim_{a_N \to -\infty} F([a, b)) = F_2(b_1, \cdots, b_N).$$

所以，R^N 上满足 (c_1)—(c_4) 的点函数与 $\mathscr{B}^N$ 上满足 (A) 的测度之间存在一一对应的关系. 正因为如此，我们既用 F 表示满足 (c_1)—(c_4) 的点函数，又用 F 表示满足 (A) 的测度. 特别地，R^N 上的分布函数与 $\mathscr{B}^N$ 上的概率测度存在一一对应关系.

为方便计，我们有时也说：典范函数 $F(x)$ 在某一点 x_0 的测度，那意思就是 $F(x)$ 的伴随测度在 $\{x_0\}$ 的测度.

定义 2.8 设 $F_1(x)$，$F_2(x)$ 是 R^N 上的准分布函数，F_1，F_2 分别为其伴随测度，则

$$F(A) = \int_{y+z \in A} dF_1(y) dF_2(z) \quad (A \in \mathscr{B}^N)$$

是 $\mathscr{B}^N$ 上的测度，且 $F(R^N) \leqslant 1$，从而

$$F(x) = \int_{y+z < x} dF_1(y) dF_2(z)$$

是 R^N 上的准分布函数. 我们称 F 是 F_1 与 F_2 的卷积测度，$F(x)$ 称为 $F_1(x)$ 与 $F_2(x)$ 的卷积函数，F（或 $F(x)$）简称为 F_1 和 F_2（或 $F_1(x)$ 和 $F_2(x)$）的卷积，记作

$$F = F_1 * F_2 \quad (\text{或} \quad F(x) = (F_1 * F_2)(x)).$$

由卷积的定义出发，易证

$$(F_1 * F_2)(x) = \int_{R^N} F_1(x - y) dF_2(y)$$

$$= \int_{R^N} F_2(x - y) dF_1(y).$$

由于准分布函数的卷积还是准分布函数，所以可以定义 M 个准分布函数的卷积. 易证：N 个相互独立的随机变量的和的分布函数是这 N 个随机变量的分布函数的卷积.

定义 2.9 设 X，Y 是概率空间 $(\varOmega, \mathscr{F}, P)$ 上的随机变量.

称 $\int_{\Omega} X(\omega)^k dP(\omega)$ 为 X 的 k 阶原点矩，若 $\int_{\Omega} |X(\omega)|^k dP(\omega) < \infty$，则称 X 的 k 阶原点矩存在．特别地，一阶原点矩称为 X 的数学期望，记之为 $\mathbf{E}(X)$．称 $\int_{\Omega} (X(\omega) - \mathbf{E}(X))^k dP(\omega)$ 为 X 的 k 阶中心矩，若 $\int_{\Omega} |X(\omega) - \mathbf{E}(X)|^k dP(\omega) < \infty$，则称 X 的 k 阶中心矩存在，二阶中心矩称为方差，记之为 $\mathrm{var}(X)$．称 $\mathbf{E}((X - \mathbf{E}(X))(Y - \mathbf{E}(Y)))$ 为 X 与 Y 的协方差，记之为 $\mathrm{cov}(X, Y)$．若 $0 < \mathrm{var}(X)$，$\mathrm{var}(Y) < \infty$，则称

$$E\left(\frac{X - E(X)}{\sqrt{\mathrm{var}(X)}} \cdot \frac{Y - E(Y)}{\sqrt{\mathrm{var}(Y)}}\right)$$

为 X 与 Y 的相关系数，记之为 $\rho(X, Y)$．

定理 2.3 设 $X_1, \cdots, X_N$ 为概率空间 $(\Omega, \mathscr{F}, P)$ 上的随机变量，$g(x)$ 是定义在 R^N 上取值于 R^1 中的 $(\mathscr{B}^N, \mathscr{B}^1)$ 可测函数，$F(x)$ 是 $X = (X_1, \cdots, X_N)$ 的联合分布函数，则

$$\int_{R^N} g(x) dF(x) = \int_{\Omega} g(X_1(\omega), \cdots, X_N(\omega)) dP(\omega).$$

（上式只要一边有意义，则另一边也有意义且两边相等．）

§3 弱收敛、全收敛及海来定理

定义 3.1 设 F 是 $\mathscr{B}^N$ 上的一个测度．记 $D(F) = \{a \mid a \in R^1$，且存在一个 $1 \leqslant i \leqslant N$，使 $F(\{x_i = a\}) > 0\}$，$C(F) = R^1 \backslash D(F)$．

注意．$\{x_i = a\} = \{(x_1, \cdots, x_N) \mid x_i = a\}$ 是与坐标轴平行的 $N-1$ 维超平面．

若 $G(x)$ 是 R^1 上的分布函数，$F(x) = \sigma^2 G(x)$，F 是 $F(x)$ 的伴随测度，σ^2 是非负常数，则 $C(F)$ 就是 $F(x)$ 的全体连续点．

定义 3.2 设 $\mathscr{I}_N$ 是 R^N 中全体区间构成的集合族，F 是 $\mathscr{B}^N$ 上的测度，$I \in \mathscr{I}_N$．若 $F(I) = F(I^0) = F(I^c)$（I^0, I^c 如第一章 §2 所定义，即 I^0 是含于 I 的最大开集，I^c 是含 I 的最小闭集），则称 I 是 F 的连续区间．若 I 的每个顶点的每个坐标都属于 R^1

中某子集 D，则称 I 为 D 区间．

显然，每一个 $C(F)$ 区间都是 F 的连续区间．特别地，若 F 是 $\mathscr{B}^1$ 上的测度，$C(F)$ 区间是 F 的连续区间，反之也对．

定义 3.3 设 F_n，F 都是 $\mathscr{B}^N$ 上的测度，而且 $F(I) < \infty$，$F_n(I) < \infty$ $(n = 1, 2, \cdots, I \in \mathscr{I}_N)$．如果对 F 的任一连续区间 I，都有

$$\lim_{n \to \infty} F_n(I) = F(I), \tag{3.1}$$

则称 $\{F_n\}$ 弱收敛于 F，记作 $F_n \xrightarrow{W} F$ $(n \to \infty)$，简记为 $F_n \xrightarrow{W} F$，或者记作

$$\lim_{n \to \infty} F_n = F, \quad [W].$$

如果除了 $F_n \xrightarrow{W} F$ 以外，还有 $F_n(R^N) \leqslant M$，且 $F_n(R^N) \to F(R^N)$，则称 $\{F_n\}$ 全收敛于 F，记作 $F_n \xrightarrow{c} F$ $(n \to \infty)$，简记为 $F_n \xrightarrow{c} F$，或者记作

$$\lim_{n \to \infty} F_n = F. \quad [c]$$

定理 3.1 （唯一性）

$$F_n \xrightarrow{W} F, \ F_n \xrightarrow{W} G \Rightarrow F = G.$$

证 设 $F_n \xrightarrow{W} F$，$F_n \xrightarrow{W} G$，则对任何 $C(F) \cap C(G)$ 区间 I，均有

$$F(I) = \lim_{n \to \infty} F_n(I) = G(I).$$

而 $C(F) \cap C(G)$ 在 R^1 中处处稠密，所以对任何区间 $I \in \mathscr{I}_N$，都有 $F(I) = G(I)$．而 F 和 G 都是 $\mathscr{B}^N$ 上的 σ 有限测度，所以由测度扩张的唯一性知 $G(A) = F(A)$ $(A \in \mathscr{B}^N)$．

上面我们定义了测度的弱收敛与全收敛．我们也可以考虑点函数的弱收敛与全收敛．

定义 3.3′ 设 $F_n(x)$，$F(x)$ 是定义在 R^1 上的满足 (c_1)，(c_2)，(c_3) 的点函数．如果对 $F(x)$ 的每一个连续点 x_0，都有

$$\lim_{n \to \infty} F_n(x_0) = F(x_0), \tag{3.1′}$$

则称 $\{F_n(x)\}$ 弱收敛到 $F(x)$，记作 $F_n(x) \xrightarrow{w} F(x)$ $(n \to \infty)$，简记为 $F_n(x) \xrightarrow{w} F(x)$，或者记作

$$\lim_{n \to \infty} F_n(x) = F(x). \quad [\text{W}]$$

如果除了 $F_n(x) \xrightarrow{w} F(x)$ 以外，还有 $|F_n(x)| \leqslant M$ $(n \geqslant 1,$ $x \in R^1)$ 且 $F_n(\infty) \to F(\infty)$，$F_n(-\infty) \to F(-\infty)$，则称 $\{F_n(x)\}$ 全收敛于 $F(x)$，记作 $F_n(x) \xrightarrow{c} F(x)$ $(n \to \infty)$，简记为 $F_n(x) \xrightarrow{c} F(x)$，或者记作

$$\lim_{n \to \infty} F_n(x) = F(x). \quad [\text{c}]$$

命题 3.1 设 $F_n(x)$，$F(x)$ 是 R^1 上满足 (c_1)，(c_2)，(c_3) 的点函数，若 $F_n(x) \xrightarrow{w} F(x)$，$F_n$ 与 F 分别为 $F_n(x)$ 与 $F(x)$ 的伴随测度，则 $F_n \xrightarrow{w} F$。反之，若 $\mathscr{B}^1$ 上的测度列 $\{F_n\}$ 弱收敛到测度 F，则存在满足 (c_1)，(c_2)，(c_3) 的点函数 $F_n(x)$ 及 $F(x)$，使

$$F_n(x) \xrightarrow{w} F(x),$$

而且 $F_n(x)$ 和 $F(x)$ 的伴随测度就是 F_n 和 F。

证明甚易，从略。

我们知道，满足 (c_1)，(c_2)，(c_3)，(c_4) 的点函数与满足 (A) 的测度之间有一一对应关系。所以对 $(R^1, \mathscr{B}^1)$ 空间中满足 (c_1)—(c_4) 的点函数 $F(x)$ 来说，$F(x)$ 的全体连续点与其伴随测度 F 的 $C(F)$ 集是一样的，故 $C(F)$ 既表示如定义 3.1 中所定义的关于测度 F 的 $C(F)$ 集，又表示 $F(x)$ 的全体连续点集。

至于一般的 $(R^N, \mathscr{B}^N)$ 中的点函数的弱收敛性，我们就理解为其伴随测度的弱收敛。

定理 3.2 $\mathscr{B}^N$ 上的测度列 $\{F_n\}$ 弱收敛的充要条件是：存在一个在 R^1 中处处稠密的子集 D，使得对任一 D 区间 I，$\lim_{n \to \infty} F_n(I)$ 存在(为有限数)。

证 必要性。若 $F_n \xrightarrow{w} F$，则对 $C(F)$ 区间 I，

$\lim\limits_{n\to\infty} F_n(I) = F(I)$ 存在(为有限数),而 $C(F)$ 在 R^1 中处处稠密. 必要性得证.

充分性. 在全部 D 区间上造一集合函数 F 如下:
$$F(I) = \lim_{n\to\infty} F_n(I), \quad I \text{ 是 } D \text{ 区间}.$$
于是有

(1) $0 \leqslant F(I) < \infty$;

(2) $F(I) = F(I_1) + F(I_2)$ ($I = I_1 \cup I_2$, $I_1 \cap I_2 = \varnothing$, I, I_1, I_2 都是 D 区间).

根据第一章定理 2.2 得知集合函数 $F(I)$ 有唯一一个伴随测度 F^*. 往证 $F_n \xrightarrow{\text{w}} F^*$.

事实上,任给一个区间 I,都存在一串 D 区间 $\{I_l\}$, 使 $I_l^c \supset I_{l+1}$, $I_l^0 \supset I$ $(l = 1, 2, \cdots)$, $\lim\limits_{l\to\infty} I_l = I^c$. 由于 F^* 是 F 的伴随测度,又因为 $I_l^0 \supset I_{l+1}^c$, 所以 $F^*(I_l) \geqslant F(I_{l+1})$. 但是 I_{l+1} 是 D 区间,所以
$$\lim_{n\to\infty} F_n(I_{l+1}) = F(I_{l+1}).$$
而 $I_{l+1} \supset I$, 所以
$$\lim_{n\to\infty} F_n(I_{l+1}) \geqslant \overline{\lim_{n\to\infty}} F_n(I),$$
从而
$$F^*(I_l) \geqslant \overline{\lim_{n\to\infty}} F_n(I).$$
因此
$$F^*(I^c) = \lim_{l\to\infty} F^*(I_l) \geqslant \overline{\lim_{n\to\infty}} F_n(I).$$
仿之可证
$$F^*(I^0) \leqslant \underline{\lim_{n\to\infty}} F_n(I).$$
如果 I 是 F^* 的连续区间,则 $F^*(I^0) = F^*(I^c) = F^*(I)$, 所以,由上述二不等式有
$$\lim_{n\to\infty} F_n(I) = F^*(I) \quad (I \text{ 是 } F^* \text{ 的连续区间}).$$
此即 $F_n \xrightarrow{\text{w}} F^*$.

定理 3.3 若 $\{F_n\}$ 是 $\mathscr{B}^N$ 上的测度列,而且对任何固定的

$I \in \mathscr{I}_N$，$\{F_n(I), n \geqslant 1\}$ 有界 $G(I)$，则 $\{F_n\}$ 有弱收敛子列，（通常称此性质为 $\{F_n\}$ 有弱紧性）.

证　用定理 3.2. 为证定理 3.3，只需证明 $\{F_n\}$ 中有一子列，它在某 D 区间上收敛，而 D 在 R^1 中处处稠密.

取 D 为有理数集，则 D 在 R^1 中处处稠密，且 D 区间总共只有可数个，记之为

$$I_1, I_2, \cdots.$$

由于 $\{F_n(I), n \geqslant 1\}$ 有界 $G(I)$，所以 $0 \leqslant F_n(I_1) < G(I_1) < \infty$ $(n = 1, 2, \cdots)$，所以实数列 $\{F_n(I_1)\}$ 有收敛子列，记之为

$$F_{11}(I_1), F_{12}(I_1), \cdots, F_{1n}(I_1), \cdots.$$

又由于 $0 \leqslant F_{1n}(I_2) < G(I_2) < \infty$ $(n = 1, 2, \cdots)$，所以实数列 $\{F_{1n}(I_2)\}$ 有收敛子列，记之为

$$F_{21}(I_2), F_{22}(I_2), \cdots, F_{2n}(I_2), \cdots.$$

如此继续下去，对每个 k，都有 $\{F_n\}$ 的一个子列 $\{F_{kn}\}$，它在 $I_1, I_2, \cdots, I_k$ 上收敛. 取 $\{F_{kk}\}$，它必在 $I_1, I_2, \cdots$ 上都收敛，即在全部 D 区间上收敛. 定理得证.

系1　设 $\{F_n\}$ 满足定理 3.3 中全部条件. 若 $\{F_n\}$ 不弱收敛，则 $\{F_n\}$ 必存在两个弱收敛子列，它们弱收敛到不同的极限；若 $\{F_n\}$ 的任一弱收敛子列都收敛到同一极限 F，则 $\{F_n\}$ 也弱收敛到 F.

证　由定理 3.3 知 $\{F_n\}$ 有弱收敛子列，记之为 $\{F_{kk}\}$，$F_{kk} \overset{\mathrm{w}}{\longrightarrow} F$. $\{F_n\}$ 抽去子列 $\{F_{kk}\}$ 后所剩下的子列记之为 $\{F_{n'}\}$. 若 $\{F_n\}$ 不弱收敛，则 $\{F_{n'}\}$ 不弱收敛到 F，所以存在 F 的一个连续区间 I，使实数列 $\{F_{n'}(I)\}$ 不收敛到 $F(I)$，因此，$\{F_{n'}(I)\}$ 有子列 $\{F_{k'k'}(I)\}$，使

$$|F_{k'k'}(I) - F(I)| > \varepsilon. \tag{3.2}$$

再一次应用定理 3.3，得知 $\{F_{k'k'}\}$ 有弱收敛子列 $\{F_{k_j}\}$，使

$$F_{k_j} \overset{\mathrm{w}}{\longrightarrow} G \quad (j \to \infty).$$

由于 (3.2)，G 与 F 在 $\mathscr{B}^N$ 上是不能恒等的，系 1 得证.

定理 3.4 设 $F_n \xrightarrow{\text{w}} F$. 则

(1) $\varliminf\limits_{n \to \infty} F_n(E) \geqslant F(E)$ （E 为开集）;

(2) $\varlimsup\limits_{n \to \infty} F_n(E) \leqslant F(E)$ （E 为有界闭集）.

证 （1）由于 $C(F)$ 在 R^1 中处处稠密，所以任何一个区间 I 都可表为至多可数个互不相交的 $C(F)$ 区间之和，而每一个开集又可表为可数个互不相交的区间之和，所以每个开集 E 都可表为

$$E = \bigcup_i I_i, \quad \{I_i\} \text{ 是互不相交的 } C(F) \text{ 区间列.}$$

所以

$$F\left(\bigcup_{i=1}^k I_i\right) = \lim_{n \to \infty} F_n\left(\bigcup_{i=1}^k I_i\right) \leqslant \varliminf_{n \to \infty} F_n(E) \quad (k \geqslant 1).$$

因此

$$F(E) = \lim_{k \to \infty} F\left(\bigcup_{i=1}^k I_i\right) \leqslant \varliminf_{n \to \infty} F_n(E).$$

（2）若 E 为有界闭集，则存在 $I^0 \supset E$, I 是 $F, F_1, F_2, \cdots$ 的公共的连续区间. 于是

$$F(I) = \lim_{n \to \infty} F_n(I) = \lim_{n \to \infty} F_n(I^0) = F(I^0).$$

而 $I^0 \backslash E$ 是开集，所以由（1）得

$$F(I^0 \backslash E) \leqslant \varliminf_{n \to \infty} F_n(I^0 \backslash E).$$

因此,

$$F(E) \geqslant \varlimsup_{n \to \infty} \{F_n(I^0) - F_n(I^0 \backslash E)\} = \varlimsup_{n \to \infty} F_n(E).$$

定理 3.5 若 $F_n \xrightarrow{\text{w}} F$, A 是 F 的有界连续集(所谓集 A 是 F 的连续集，意即 $F(A^0) = F(A^c) = F(A)$, 其中 A^0 为含于 A 的最大开集, A^c 为含 A 的最小闭集)，则 $\lim\limits_{n \to \infty} F_n(A) = F(A)$.

证 若 A 是 F 的有界连续集，则由定理 3.4 可得

$$\varliminf_{n \to \infty} F_n(A) \geqslant \varliminf_{n \to \infty} F_n(A^0) \geqslant F(A^0) = F(A) = F(A^c)$$

$$\geqslant \overline{\lim_{n\to\infty}} F_n(A^c) = \overline{\lim_{n\to\infty}} F_n(A).$$

故

$$\lim_{n\to\infty} F_n(A) = F(A).$$

定理 3.6 设 $F_n \xrightarrow{\text{W}} F$，$F_n(R^N) \leqslant M$，$F(R^N) \leqslant M$，则

$$F_n \xrightarrow{\text{c}} F$$

的充要条件是：任给 $\varepsilon > 0$，存在自然数 n_0 及区间 I_0，使得当 $n \geqslant n_0$，$I \supset I_0$ 时有

$$F_n(R^N) - F_n(I) < \varepsilon.$$

证 必要性. 任给 $\varepsilon > 0$，对 F 而言，存在 F 的一个连续区间 I_0，使得当 $I \supset I_0$ 时有

$$F(R^N) - F(I) < \frac{\varepsilon}{2}.$$

对 $\frac{\varepsilon}{2} > 0$，又存在一个自然数 n_0，使得当 $n \geqslant n_0$ 时有

$$|F_n(R^N) - F(R^N)| < \frac{\varepsilon}{4}, \quad |F_n(I_0) - F(I_0)| < \frac{\varepsilon}{4}.$$

所以，当 $n \geqslant n_0$ 时有

$$F_n(R^N) - F_n(I_0) \leqslant |F_n(R^N) - F(R^N)| + |F(R^N) - F(I_0)|$$
$$+ |F(I_0) - F_n(I_0)| < \varepsilon.$$

因此当 $I \supset I_0$，$n \geqslant n_0$ 时更有

$$F_n(R^N) - F_n(I) < \varepsilon.$$

充分性. 设对任意 $\varepsilon > 0$，存在 n_0 及 I_0，使 $n \geqslant n_0$，$I \supset I_0$ 时有

$$F_n(R^N) - F_n(I) < \varepsilon.$$

不妨令 I_0 是 F 的连续区间，且 $|F(I_0) - F(R^N)| < \varepsilon$. 所以

$$|F_n(R^N) - F(R^N)| \leqslant |F_n(R^N) - F_n(I_0)|$$
$$+ |F_n(I_0) - F(I_0)| + |F(I_0) - F(R^N)|$$
$$< 2\varepsilon + |F_n(I_0) - F(I_0)| \quad (n \geqslant n_0).$$

在上式中令 $n \to \infty$，并注意 $F_n \xrightarrow{\text{W}} F$ 得

$$\overline{\lim_{n \to \infty}} \, |F_n(R^N) - F(R^N)| \leqslant 2\varepsilon.$$

由 $\varepsilon > 0$ 可以任意小得知

$$\lim_{n \to \infty} F_n(R^N) = F(R^N).$$

所以 $F_n \xrightarrow{\text{c}} F$.

定理 3.7 若 $\mathscr{B}^N$ 上的测度 F_n，F 满足 $F_n(R^N) \leqslant M$，且 $F_n \xrightarrow{\text{c}} F$，$A$ 是 F 的连续集(不一定有界)，则 $F_n(A) \to F(A)$.

证 由定理 3.4 得

$$\underline{\lim_{n \to \infty}} F_n(A^0) \geqslant F(A^0). \tag{3.3}$$

又 $R^N \backslash A^c$ 亦为开集，仍用定理 3.4 得

$$\underline{\lim_{n \to \infty}} F_n(R^N \backslash A^c) \geqslant F(R^N \backslash A^c). \tag{3.4}$$

但是

$$\lim_{n \to \infty} F_n(R^N) = F(R^N), \tag{3.5}$$

由 (3.4) 和 (3.5) 得

$$F(A^c) = F(R^N) - F(R^N \backslash A^c) \geqslant \overline{\lim_{n \to \infty}} F_n(A^c). \tag{3.6}$$

而 A 是 F 的连续集，即

$$F(A^0) = F(A^c) = F(A). \tag{3.7}$$

由 (3.3)，(3.6)，(3.7) 可得 $\lim_{n \to \infty} F_n(A) = F(A)$.

系 1 若 $F_n(x)$，$F(x)$ 是 R^1 上的满足 (c_1)—(c_4) 的点函数，F_n，F 是其伴随测度. 则

$$F_n \xrightarrow{\text{c}} F \Longleftrightarrow F_n(x) \xrightarrow{\text{c}} F(x).$$

正因为系 1 成立，故满足 (c_1)—(c_4) 的点函数的全收敛与其对应的伴随测度的全收敛在符号上有时不加区别.

注意：(1) 若 $F_n(x)$，$F(x)$ 是 R^1 上的满足 (c_1)—(c_4) 的点函数，F_n，F 是其伴随测度. 虽然恒有 "$F_n(x) \xrightarrow{\text{W}} F(x) \Rightarrow F_n \xrightarrow{\text{W}}$

F''，但一般而言，其逆不真．所以点函数的弱收敛与其伴随测度的弱收敛，在符号上要严格区别．

反例如下：取

$$F_0(x) = \begin{cases} 0, & x \leqslant 0; \\ 1, & x > 0, \end{cases}$$

$$F_n(x) = F_0(x + n), \quad n = 1, 2, \cdots,$$

则

$$\lim_{n \to \infty} F_n(x) \equiv 1.$$

因此

$$\lim_{n \to \infty} F_n([a, b)) \equiv 0.$$

此即 $\{F_n\}$ 弱收敛于恒零测度，而 $\{F_n(x)\}$ 不能弱收敛到恒零测度所对应的满足 (c_1)—(c_4) 的点函数，即恒为 0 的函数．

(2) 弱收敛而不全收敛的测度列是存在的．事实上，上面的例子就是一个反例．因为 $F_n(R^1) \equiv 1$，而 $\{F_n\}$ 又弱收敛于恒零测度，故 $\{F_n\}$ 不能全收敛．

(3) 当 $F_n \xrightarrow{\text{W}} F$ 时，确有开集 E_1 和闭集 E_2，使

$$\lim_{n \to \infty} F_n(E_1) \neq F(E_1), \quad \lim_{n \to \infty} F_n(E_2) \neq F(E_2).$$

例如，取

$$F_1(x) = \begin{cases} 0, & x \leqslant 0; \\ 1, & x > 0, \end{cases}$$

$$F_n(x) = F_1\left(x + 1 - \frac{1}{n}\right)$$

$$= \begin{cases} 0, & x \leqslant -1 + \frac{1}{n}; \\ & \qquad\qquad n = 1, 2, \cdots, \\ 1, & x > -1 + \frac{1}{n}, \end{cases}$$

$$F(x) = \begin{cases} 0, & x \leqslant -1; \\ 1, & x > -1, \end{cases}$$

则

$$F_n \xrightarrow{\text{W}} F.$$

但是

$$F_n((-1, \infty)) = -F_n(-1 + 0) + \lim_{x \to \infty} F_n(x) = 1,$$

$$F((-1, \infty)) = -F(-1 + 0) + \lim_{x \to \infty} F(x) = 0,$$

$$F_n([-2, -1]) = 0, \quad F([-2, -1]) = 1.$$

下面我们将要讨论另外一个主题. 问题是: 若 $F_n \xrightarrow{w} F$, 对于什么样的函数 g 及什么样的集合 A, 才有

$$\lim_{n \to \infty} \int_A g \, dF_n = \int_A g \, dF. \tag{3.8}$$

首先, 我们看出, 若 A 是区间, 则 A 必为 F 的连续区间才行. 否则即使当 g 是 A 上的示性函数 $\chi_A(x)$ 时, (3.8) 也不成立. 易见, A 为 F 的连续集也可以, 不过连续集 A 的测度等于其内核 A^0 的测度, 故 (3.8) 两边之积分区域可换为 A^0. 而 A^0 是开集, 从而 A^0 可以表成至多可数个互不相交的连续区间之和. 所以我们以后只考虑 A 是 F 的连续区间.

其次, 我们来考察 $g(x)$ 满足什么条件才能使 (3.8) 成立.

(1) 若

$$g(x) = \sum_{i=1}^{m} c_i \chi_{I_i}(x),$$

c_i 是常数, I_i 是 F 的连续区间, $\{I_i\}$ 两两不交, χ_{I_i} 是 I_i 上的示性函数, 则

$$\lim_{n \to \infty} \int_{R^N} g \, dF_n = \lim_{n \to \infty} \sum_{i=1}^{m} c_i F_n(I_i) = \sum_{i=1}^{m} c_i F(I_i)$$

$$= \int_{R^N} g \, dF.$$

(2) 若 $g_m \geqslant 0$, g_m 是 $(\mathscr{B}^N, \mathscr{B}^1)$ 可测的, 且 $g_m \geqslant g_{m+1}$ ($m \geqslant 1$), 而且对每个 g_m 及相应的 F 的连续区间 I, (3.8) 成立, 即

$$\lim_{n \to \infty} \int_I g_m \, dF_n = \int_I g_m \, dF,$$

且 $g = \lim_{m \to \infty} g_m$, 则

$$\varlimsup_{n \to \infty} \int_I g d F_n \leqslant \int_I g d F. \tag{3.9}$$

事实上,由于

$$\lim_{n \to \infty} \int_I g_m d F_n = \int_I g_m d F, \quad \int_I g_m d F_n \geqslant \int_I g d F_n,$$

所以

$$\varlimsup_{n \to \infty} \int_I g d F_n \leqslant \int_I g_m d F \quad (m \geqslant 1). \tag{3.10}$$

由法都 (Fatou p.) 引理有 $\varlimsup_{m \to \infty} \int_I g_m d F \leqslant \int_I g d F$, 故把 (3.10) 对 $m \to \infty$ 取上极限即得 (3.9).

(3) 若 $g_m \geqslant 0$ 且为 $(\mathscr{B}^N, \mathscr{B}^1)$ 可测, 且 $g_m \leqslant g_{m+1} (m \geqslant 1)$, $g = \lim\limits_{m \to \infty} g_m$, 而且对每个 g_m 及相应的 F 的连续区间 I, (3.8) 成立, 即

$$\lim_{n \to \infty} \int_I g_m d F_n = \int_I g_m d F \quad (m \geqslant 1),$$

则

$$\varliminf_{n \to \infty} \int_I g d F_n \geqslant \int_I g d F. \tag{3.11}$$

证明仿 (2).

由 (2) 和 (3) 看出: 若 g 既满足 (2) 中条件又满足 (3) 中条件, 则对 g 来说, (3.8) 成立.

定理 3.8 若 $F_n \xrightarrow{\text{w}} F$, $g(x)$ 在 R^N 上连续, 则对 F 的任一连续区间 I, 有

$$\lim_{n \to \infty} \int_I g(x) d F_n(x) = \int_I g(x) d F(x). \tag{3.8}$$

证 先设 $g \geqslant 0$. 由 g 的连续性得知: 对每一个 k, 都可取两两不交的 F 的连续区间 $\{I_{kj}, j = 1, \cdots, n_k\}$, 使

(i) $I = \bigcup\limits_{j=1}^{n_k} I_{kj}$;

(ii) 任一个 $I_{k+1,i}$ 都含于某一个 I_{ki} 中 $(i = 1, 2, \cdots, n_{k+1})$;

(iii) 若令 $M_{kj} = \sup\limits_{x \in I_{kj}} g(x)$, $m_{kj} = \inf\limits_{x \in I_{kj}} g(x)$, 则有

$$(M_{kj} - m_{kj}) \leqslant \frac{1}{2^k} \quad (j = 1, \cdots, n_k).$$

作

$$g_k(x) = \sum_{j=1}^{n_k} M_{kj} \chi_{I_{kj}}(x), \quad g_k^*(x) = \sum_{j=1}^{n_k} m_{kj} \chi_{I_{kj}}(x),$$

则 $\{g_k(x)\}$ 在 I 上单调下降地趋于 $g(x)$, $\{g_k^*(x)\}$ 在 I 上单调上升地趋于 $g(x)$. 而对 $g_k(x)$ 和 $g_k^*(x)$ 来说, (3.8)成立, 所以对非负连续函数 $g(x)$ 来说, (3.8)也成立. 而任一连续函数都可表为两个非负连续函数之差, 所以对一般的连续函数而言, (3.8)也成立.

定理 3.9 设 $g(x)$ 在 R^N 上连续, $\lim\limits_{|x| \to \infty} g(x) = 0 \Big(|x| = \sqrt{\sum_{i=1}^{N} x_i^2} \Big)$, $F_n \xrightarrow{\text{W}} F$, $F_n(R^N) \leqslant M \quad (n \geqslant 1)$, $F(R^N) \leqslant M$, 则

$$\lim_{n \to \infty} \int_{R^N} g(x) dF_n(x) = \int_{R^N} g(x) dF(x). \tag{3.8.1}$$

证

$$\left| \int_{R^N} g(x) dF_n(x) - \int_{R^N} g(x) dF(x) \right|$$

$$\leqslant \left| \int_A g(x) dF_n(x) - \int_A g(x) dF(x) \right|$$

$$+ \left| \int_{R^N \setminus A} g(x) dF_n(x) - \int_{R^N \setminus A} g(x) dF(x) \right|.$$

选 A 为 F 及 F_n $(n \geqslant 1)$ 的连续区间, 且使

$$|g(x)| < \varepsilon, \quad x \bar{\in} A,$$

则

$$\left| \int_{R^N} g(x) dF_n(x) - \int_{R^N} g(x) dF(x) \right|$$

$$\leqslant \left| \int_A g(x) dF_n(x) - \int_A g(x) dF(x) \right| + 2M\varepsilon.$$

再用定理 3.8 即得定理 3.9.

定理 3.10 设 $g(x)$ 在 R^N 上连续，$|g(x)| < G$ $(x \in R^N)$，$F_n \xrightarrow{c} F$，则

$$\lim_{n \to \infty} \int_{R^N} g(x) dF_n(x) = \int_{R^N} g(x) dF(x). \tag{3.8.1}$$

证

$$\left| \int_{R^N} g(x) dF_n(x) - \int_{R^N} g(x) dF(x) \right|$$

$$\leqslant \left| \int_A g(x) dF_n(x) - \int_A g(x) dF(x) \right|$$

$$+ \left| \int_{R^N \setminus A} g(x) dF_n(x) - \int_{R^N \setminus A} g(x) dF(x) \right|$$

$$\leqslant \left| \int_A g(x) dF_n(x) - \int_A g(x) dF(x) \right|$$

$$+ G(F_n(R^N \setminus A) + F(R^N \setminus A)),$$

由定理 3.6 知：可取 A 为 F 和 F_n 的连续区间使

$$F_n(R^N \setminus A) \leqslant \frac{\varepsilon}{4G} \quad (n \geqslant n_0),$$

$$F(R^N \setminus A) \leqslant \frac{\varepsilon}{4G}.$$

于是，应用定理 3.8 即得定理 3.10.

定理 3.8.1 设 $F_n \xrightarrow{w} F$，U 为一抽象集合，其中的点用 u 表示. 若 $g(u, x)$ 定义在 $U \times R^N$，取值于 R^1，而且满足条件：任给 $\varepsilon > 0$ 及区间 J，都存在一个 $\delta > 0$，使 $|x^{(1)} - x^{(2)}| < \delta$，$x^{(1)}, x^{(2)} \in J$ 时，对 $u \in U$ 一致地有

$$|g(u, x^{(1)}) - g(u, x^{(2)})| < \varepsilon.$$

则对 F 的任何一个连续区间 I，对 $u \in U$ 一致地有

$$\lim_{n \to \infty} \int_I g(u, x) dF_n(x) = \int_I g(u, x) dF(x).$$

定理 3.9.1 设 $F_n \xrightarrow{w} F$，$F_n(R^N) \leqslant M$，$F(R^N) \leqslant M$，$g(u, x)$ 除满足定理 3.8.1 中的全部条件外，还满足

$$\lim_{|x|\to\infty} g(u, x) = 0 \quad (\text{对 } u\in U \text{ 一致成立}),$$

则对 $u\in U$ 一致地有

$$\lim_{n\to\infty}\int_{R^N} g(u, x)dF_n(x) = \int_{R^N} g(u, x)dF(x).$$

定理 3.10.1 设 $F_n \xrightarrow{c} F$, $g(u, x)$ 除满足定理 3.8.1 中的全部条件外,还满足:

$$|g(u, x)| < G \quad (x\in R^N, \ u\in U),$$

则对 $u\in U$ 一致地有

$$\lim_{n\to\infty}\int_{R^N} g(u, x)dF_n(x) = \int_{R^N} g(u, x)dF(x).$$

注意: 若 $N=1$, $x_0\in c(F)$, 则定理 3.9.1 和 3.10.1 中的积分区域 $R^N = R^1$ 换为 $(-\infty, x_0)$, $(-\infty, x_0]$, $[x_0, \infty)$, (x_0, ∞), 定理仍然成立.

事实上,任给 $\varepsilon>0$, 由 $x_0\in c(F)$ 知: 可取 $\delta>0$, $(x_0+\delta)\in c(F)$, $F([x_0, x_0+\delta))<\varepsilon$. 令

$$g_\varepsilon(u, x) = \begin{cases} g(u, x), & x\in(-\infty, x_0); \\ g(u, x_0)\left(1-\dfrac{x-x_0}{\delta}\right), & x\in[x_0, x_0+\delta); \\ 0, & x\in[x_0+\delta, \infty), \end{cases}$$

则

$$\left|\int_{(-\infty, x_0)} g(u, x)dF_n(x) - \int_{(-\infty, x_0)} g(u, x)dF(x)\right|$$

$$\leq \left|\int_{(-\infty, x_0)} g(u, x)dF_n(x) - \int_{R^1} g_\varepsilon(u, x)dF_n(x)\right|$$

$$+ \left|\int_{R^1} g_\varepsilon(u, x)dF_n(x) - \int_{R^1} g_\varepsilon(u, x)dF(x)\right|$$

$$+ \left|\int_{R^1} g_\varepsilon(u, x)dF(x) - \int_{(-\infty, x_0)} g(u, x)dF(x)\right|$$

$$\leq |g(u, x_0)|(F_n([x_0, x_0+\delta)) + F([x_0, x_0+\delta)))$$

$$+ \left|\int_{R^1} g_\varepsilon(u, x)dF_n(x) - \int_{R^1} g_\varepsilon(u, x)dF(x)\right|.$$

由定理的条件有充分大的 $x_1\in c(F)$, $\sup\limits_{u\in U}|g(u, x_1)| \leq M < \infty$.

不妨令 $x_1 = x_0$（否则考虑 $(-\infty, x_0) = (-\infty, x_1) \setminus [x_0, x_1)$）．
于是

$$\varlimsup_{n \to \infty} \sup_{u \in U} \left| \int_{(-\infty, x_0)} g(u, x) dF_n(x) - \int_{(-\infty, x_0)} g(u, x) dF(x) \right|$$

$$\leqslant 2\varepsilon \sup_{u \in U} |g(u, x_0)| \leqslant 2\varepsilon M \quad (\varepsilon > 0 \text{ 可任意小}).$$

第二章 特 征 函 数

§1 定义及反演公式

定义 1.1 设 $F(x)$ 是定义在 R^1 上的单调非降、左连续且 $0 \leqslant F(x) \leqslant M$ 的函数. 称

$$f(t) = \int_{R^1} e^{itx} dF(x) \quad (t \in R^1),$$

为 $F(x)$ 的傅氏 (Fourier, J. B. J.) 变换，或称之为 $F(x)$ 的伴随测度 F 的傅氏变换. 特别地，准分布函数 $F(x)$ 的傅氏变换称为 $F(x)$ 的特征函数，分布函数 $F(x)$ 的特征函数也称为此分布函数所对应的随机变量的特征函数，特征函数用符号 c. f. 表示.

显然，由定义出发，R^1 上的单调非降、左连续且 $0 \leqslant F(x) \leqslant M$ 的 $F(x)$ 唯一决定其傅氏变换. 现在问：两个满足上述三条件的其伴随测度不恒等的函数 $F_1(x)$，$F_2(x)$ 的傅氏变换是否可能相同？回答是不相同. 因而准分布函数与特征函数之间的对应是一对一的. 下面的反演公式回答了这一问题.

定理 1.1（反演公式）设 $F(x)$ 是定义在 R^1 上的单调非降、左连续且 $0 \leqslant F(x) \leqslant M$ 的函数，$f(t)$ 是其傅氏变换，则对任意的 $a < b$，有

$$\frac{1}{2}[F(b+0) + F(b)] - \frac{1}{2}[F(a+0) + F(a)]$$

$$= \frac{1}{2\pi} \lim_{T \to \infty} \int_{-T}^{T} \frac{e^{-itb} - e^{-ita}}{-it} f(t) dt. \tag{1.1}$$

证 令

$$I_T = \frac{1}{2\pi} \int_{-T}^{T} \frac{e^{-itb} - e^{-ita}}{-it} f(t) dt,$$

则由

$$\left| \frac{e^{-itb} - e^{-ita}}{-it} \, e^{itx} \right| \leqslant \left| \frac{1}{t} \right| \left| e^{-i(b-x)t} - e^{-i(a-x)t} \right|$$

$$\leqslant \left| \frac{1}{t} \right| \left| (b-x)t - (a-x)t \right| = (b-a)$$

得知下述重积分可交换次序

$$I_T = \frac{1}{2\pi} \int_{-T}^{T} \left(\int_{R^1} \frac{e^{-itb} - e^{-ita}}{-it} \, e^{itx} dF(x) \right) dt$$

$$= \frac{1}{2\pi} \int_{R^1} \left(\int_{-T}^{T} \frac{e^{-it(b-x)} - e^{-it(a-x)}}{-it} \, dt \right) dF(x).$$

令

$$J(b, T, x) = \int_{-T}^{T} \frac{e^{-it(b-x)}}{-it} \, dt,$$

则

$$I_T = \frac{1}{2\pi} \int_{R^1} (J(b, T, x) - J(a, T, x)) dF(x)$$

$$= \frac{1}{\pi} \int_{R^1} \left(\int_{T(x-b)}^{T(x-a)} \frac{\sin v}{v} \, dv \right) dF(x).$$

再令

$$H(x) = \lim_{T \to \infty} \int_{T(x-b)}^{T(x-a)} \frac{\sin v}{v} \, dv,$$

则由

$$\int_0^{\infty} \frac{\sin v}{v} \, dv = \frac{\pi}{2}$$

可知

$$H(x) = \begin{cases} \pi, & a < x < b; \\ \dfrac{\pi}{2}, & x = a \text{ 或 } x = b; \\ 0, & x < a \text{ 或 } x > b. \end{cases}$$

由此推知

$$\frac{1}{\pi} \int_{R^1} H(x) dF(x)$$

$$= \frac{1}{\pi} \left[\int\!\!\int_{(a,b)} \pi dF(x) + \int_{(a)} \frac{\pi}{2} dF(x) + \int_{(b)} \frac{\pi}{2} dF(x) \right]$$

$$= \frac{1}{\pi} \left[\pi (F(b) - F(a+0)) + \frac{\pi}{2} (F(a+0) - F(a)) \right.$$

$$\left. + \frac{\pi}{2} (F(b+0) - F(b)) \right]$$

$$= \frac{F(b+0) + F(b)}{2} - \frac{F(a+0) + F(a)}{2}.$$

若能证明

$$\lim_{T\to\infty} I_T = \lim_{T\to\infty} \frac{1}{\pi} \int_{R^1} \left(\int_{T(x-b)}^{T(x-a)} \frac{\sin v}{v} dv \right) dF(x)$$

$$= \frac{1}{\pi} \int_{R^1} \left[\lim_{T\to\infty} \int_{T(x-b)}^{T(x-a)} \frac{\sin v}{v} dv \right] dF(x), \qquad (1.2)$$

则定理 1.1 得证, 事实上, 因为

$$\left| \int_0^t \frac{\sin v}{v} dv \right| \leqslant \left| \int_0^1 \frac{\sin v}{v} dv \right| + \left| \int_1^t \frac{\sin v}{v} dv \right|,$$

而根据第二中值定理有

$$\left| \int_1^t \frac{\sin v}{v} dv \right| \leqslant 2,$$

所以

$$\left| \int_0^t \frac{\sin v}{v} dv \right| \leqslant 3$$

而 $\sin v / v$ 是偶函数, 所以

$$\int_{T(x-b)}^{T(x-a)} \frac{\sin v}{v} dv$$

是 x 的有界函数. 因此, 由勒贝格控制收敛定理得知(1.2)成立.

从定理 1.1 看出: 若 $a, b \in C(F)$, 则 $\lim\limits_{T\to\infty} I_T = F(b) - F(a)$, 从而 F 在其连续区间上的测度值由 $f(t)$ 唯一决定. 但是 F 又由其连续区间上的测度值唯一决定, 因此, F 由其傅氏变换唯一决定.

以后随机变量、分布函数、准分布函数、特征函数常用 R. V., d. f., d′. f., c. f. 表示, 不再逐处说明.

容易看出:

1.若 R. V. X 是连续的, 即有密度函数 $p(x)$, 则 X 的 c. f.

$$f(t) = \int_{R^1} e^{itx} \cdot p(x) dx;$$

2.若 R. V. X 是离散的, 即 $P(X = x_k) = p_k$, $\sum\limits_k p_k = 1$, 则 X 的 c. f. $f(t) = \sum\limits_k e^{itx_k} p_k;$

3. X 的 c. f. $f(t) = E(e^{itX})$ 恒存在.

§2 简单性质及例子

以后我们所谈及的随机变量总是概率空间 $(\Omega, \mathscr{F}, P)$ 上的, 且经常用 X, Y, X_n, Y_n 表示, 不再逐处说明.

命题 2.1 特征函数 $f(t)$ 在 R^1 上一致连续, $|f(t)| \leqslant f(0) = F(R^1) \leqslant 1$, $f(-t) = \overline{f(t)}$ ($\bar{f}$ 表 f 的复共轭).

证 $|f(t+h) - f(t)| = \left| \int_{R^1} (e^{ihx} - 1) e^{itx} dF(x) \right|$

$$\leqslant \int_{|x| < A} |e^{ihx} - 1| dF(x) + \int_{|x| > A} 2 dF(x), \quad (2.1)$$

任给 $\varepsilon > 0$, 可取 $A > 0$ 使 $\int_{|x| > A} dF(x) < \dfrac{\varepsilon}{4}$. A 取定后, 再取 $h_0 > 0$, 使 $|e^{ihx} - 1| < \dfrac{\varepsilon}{2}$ (当 $|x| < A$, $|h| < h_0$), 则由 (2.1) 可知

$$|f(t+h) - f(t)| < \varepsilon \quad (只要 \ |h| < h_0).$$

注意 h_0 与 t 无关可知 $f(t)$ 在 R^1 上一致连续. 至于 $|f(t)| \leqslant f(0) \leqslant 1$, $f(-t) = \overline{f(t)}$ 可由定义直接验证之.

命题 2.2 若 $f(t)$ 是随机变量 X 的特征函数, 则 $a + bX$ 的特征函数为 $g(t) = e^{iat} f(bt)$, 其中 a 与 b 是常数.

证 甚易, 从略.

命题 2.3 若 $F_1(x)$, $F_2(x)$ 为 d'. f., $f_1(t)$, $f_2(t)$ 为其对应的 c. f., 则 $F = F_1 * F_2$ 的 c. f. 为 $f(t) = f_1(t) \cdot f_2(t)$; 反之也对.

证 取 $a = x_{n1} < \cdots < x_{nk_n+1} = b$ 使
$$\lim_{n \to \infty} \sup_{1 \leqslant k \leqslant k_n} (x_{nk+1} - x_{nk}) = 0.$$

因为 e^{itx} 是连续函数，F 是有限测度，所以 $\int_{[a,b)} e^{itx} dF(x)$ 可以表成下述黎曼-斯蒂尔吉斯（Riemann-Stieltjes）和

$$\int_{[a,b)} e^{itx} dF(x) = \lim_{n \to \infty} \sum_{k=1}^{k_n} e^{itx_{nk}} F([x_{nk}, x_{nk+1}))$$

$$= \lim_{n \to \infty} \int_{R^1} \sum_{k=1}^{k_n} e^{it(x_{nk}-y)} F_1([x_{nk}-y, x_{nk+1}-y)) e^{ity} dF_2(y)$$

$$= \int_{R^1} \left(\int_{[a-y, b-y)} e^{itx} dF_1(x) \right) e^{ity} dF_2(y),$$

令 $a \to -\infty$，$b \to \infty$，即得

$$\int_{R^1} e^{itx} dF(x) = \int_{R^1} e^{itx} dF_1(x) \cdot \int_{R^1} e^{ity} dF_2(y),$$

此即 $f(t) = f_1(t) \cdot f_2(t)$.

反之，若 $F(x)$ 的 c. f. 为 $f(t) = f_1(t) \cdot f_2(t)$，$(f_i(t)$ 是 $F_i(x)$ 的 c. f.)，则由命题 2.3 的第一部分知：$f(t)$ 是 $F_1 * F_2$ 的 c. f.. 根据定理 1.1，d'. f. 到 c. f. 之间的对应是一对一的，所以 $F = F_1 * F_2$.

系 设 X_1, X_2 的 c. f. 及 d. f. 分别为 $f_1(t)$, $f_2(t)$ 和 $F_1(x)$, $F_2(x)$，则下列二陈述等价：

1. $X_1 + X_2$ 的 d. f. 为 $F_1 * F_2$；
2. $X_1 + X_2$ 的 c. f. 为 $f_1(t) \cdot f_2(t)$.

命题 2.4 R. V. X 的 c. f. $f(t)$ 是实值函数的充要条件是：X 的 d. f. $F(x)$ 是对称的，即 $F(x) = 1 - F(-x + 0)$，也就是 $P(X < x) = P(-X < x)$.

证 充分性. 若 X 的 d. f. $F(x)$ 是对称的，即 X 与 $-X$ 有相同的分布函数，从而 X 与 $-X$ 的特征函数相同，即 $f(t) = f(-t)$，但 $f(-t) = \overline{f(t)}$，所以 $f(t) = \overline{f(t)}$，此即 $f(t)$ 是实值的.

必要性. 若 X 的 c. f. $f(t)$ 是实值的，则 $f(t) = \overline{f(t)} = f(-t)$，此即 X 与 $-X$ 有相同的特征函数，从而 X 与 $-X$ 有相同的分布函

数,也就是 X 的分布函数是对称的.

例1 若 d.f. $F(x)$ 只在 $x = a$ 这点有正测度,则称 $F(x)$ 是退化的,记之以 $e_a(x)$,$e_0(x)$ 称为零一律. $e_a(x)$ 的特征函数为 e^{iat},特别地零一律的特征函数为 1.

例2 若 $X_1, \cdots, X_n$ 相互独立,且具有公共分布:

$$P(X_i = 1) = p, \quad P(X_i = 0) = q, \quad p + q = 1,$$

则 $S_n = \sum_{i=1}^{n} X_i$ 具有二项分布 $b(k; n, p)$

$$P(S_n = k) = b(k; n, p) = \binom{n}{k} p^k q^{n-k}, \quad k = 0, 1, \cdots, n,$$

其中 $\binom{n}{k}$ 是 n 个元素中取 k 个的组合数,S_n 的特征函数为:

$$f(t) = (pe^{it} + q)^n.$$

例3 若 X 服从泊松 (Poisson, S. D.) 分布:

$$P(X = k) = e^{-\lambda} \frac{\lambda^k}{k!}, \quad k = 0, 1, 2, \cdots,$$

则 X 的特征函数为

$$f(t) = \sum_{k=0}^{\infty} e^{-\lambda} \frac{\lambda^k}{k!} e^{itk} = e^{\lambda(e^{it}-1)}.$$

例4 若 X 服从标准正态分布 $N(0, 1)$,则 X 的特征函数为: $f(t) = e^{-\frac{1}{2}t^2}$.

事实上,

$$f(t) = \int_{R^1} e^{itx} \frac{1}{\sqrt{2\pi}} e^{-\frac{1}{2}x^2} dx,$$

而

$$\left| \frac{\partial}{\partial t} \left(e^{itx} \frac{1}{\sqrt{2\pi}} e^{-\frac{1}{2}x^2} \right) \right| = \left| \frac{1}{\sqrt{2\pi}} ix e^{-\frac{1}{2}x^2} \right|,$$

$$\int_{R^1} \left| \frac{1}{\sqrt{2\pi}} e^{-\frac{1}{2}x^2} x \right| dx < \infty,$$

所以可以对 $f(t)$ 积分号下取导数,即

$$f'(t) = \int_{R^1} ixe^{itx} \frac{1}{\sqrt{2\pi}} e^{-\frac{1}{2}x^2} dx$$

$$= \int_{R^1} - x \frac{1}{\sqrt{2\pi}} e^{-\frac{1}{2}x^2} \sin txdx$$

$$= - t \int_{R^1} \frac{1}{\sqrt{2\pi}} e^{-\frac{1}{2}x^2} \cos tx = - tf(t).$$

所以解

$$\frac{f'(t)}{f(t)} = - t$$

得

$$\log f(t) = - \frac{1}{2} t^2 + c,$$

而 $f(0) = 1$，所以 $c = 0$，即 $f(t) = e^{-\frac{1}{2}t^2}$。

更一般的，若 X 服从正态分布 $N(a, \sigma)$，则 X 的特征函数为 $f(t) = e^{iat - \frac{1}{2}\sigma^2 t^2}$。

例5 若 $f_1(t), f_2(t)$ 皆为特征函数，则 $|f_1(t)|^2$，$f_1(t) \cdot f_2(t)$ 亦然。

例6 若 $P(X = a + ku) = p_k$，$\sum\limits_k p_k = 1$，则称 X 服从格子点分布，u 称为其间隔。X 服从格子点分布的充要条件是：存在一个 $t_0 \neq 0$，使 X 的特征函数 $f(t)$ 满足 $|f(t_0)| = 1$。

证 必要性。若 X 服从格子点分布，则

$$f(t) = \sum_k e^{it(a+ku)} p_k,$$

令 $u \neq 0$，则

$$f\left(\frac{2\pi}{u}\right) = e^{\frac{2\pi ai}{u}}, \quad \left|f\left(\frac{2\pi}{u}\right)\right| = 1;$$

若 $u = 0$，则 $f(t) = e^{iat}$，$|f(t)| = 1$。

充分性。若存在 $t_0 \neq 0$，使 $|f(t_0)| = 1$，则 $f(t_0) = e^{iat_0}$。所以

$$1 = e^{-iat_0} f(t_0) = E(e^{-iat_0 + iXt_0}),$$

从而
$$E(\cos t_0(X - a)) = 1,$$
故得：$P(1 - \cos t_0(X - a) = 0) = 1$，也即
$$P(t_0(X - a) = 2k\pi, \ k = 0, \pm 1, \pm 2, \cdots) = 1.$$
令
$$p_k = P\left(X = a + \frac{2k\pi}{t_0}\right) \quad (k = 0, \pm 1, \pm 2, \cdots),$$
则 $\sum_k p_k = 1$，此即 X 服从格子点分布．（其间隔 $u = \dfrac{2\pi}{t_0}$．）

系 若 t_0 与 t_1 之比为非有理数，且使 X 的 c. f. $f(t)$ 满足 $|f(t_0)| = |f(t_1)| = 1$，则 X 服从退化分布．

证 若 $|f(t_0)| = |f(t_1)| = 1$，则由例 6 可知：
$$p_k = P\left(X = a_0 + \frac{2k\pi}{t_0}\right) \quad (k = 0, \pm 1, \pm 2, \cdots),$$
$$q_k = P\left(X = a_1 + \frac{2k\pi}{t_1}\right) \quad (k = 0, \pm 1, \pm 2, \cdots),$$
$\sum\limits_k p_k = \sum\limits_k q_k = 1$．谬设 X 不服从退化分布，则有 $p_{k_1} > 0$，$p_{k_2} > 0$，$p_{k_1} = q_{n_1}$，$p_{k_2} = q_{n_2}$，所以
$$\left|(k_1 - k_2)\frac{2\pi}{t_0}\right| = \left|(n_1 - n_2)\frac{2\pi}{t_1}\right|,$$
即 t_0 与 t_1 之比为有理数．系得证．

§3 连续性定理

在 §1 中我们看到了：准分布函数与特征函数之间的对应是一对一的． 现在我们问：它们的对应是否有某种意义的连续性，譬如说，设 $F_n(x)$，$F(x)$ 皆为 d'. f.，$f_n(t)$，$f(t)$ 为其对应的 c. f.，若 $F_n \xrightarrow{c} F$，问是否有 $f_n \to f$? 反过来，若 $f_n \to f$，问是否有 $F_n \xrightarrow{c} F$? 上述两个问题的回答都是肯定的．

定理 3.1 设 d'. f. $F_n(x)$ 和 $F(x)$ 所对应的 c. f. 为 $f_n(t)$ 和 $f(t)$，若 $F_n(x) \xrightarrow{c} F(x)$，则

$$\lim_{n \to \infty} f_n(t) = f(t)$$

在 t 属于任何有限区间上一致成立.

证　此定理是第一章定理 3.10.1 的直接推论.

定理 3.2　设 d'. f. $F_n(x)$ 所对应的 c. f. 为 $f_n(t)$, 若

$$\lim_{n \to \infty} f_n(t) = f(t), \tag{1}$$

[a. e.] (在勒贝格测度下), 则存在唯一一个有限测度 F, 使得:

(1) $F_n \overset{\text{w}}{\longrightarrow} F$;

(2) $f(t) = \int_{R^1} e^{itx} dF(x)$, [a. e.] (在勒贝格测度下).

证　由第一章定理 3.3 系 1, 为证 (1), 只需证明 $\{F_n\}$ 的任何一个弱收敛子列都收敛到同一极限.

任取 $\{F_n\}$ 的一个弱收敛子列 $\{G_n\}$,

$$G_n \overset{\text{w}}{\longrightarrow} F,$$

往证 F 与 $\{G_n\}$ 之选取无关. 事实上, 由第一章定理 3.9.1 有

$$\lim_{n \to \infty} \int_{R^1} \frac{e^{itx} - 1}{ix} dG_n(x) = \int_{R^1} \frac{e^{itx} - 1}{ix} dF(x). \tag{3.1}$$

令 G_n 所对应的 c. f. 为 $g_n(t)$, 由于 $\{g_n\}$ 是 $\{f_n\}$ 的子列, 所以

$$\lim_{n \to \infty} g_n(t) = f(t), \quad [\text{a. e.}],$$

因此

$$\lim_{n \to \infty} \int_{R^1} \frac{e^{itx} - 1}{ix} dG_n(x) = \lim_{n \to \infty} \int_0^t g_n(u) du = \int_0^t f(u) du.$$

代入 (3.1) 得

$$\int_0^t f(u) du = \int_{R^1} \frac{e^{itx} - 1}{ix} dF(x). \tag{3.2}$$

对 (3.2) 求导数即得

$$f(t) = \int_{R^1} e^{itx} dF(x), \quad [\text{a. e.}].$$

因此, 由定理 1.1 得知 F 被 $f(t)$ 所唯一决定, 而与子列 $\{G_n\}$ 之选取无关, 这就证明了 (1). 而在此证明中还说明 F 的傅氏变换确实

与 $f(t)$ [a.e.] 相等. 因此 (2) 也得证.

定理 3.3 设 d'.f. $F_n(x)$ 的 c.f. 为 $f_n(t)$. 若

$$\lim_{n \to \infty} f_n(t) = f(t), \quad f(t) \text{ 在 0 点连续,}$$

则

(1) $F_n(x) \xrightarrow{c} F(x)$;

(2) $f(t) = \int_{R^1} e^{itx} dF(x)$;

(3) $\lim_{n \to \infty} f_n(t) = f(t)$, 在 t 属于任何有限区间上一致成立.

证 因为 $\lim_{n \to \infty} f_n(t) = f(t)$, 所以, 根据定理 3.2 得知

$$F_n \xrightarrow{W} F,$$

且

$$f(t) = \int_{R^1} e^{itx} dF(x), \quad [\text{a. e.}].$$

但 $f(t)$ 在 $t = 0$ 连续, 所以

$$f(0) = \int_{R^1} dF(x). \tag{3.3}$$

而

$$f(0) = \lim_{n \to \infty} f_n(0) = \lim_{n \to \infty} \int_{R^1} dF_n(x), \tag{3.4}$$

所以由 (3.3), (3.4) 得知, 任给 $\varepsilon > 0$, 存在 n_0 及 I_0, 使得当

$$n \geqslant n_0, \quad I \supset I_0 \text{ 时有}$$

$$F_n(R^1) - F_n(I) < \varepsilon.$$

因此, 用第一章定理 3.6 知 $F_n \xrightarrow{c} F$, 故

$$F_n(x) \xrightarrow{c} F(x).$$

这就证明了 (1), 由 (1) 及定理 3.1, 本定理后部分得证.

定理 3.4 设 d'.f. $F_n(x)$ 所对应的 c.f. 为 $f_n(t)$. 若 $\lim_{n \to \infty} f_n(t) = f(t)$ (当 $|t| < \delta$), 且 $f(t)$ 在 $t = 0$ 连续, 则

(1) $\{F_n\}$ 的任何一个弱收敛子列 $\{G_n\}$ 都全收敛;

(2) $\{F_n(x)\}$ 的全收敛子列的极限 (一定是 d'.f.) 的特征函数在 $|t| < \delta$ 上与 $f(t)$ 相等;

(3) $\lim\limits_{n\to\infty} f_n(t) = f(t)$ 在 $|t| < \delta$ 上一致成立.

证 (1) 令 $G_n \xrightarrow{W} G$, G_n 对应之 c. f. 为 $g_n(t)$, 则由第一章定理 3.9.1 得知

$$\lim_{n\to\infty} \int_{R^1} \frac{e^{itx}-1}{ix} dG_n(x) = \int_{R^1} \frac{e^{itx}-1}{ix} dG(x), \qquad (3.5)$$

但是

$$\lim_{n\to\infty} f_n(t) = f(t), \quad |t| < \delta,$$

$\{g_n(t)\}$ 是 $\{f_n(t)\}$ 的子列, 所以

$$\lim_{n\to\infty} g_n(t) = f(t), \quad |t| < \delta.$$

由此推知

$$\lim_{n\to\infty} \int_{R^1} \frac{e^{itx}-1}{ix} dG_n(x) = \lim_{n\to\infty} \int_0^t g_n(u)du$$

$$= \int_0^t f(u)du, \quad |t| < \delta.$$

将上式代入 (3.5) 得

$$\int_0^t f(u)du = \int_{R^1} \frac{e^{itx}-1}{ix} dG(x), \quad |t| < \delta . \qquad (3.6)$$

对 (3.6) 求导数得

$$f(t) = \int_{R^1} e^{itx} dG(x), \quad [\text{a.e.}], \; |t| < \delta.$$

又因为 $f(t)$ 在 $t = 0$ 连续, 所以

$$f(0) = \int_{R^1} dG(x), \qquad (3.7)$$

$$f(0) = \lim_{n\to\infty} g_n(0) = \lim_{n\to\infty} \int_{R^1} dG_n(x), \qquad (3.8)$$

比较 (3.7) 和 (3.8) 并应用第一章定理 3.6 得知

$$G_n \xrightarrow{c} G.$$

(2) 若 $G_n \xrightarrow{c} G$ (由弱紧性及 (1), 这样的子列 $\{G_n\}$ 是存在的), 则由第一章定理 3.10.1 有

$$\int_{R^1} e^{itx} dG(x) = \lim_{n\to\infty} \int_{R^1} e^{itx} dG_n(x) = \lim_{n\to\infty} g_n(t) = f(t), \quad (3.9)$$

在 $|t| < \delta$ 上一致成立. 这就证明了 (2).

(3) 若 (3) 不成立, 则存在 $\varepsilon > 0$ 及 n_k 使

$$\sup_{|t| < \delta} |f_{n_k}(t) - f(t)| > \varepsilon \quad (\text{一切 } k \geqslant 1). \tag{3.10}$$

由于 $\{f_{n_k}(t)\}$ 是 $\{f_n\}$ 的子序列, 所以由本定理的 (1) 和 (2), $\{F_{n_k}\}$ 有子列 $\{G_{n_k}\}$ 使

$$G_{n_k} \xrightarrow{\ c\ } G^*,$$

$$\lim_{k \to \infty} g_{n_k}(t) = f(t) \quad (\text{在 } |t| < \delta \text{ 一致成立}). \tag{3.11}$$

(3.11) 与 (3.10) 矛盾. 定理证毕.

系1 若 $f_n(t), f(t)$ 都是 c.f., 而且 $f_n(t) \to f(t)$, 则 $f_n(t) \to f(t)$ 在 t 的任何有限区间上一致成立.

证 由定理 3.3 即得.

系2 若 $f_n(t), f(t)$ 都是特征函数, 而且 $f_n(t) \to f(t)$, $t_n \to t_0$, 则 $f_n(t_n) \to f(t_0)$.

证 $|f_n(t_n) - f(t_0)| \leqslant |f_n(t_n) - f(t_n)| + |f(t_n) - f(t_0)|$, 所以, 由 $f(t)$ 的连续性及系 1 即得系 2.

§4 不 等 式

在这节中, 如不特别声明, 恒设 $F(x)$ 和 $f(t)$ 分别为 X 的 d.f. 和 c.f., 又设 X' 与 X 的分布相同, 则 $-X'$ 的 d.f. 为 $1 - F(-x + 0)$, c.f. 为 $\overline{f(t)}$. 再设 X 与 X' 相互独立, 则 $X^s = X - X'$ 的 d.f. 为 $F^s(x) = F(x) * (1 - F(-x + 0))$, c.f. 为 $|f(t)|^2$.

定义 4.1 称 μ 为 R.V. X 的中位数, 如果

$$F(\mu) \leqslant \frac{1}{2}, \quad F(\mu + 0) \geqslant \frac{1}{2}.$$

显然, $X - \mu$ 的 d.f. 为 $F^\mu(x) = F(x + \mu)$, c.f. 为 $e^{-i\mu t} f(t)$.

$$F^s(-x) = P(X - X' < -x) \geqslant P(X - \mu < -x, X' - \mu \geqslant 0)$$

$$= P(X - \mu < -x) P(X' - \mu \geqslant 0) \geqslant \frac{1}{2} F^\mu(-x);$$

$$1 - F^s(x) = P(X - X' \geqslant x) \geqslant P(X - \mu \geqslant x, X' - \mu' \leqslant 0)$$

$$= P(X - \mu \geqslant x)P(X' - \mu' \leqslant 0) \geqslant \frac{1}{2}(1 - F^{\mu}(x)).$$

(1) 增量不等式

$$|f(t) - f(t + h)|^2 \leqslant 2f(0)\{f(0) - \mathscr{R}(f(h))\}, \quad (4.1)$$

$$1 - \mathscr{R}(f(2t)) \leqslant 4\{1 - \mathscr{R}(f(t))\}. \quad (4.2)$$

其中 $\mathscr{R}(f)$ 表 f 的实部.

证 由施瓦兹 (Schwarz, H. A.) 不等式有

$$|f(t) - f(t + h)|^2 = \left|\int_{R^1} e^{itx}(1 - e^{ihx})dF(x)\right|^2$$

$$\leqslant \int_{R^1} |e^{itx}|^2 dF(x) \int_{R^1} |1 - e^{ihx}|^2 dF(x)$$

$$= f(0)\int_{R^1} (1 - e^{ihx})(1 - e^{-ihx})dF(x)$$

$$= f(0)\int_{R^1} 2(1 - \cos hx)dF(x)$$

$$= 2f(0)\{f(0) - \mathscr{R}(f(h))\}$$

$$4\{1 - \mathscr{R}(f(t))\} - \{1 - \mathscr{R}(f(2t))\}$$

$$= \int_{R^1} [4(1 - \cos tx) - (1 - \cos 2tx)]dF(x)$$

$$= \int_{R^1} [4(1 - \cos tx) - 2(1 - \cos^2 tx)]dF(x)$$

$$= \int_{R^1} 2(\cos tx - 1)^2 dF(x) \geqslant 0.$$

系 若 $f_n(t)$ 是 R. V. X_n 的 c.f., 而且

$$\lim_{n \to \infty} f_n(t) = 1 \quad (|t| \leqslant T),$$

则

$$\lim_{n \to \infty} f_n(t) = 1, \quad t \in (-\infty, \infty).$$

证 用增量不等式 (4.1) 可知

$$|1 - f_n(2t)|^2 \leqslant \{|1 - f_n(t)| + |f_n(t) - f_n(2t)|\}^2$$

$$\leqslant \{|1 - f_n(t)| + 2|1 - f_n(t)|\}^2,$$

因此,由 $\lim_{n \to \infty} f_n(t) = 1 \quad (|t| \leqslant T)$ 可推出

$$\lim_{n \to \infty} f_n(t) = 1 \quad (|t| \leqslant 2T),$$

由此递推即得 $\lim\limits_{n\to\infty} f_n(t) = 1$, $t \in (-\infty, \infty)$.

(2) 积分不等式

设 $A \subset [0, \delta]$, A 为一维勒贝格可测集, 其测度值

$$L(A) = \rho > 0.$$

首先我们证明

$$\int_A (1 - \cos \lambda t) dt \geqslant \frac{\rho^3 \lambda^2}{(\delta|\lambda| + 2\pi)^2}$$

$$\geqslant \frac{\rho^3 \lambda^2}{2(\delta^2 + 4\pi^2)(1 + \lambda^2)}. \tag{4.3}$$

证 由于函数 $s - \sin s - \dfrac{s^3}{\pi^2}$ 在 $s = 0$ 或 π 时为 0, 而且当

s 充分小时它大于 0, 它的导数在 $(0, \pi)$ 内只有一点为 0, 所以

$$s - \sin s \geqslant \frac{s^3}{\pi^2} \quad (0 \leqslant s \leqslant \pi). \tag{4.4}$$

当 $\lambda = 0$ 时, (4.3) 显然成立. 再设 $\lambda > 0$. 令 δ_1 为 $\geqslant \delta$ 且使 $\lambda\delta_1/2\pi$ 为整数的最小的数, 则

$$\delta_1 \leqslant \delta + \frac{2\pi}{\lambda} \qquad A \subset [0, \delta_1].$$

若把(4.3)左边的积分区域 $A(L(A) = \rho)$ 代之以 $[0, \delta_1]$ 中 $\dfrac{\lambda\delta_1}{\pi}$ 个互不相交的长为 $\dfrac{\pi\rho}{\delta_1\lambda}$ 的左端点为 $2k\pi/\lambda$ $\left(k = 0, 1, \cdots, \dfrac{\lambda\delta_1}{\pi} - 1\right)$ 的区间, 则积分值变小, 即

$$\int_A (1 - \cos \lambda t) dt \geqslant \sum_{k=0}^{\frac{\lambda\delta_1}{\pi}-1} \int_{\frac{2k\pi}{\lambda}}^{\frac{2k\pi}{\lambda} + \frac{\pi\rho}{\delta_1\lambda}} (1 - \cos \lambda t) dt$$

$$= \frac{\lambda\delta_1}{\pi} \int_0^{\frac{\pi\rho}{\delta_1\lambda}} (1 - \cos \lambda t) dt$$

$$= \rho - \frac{\delta_1}{\pi} \sin\left(\frac{\pi\rho}{\delta_1}\right).$$

再用 (4.4) 即可得

$$\int_{A} (1 - \cos \lambda t) dt \geqslant \frac{\rho^3}{\delta_1^2} > \frac{\rho^3 \lambda^2}{(\lambda \delta + 2\pi)^2}.$$

此即(4.3)第一不等式对 $\lambda > 0$ 成立. 而(4.3)第一不等式两边都是 λ 的偶函数,故(4.3)第一不等式对 $\lambda < 0$ 也成立. 而(4.3)第二不等式直接验证即得.

由(4.3)得

$$\int_{A} \mathscr{R}(1 - f(t)) dt = \int_{R^1} \int_{A} (1 - \cos tx) dt dF(x)$$

$$\geqslant \frac{\rho^3}{2(\delta^2 + 4\pi^2)} \int_{R^1} \frac{x^2}{1 + x^2} dF(x). \tag{4.5}$$

若把不等式 (4.5) 用于 $F^s(x)$ 和 $|f(t)|^2$,则得

$$\int_{A} (1 - |f(t)|^2) dt \geqslant \frac{\rho^3}{2(\delta^2 + 4\pi^2)} \int_{R^1} \frac{x^2}{1 + x^2} dF^s(x). \tag{4.6}$$

又因为

$$\int_{R^1} \frac{x^2}{1 + x^2} dF^s(x) = \int_{(-\infty, 0)} \frac{x^2}{1 + x^2} dF^s(x)$$

$$+ \int_{[0, \infty)} \frac{x^2}{1 + x^2} d(F^s(x) - 1)$$

$$= - \int_{(-\infty, 0)} F^s(x) \frac{2x}{(1 + x^2)^2} dx$$

$$+ \int_{[0, \infty)} (1 - F^s(x)) \frac{2x}{(1 + x^2)^2} dx$$

$$= \int_{[0, \infty)} (1 - F^s(x) + F^s(-x)) \frac{2x}{(1 + x^2)^2} dx$$

$$\geqslant \frac{1}{2} \int_{[0, \infty)} (1 - F^\mu(x) + F^\mu(-x)) \frac{2x}{(1 + x^2)^2} dx$$

$$= \frac{1}{2} \int_{R^1} \frac{x^2}{1 + x^2} dF^\mu(x),$$

所以

$$\int_{A} (1 - |f(t)|^2) dt \geqslant \frac{\rho^3}{4(\delta^2 + 4\pi^2)} \int_{R^1} \frac{x^2}{1 + x^2} dF^\mu(x). \tag{4.7}$$

特别地,若 $A = [0, t]$,则(4.5)还可以加强为

$$m(t) \int_0^t \{1 - \mathscr{R}(f(v))\} dv \leqslant \int_{R^1} \frac{x^2}{1 + x^2} dF(x)$$

$$\leqslant M(t) \int_0^t \{1 - \mathscr{R}(f(v))\} dv. \tag{4.8}$$

$$\left(\text{其中} \qquad \frac{1}{m(t)} = \sup_x \left(t \left(1 - \frac{\sin tx}{tx}\right) \frac{1 + x^2}{x^2} \right), \right.$$

$$\left. \frac{1}{M(t)} = \inf_x \left(t \left(1 - \frac{\sin tx}{tx}\right) \frac{1 + x^2}{x^2} \right). \right)$$

事实上,

$$\int_0^t \{1 - \mathscr{R}(f(v))\} dv = \int_{R^1} \left(\int_0^t (1 - \cos vx) dv \right) dF(x)$$

$$= \int_{R^1} t \left(1 - \frac{\sin tx}{tx}\right) \frac{1 + x^2}{x^2} \frac{x^2}{1 + x^2} dF(x),$$

故 (4.8) 成立.

(3) 截尾不等式

令 τ 为任意给定的正数, $a(\tau) = \int_{|x| < \tau} x dF(x)$, 则 $|a(\tau)| \leqslant$ τ. 在不混淆的情况下, 简记 $a(\tau)$ 为 a.

因为

$$|e^{-ia(\tau)t} f(t) - 1| = \int_{R^1} (e^{it(x - a(\tau))} - 1) dF(x)$$

$$= \int_{|x| > \tau} (e^{it(x - a(\tau))} - 1) dF(x) + ita(\tau) \int_{|x| > \tau} dF(x)$$

$$+ \int_{|x| < \tau} (e^{it(x - a(\tau))} - 1 - it(x - a(\tau))) dF(x),$$

所以

$$|e^{-ia(\tau)t} f(t) - 1|$$

$$\leqslant (2 + |t|\tau) \int_{|x| > \tau} dF(x) + \frac{t^2}{2} \int_{|x| < \tau} (x - a(\tau))^2 dF(x). \tag{4.9}$$

又因为

$$(x - \mu)^2 = (x - a(\tau) + a(\tau) - \mu)^2 \geqslant (x - a(\tau))^2$$

$$+ 2(a(\tau) - \mu)(x - a(\tau)),$$

$$(x - a(\tau))^2 \leqslant (x - \mu)^2 - 2(a(\tau) - \mu)(x - a(\tau)),$$

所以

$$\int_{|x| < \tau} (x - a(\tau))^2 dF(x) \leqslant \int_{|x| < \tau} (x - \mu)^2 dF(x)$$

$$+ 2(\mu - a(\tau))a(\tau) \int_{|x| > \tau} dF(x)$$

$$\leqslant \int_{|x| < \tau} (x - \mu)^2 dF(x) + 2(|\mu| + \tau)\tau \int_{|x| > \tau} dF(x).$$

代入 (4.9) 得

$$|e^{-ia(\tau)t}f(t) - 1| \leqslant [(|\mu| + \tau)\tau t^2 + \tau|t| + 2] \int_{|x| > \tau} dF(x)$$

$$+ \frac{t^2}{2} \int_{|x| < \tau} (x - \mu)^2 dF(x). \tag{4.10}$$

简记 $a(\tau) = a$, 当 $|a| < \dfrac{\tau}{2}$ 时, (4.9) 可化为

$$|e^{-iat}f(t) - 1| \leqslant (2 + \tau|t|)$$

$$\times \int_{|x| > \tau} \left(1 + \frac{1}{(x-a)^2}\right) \frac{(x-a)^2}{1 + (x-a)^2} dF(x)$$

$$+ \frac{t^2}{2} \int_{|x| < \tau} (1 + (x-a)^2) \frac{(x-a)^2}{1 + (x-a)^2} dF(x)$$

$$\leqslant \left[(2 + \tau|t|)\left(1 + \frac{4}{\tau^2}\right) + \frac{t^2}{2}\left(1 + \frac{9\tau^2}{4}\right)\right]$$

$$\times \int_{R^1} \frac{(x-a)^2}{1 + (x-a)^2} dF(x)$$

$$= A(t, \tau) \int_{R^1} \frac{(x-a)^2}{1 + (x-a)^2} dF(x). \tag{4.9'}$$

当 $|\mu| < \dfrac{\tau}{2}$ 时, 仿 (4.9)′, (4.10) 可化为

$$|e^{-iat}f(t) - 1| \leqslant B_1(t, \tau) \int_{R^1} \frac{(x-\mu)^2}{1 + (x-\mu)^2} dF(x),$$

再利用 (4.7) 得

$$\int_{R^1} \frac{(x-\mu)^2}{1 + (x-\mu)^2} dF(x) \leqslant \frac{4(\delta^2 + 4\pi^2)}{\delta^3} \int_0^\delta (1 - |f(t)|^2) dt,$$

所以

$$|e^{-iat}f(t) - 1| \leqslant B_2(t, \tau, \delta) \int_0^\delta (1 - |f(t)|^2) dt,$$

因此

$$\int_0^1 |e^{-iat}f(t) - 1| dt \leqslant B_3(\tau, \delta) \int_0^\delta (1 - |f(t)|^2) dt.$$

但是，由 (4.5) 有

$$\int_0^1 |e^{-iat}f(t) - 1| dt \geqslant \int_0^1 \mathscr{R}(1 - e^{-iat}f(t)) dt$$

$$\geqslant \frac{1}{2(1 + 4\pi^2)} \int_{R^1} \frac{(x - a)^2}{1 + (x - a)^2} dF(x),$$

所以

$$\int_{R^1} \frac{(x - a)^2}{1 + (x - a)^2} dF(x) \leqslant B(\tau, \delta) \int_0^\delta (1 - |f(t)|^2) dt$$

$$\left(|\mu| \leqslant \frac{\tau}{2} \right). \tag{4.10}'$$

若把 (4.10) 用之于 $F^\mu(x)$ 和 $e^{-i\mu t}f(t)$，则对应于 (4.10) 中的 $F(x)$, $f(t)$, μ, $a(\tau)$ 分别代之以 $F^\mu(x)$, $e^{-i\mu t}f(t)$, 0, $a^\mu(\tau) = \int_{|x|<\tau} x dF^\mu(x) = \int_{|x-\mu|<\tau} (x - \mu) dF(x)$ 即可. 即我们有：

$$|e^{-ib(\tau)t}f(t) - 1| \leqslant [\tau^2 t^2 + \tau|t| + 2] \int_{|x|>\tau} dF^\mu(x)$$

$$+ \frac{t^2}{2} \int_{|x|<\tau} x^2 dF^\mu(x), \tag{4.11}$$

其中 $b(\tau) = \mu + a^\mu(\tau)$.

但是

$$\int_{|x|>\tau} dF^\mu(x) \leqslant \frac{1 + \tau^2}{\tau^2} \int_{|x|>\tau} \frac{x^2}{1 + x^2} dF^\mu(x)$$

$$\leqslant \frac{1 + \tau^2}{\tau^2} \int_{R^1} \frac{x^2}{1 + x^2} dF^\mu(x);$$

$$\int_{|x|<\tau} x^2 dF^\mu(x) \leqslant (1 + \tau^2) \int_{|x|<\tau} \frac{x^2}{1 + x^2} dF^\mu(x)$$

$$\leqslant (1 + \tau^2) \int_{R^1} \frac{x^2}{1 + x^2} \, dF^\mu(x).$$

把上述二不等式代入 (4.11) 即可得

$$|e^{-ib(\tau)t} f(t) - 1|$$

$$\leqslant (1 + \tau^2) \left(\frac{3t^2}{2} + \frac{|t|}{\tau} + \frac{2}{\tau^2} \right) \int_{R^1} \frac{x^2}{1 + x^2} \, dF^\mu(x). \quad (4.12)$$

再利用 (4.7) 即可得

$$|e^{-ib(\tau)t} f(t) - 1|$$

$$\leqslant (1 + \tau^2) \left(\frac{3t^2}{2} + \frac{|t|}{\tau} + \frac{2}{\tau^2} \right) \frac{4(\delta^2 + 4\pi^2)}{\rho^3}$$

$$\times \int_A (1 - |f(t)|^2) \, dt. \quad (4.13)$$

特别地当 $|t| \leqslant T$ 时，(4.13) 变为

$$|e^{-ib(\tau)t} f(t) - 1| \leqslant L_0(T, \tau, \rho, \delta) \int_A (1 - |f(t)|^2) \, dt$$

$$(|t| \leqslant T). \quad (4.14)$$

由 (4.5) 知

$$\int_{R^1} \frac{(x - b(\tau))^2}{1 + (x - b(\tau))^2} \, dF(x) \leqslant \frac{2(\delta^2 + 4\pi^2)}{\rho^3}$$

$$\times \int_A \mathcal{R}(1 - e^{-ib(\tau)t} f(t)) \, dt,$$

特别地，若 $A = [0, 1]$，则 $\delta = \rho = 1$，从而上式可化为

$$\int_{R^1} \frac{(x - b(\tau))^2}{1 + (x - b(\tau))^2} \, dF(x) \leqslant 2(1 + 4\pi^2)$$

$$\times \int_0^1 |1 - e^{-ib(\tau)t} f(t)| \, dt,$$

再利用 (4.13) 则可得

$$\int_{R^1} \frac{(x - b(\tau))^2}{1 + (x - b(\tau))^2} \, dF(x)$$

$$\leqslant 2(1 + 4\pi^2)(1 + \tau^2) \left(\frac{1}{2} + \frac{1}{2\tau} + \frac{2}{\tau^2} \right) \frac{4(\delta^2 + 4\pi^2)}{\rho^3}$$

$$\times \int_A (1 - |f(t)|^2) \, dt. \quad (4.15)$$

(4) 几个积分的估计

$$\int_{|x|>\tau} dF(x); \int_{|x|<\tau} x^2 dF(x); \int_{|x-\mu|<\tau} (x-\mu)^2 dF(x)$$
$$-\left(\int_{|x-\mu|<\tau} (x-\mu)dF(x)\right)^2.$$

(i) 关于 $\int_{|x|>\tau} dF(x)$ 的估计

$$\int_{|x|>\tau} dF(x) \leqslant \frac{1+\tau^2}{\tau^2} \int_{|x|>\tau} \frac{x^2}{1+x^2} dF(x)$$
$$\leqslant \frac{1+\tau^2}{\tau^2} \int_{R^1} \frac{x^2}{1+x^2} dF(x),$$

利用 (4.5) 则可得

$$\int_{|x|>\tau} dF(x) \leqslant \frac{2(\delta^2+4\pi^2)}{\rho^3} \cdot \frac{1+\tau^2}{\tau^2} \int_A \mathscr{R}(1-f(t))dt$$
$$\overset{\text{记作}}{=\!=\!=} L_1(\tau, \rho, \delta) \int_A \mathscr{R}(1-f(t))dt. \tag{4.16}$$

类似地,利用 (4.7) 则可得

$$\int_{|x-\mu|>\tau} dF(x) = \int_{|x|>\tau} dF^\mu(x) \leqslant \frac{1+\tau^2}{\tau^2} \int_{R^1} \frac{x^2}{1+x^2} dF^\mu(x)$$
$$\leqslant \frac{4(\delta^2+4\pi^2)}{\rho^3} \frac{1+\tau^2}{\tau^2} \int_A (1-|f(t)|^2)dt$$
$$\overset{\text{记作}}{=\!=\!=} 2L_1(\tau, \rho, \delta) \int_A (1-|f(t)|^2)dt. \tag{4.17}$$

利用 (4.15) 则可得

$$\int_{|x-b(\tau)|>\tau'} dF(x) \leqslant \frac{1+\tau'^2}{\tau'^2} \int_{R^1} \frac{(x-b(\tau))^2}{1+(x-b(\tau))^2} dF(x)$$
$$\leqslant \frac{1+\tau'^2}{\tau'^2} 2(1+4\pi^2)(1+\tau^2)\left(\frac{1}{2}+\frac{1}{2\tau}+\frac{1}{\tau^2}\right)$$
$$\times \frac{4(\delta^2+4\pi^2)}{\rho^3} \int_A (1-|f(t)|^2)dt$$
$$\overset{\text{记作}}{=\!=\!=} L_2(\tau, \tau', \rho, \delta) \int_A (1-|f(t)|^2)dt. \tag{4.18}$$

(ii) 关于 $\int_{|x|<\tau} x^2 dF(x)$ 的估计

· 44 ·

$$\int_{|x|<\tau} x^2 dF(x) \leqslant (1 + \tau^2) \int_{|x|<\tau} \frac{x^2}{1 + x^2} dF(x)$$

$$\leqslant (1 + \tau^2) \int_{R^1} \frac{x^2}{1 + x^2} dF(x),$$

利用 (4.5) 可得

$$\int_{|x|<\tau} x^2 dF(x) \leqslant (1 + \tau^2) \frac{2(\delta^2 + 4\pi^2)}{\rho^3} \int_A \mathcal{R}(1 - f(t)) dt$$

$$\stackrel{\text{记作}}{=\!=\!=} L_3(\tau, \rho, \delta) \int_A \mathcal{R}(1 - f(t)) dt. \tag{4.19}$$

(iii) 关于 $\int_{|x-\mu|<\tau} x^2 dF(x) - \left(\int_{|x-\mu|<\tau} x dF(x) \right)^2$ 的估计

由 (4.19) 得

$$\int_{|x|<2\tau} x^2 dF^s(x) \leqslant L_3(2\tau, \rho, \delta) \int_A (1 - |f(t)|^2) dt,$$

但是

$$\int_{|x|<2\tau} x^2 dF^s(x) = \int_{|x-y|<2\tau} (x - y)^2 dF(x) dF(y)$$

$$\geqslant \int_{\substack{|x-\mu|<\tau \\ |y-\mu|<\tau}} [(x - \mu)^2 - 2(x - \mu)(y - \mu)$$

$$+ (y - \mu)^2] dF(x) dF(y)$$

$$= 2 \int_{|x-\mu|<\tau} (x - \mu)^2 dF(x) \int_{|x-\mu|<\tau} dF(x)$$

$$- 2 \left(\int_{|x-\mu|<\tau} (x - \mu) dF(x) \right)^2$$

$$= 2 \int_{|x-\mu|<\tau} (x - \mu)^2 dF(x)$$

$$- 2 \int_{|x-\mu|<\tau} (x - \mu)^2 dF(x) \int_{|x-\mu|>\tau} dF(x)$$

$$- 2 \left(\int_{|x-\mu|<\tau} (x - \mu) dF(x) \right)^2,$$

所以

$$\int_{|x-\mu|<\tau} (x - \mu)^2 dF(x) - \left(\int_{|x-\mu|<\tau} (x - \mu) dF(x) \right)^2$$

$$\leqslant \int_{|x-\mu|<\tau} (x-\mu)^2 dF(x) \int_{|x-\mu|>\tau} dF(x)$$

$$+ \frac{1}{2} L_3(2\tau, \rho, \delta) \int_A (1 - |f(t)|^2) dt$$

$$\leqslant 2\tau^2 L_1(\tau, \rho, \delta) \int_A (1 - |f(t)|^2) dt$$

$$+ \frac{1}{2} L_3(2\tau, \rho, \delta) \int_A (1 - |f(t)|^2) dt$$

$$\overset{\text{记作}}{=\!=\!=} L_4(\tau, \rho, \delta) \int_A (1 - |f(t)|^2) dt. \tag{4.20}$$

§5 可微性和泰勒展开

定理 5.1 设 $f(t)$ 是 R. V. X 的 c. f., 若 $f^{(2n)}(0)$ 存在, 则 $E(|X|^r) < \infty$ $(0 \leqslant r \leqslant 2n)$.

证 令 $\Delta_h(f(0)) = f(h) - f(-h)$,

$$\Delta_h^{(k)}(f(0)) = \Delta_h(\Delta_h^{(k-1)}(f(0)))$$

$$= \sum_{j=0}^{k} (-1)^j \binom{k}{j} f((k-2j)h),$$

$(k \geqslant 2)$, 再令 $F(x)$ 为 X 的 d. f. 则

$$f^{(2n)}(0) = \lim_{h \to 0} \frac{\Delta_h^{(2n)}(f(0))}{(2h)^{2n}}$$

$$= \lim_{h \to 0} \frac{\sum_{j=0}^{2n} (-1)^j \binom{2n}{j} f((2n-2j)h)}{(2h)^{2n}}$$

$$= \lim_{h \to 0} \frac{\sum_{j=0}^{2n} (-1)^j \binom{2n}{j} \int_{R^1} e^{i(2n-2j)hx} dF(x)}{(2h)^{2n}}$$

$$= \lim_{h \to 0} \frac{1}{(2h)^{2n}} \int_{R^1} \sum_{j=0}^{2n} (-1)^j \binom{2n}{j} e^{i(2n-2j)hx} dF(x)$$

$$= \lim_{h \to 0} \int_{R^1} \left(\frac{e^{ihx} - e^{-ihx}}{2h} \right)^{2n} dF(x)$$

$$= \lim_{h \to 0} \int_{R^1} \left(\frac{2i \sin hx}{2h} \right)^{2n} dF(x)$$

$$= \lim_{h \to 0} \int_{R^1} (-1)^n x^{2n} \left(\frac{\sin hx}{hx} \right)^{2n} dF(x).$$

但是，由法都引理有

$$E(|X|^{2n}) = \int_{R^1} \lim_{h \to 0} x^{2n} \left(\frac{\sin hx}{hx} \right)^{2n} dF(x)$$

$$\leq \lim_{h \to 0} \int_{R^1} x^{2n} \left(\frac{\sin hx}{hx} \right)^{2n} dF(x).$$

若 $f^{(2n)}(0)$ 存在，则

$$\lim_{h \to 0} \int_{R^1} x^{2n} \left(\frac{\sin hx}{hx} \right)^{2n} dF(x) = |f^{(2n)}(0)| < \infty,$$

因此 $E(|X|^{2n}) < \infty$，从而由霍尔德尔 (Hölder, O.) 不等式可知 $E(|X|^r) < \infty \ (0 \leqslant r \leqslant 2n)$。

定理 5.2 若 $E(|X|^n) < \infty$，则 $f(t)$ 具有 n 阶连续导数：

$$f^{(n)}(t) = \int_{R^1} (ix)^n e^{itx} dF(x).$$

证 对 n 作归纳法。若 $E(|X|) < \infty$，则用勒贝格控制收敛定理可证

$$f'(t) = \int_{R^1} \frac{\partial}{\partial t} (e^{itx}) dF(x) = \int_R ix e^{itx} dF(x)$$

是 t 的连续函数。

设定理对 $n = k$ 成立，往证它对 $n = k + 1$ 也成立。事实上，若定理对 $n = k$ 成立，即当 $E(|X|^k) < \infty$ 时，

$$f^{(k)}(t) = \int_{R^1} e^{itx} (ix)^k dF(x)$$

是 t 的连续函数。今设 $E(|X|^{k+1}) < \infty$，再用勒贝格控制收敛定理可证

$$f^{(k+1)}(t) = \int_{R^1} (ix)^{k+1} e^{itx} dF(x)$$

是 t 的连续函数，定理得证。

下面我们简单地讨论一下特征函数 $f(t)$ 的泰勒 (Taylor, B.)

展开. 以 μ_n 记 $E(|X|^n)$.

定理 5.3 若 $\mu_n < \infty$，则

$$f(t) - \sum_{k=0}^{n-1} f^{(k)}(0)\frac{t^k}{k!} + O(t^n)$$

$$- \sum_{k=0}^{n} f^{(k)}(0)\frac{t^k}{k!} + o(t^n) \quad (t \to 0).$$

证 因为 $\mu_n < \infty$，所以 $f(t)$ 有 n 阶连续导数，故得

$$f(t) - \sum_{k=0}^{n-1} f^{(k)}(0)\frac{t^k}{k!} + \int_0^t f^{(n)}(s)\frac{(t-s)^{n-1}}{(n-1)!}ds$$

$$- \sum_{k=0}^{n} f^{(k)}(0)\frac{t^k}{k!} + \int_0^t [f^{(n)}(s) - f^{(n)}(0)]\frac{(t-s)^{n-1}}{(n-1)!}ds.$$

令

$$R_{n-1} - \int_0^t f^{(n)}(s)\frac{(t-s)^{n-1}}{(n-1)!}ds,$$

$$R_n - \int_0^t (f^{(n)}(s) - f^{(n)}(0))\frac{(t-s)^{n-1}}{(n-1)!}ds,$$

则由 $f^{(n)}(t) - \int_{R^1} (ix)^n e^{itx} dF(x)$ 得:

$$|f^{(n)}(t)| \leqslant \int_{R^1} |x|^n dF(x) - \mu_n < \infty.$$

所以

$$|R_{n-1}| \leqslant \mu_n \left|\int_0^t \frac{(t-s)^{n-1}}{(n-1)!}ds\right| - \mu_n \frac{|t|^n}{n!} - O(t^n) \quad (t \to 0).$$

$$|R_n| \leqslant \sup_{0 \leqslant s \leqslant t} |f^{(n)}(s) - f^{(n)}(0)| \left|\int_0^t \frac{(t-s)^{n-1}}{(n-1)!}ds\right|$$

$$\leqslant \sup_{0 \leqslant s \leqslant t} |f^{(n)}(s) - f^{(n)}(0)| \frac{|t|^n}{n!} - o(t^n) \quad (t \to 0).$$

定理 5.4 若 $\mu_{n+\delta} < \infty \quad (0 < \delta < 1)$，则

$$f(t) - \sum_{k=0}^{n} \frac{f^{(k)}(0)}{k!} t^k + \theta 2^{1-\delta} \mu_{n+\delta} \frac{t^{n+\delta}}{(1+\delta)(2+\delta)\cdots(n+\delta)},$$

其中 $|\theta| \leqslant 1$.

证 由定理 5.3 可知

$$f(t) = \sum_{k=0}^{n} \frac{f^{(k)}(0)}{k!} t^k + R_n,$$

$$|R_n| = \left| \int_0^t [f^{(n)}(s) - f^{(n)}(0)] \frac{(t-s)^{n-1}}{(n-1)!} ds \right|$$

$$= \left| \int_0^t \frac{(t-s)^{n-1}}{(n-1)!} \left(\int_{R^1} (ix)^n (e^{isx} - 1) dF(x) \right) ds \right|.$$

但是

$$|e^{isx} - 1| \leqslant 2^{1-\delta} |sx|^\delta \quad (0 < \delta < 1),$$

所以

$$|R_n| \leqslant \left| \int_0^t \frac{(t-s)^{n-1}}{(n-1)!} \left(\int_{R^1} |x|^n 2^{1-\delta} |sx|^\delta dF(x) \right) ds \right|$$

$$\leqslant 2^{1-\delta} \mu_{n+\delta} \left| \int_0^t \frac{s^\delta (t-s)^{n-1}}{(n-1)!} ds \right|$$

$$= 2^{1-\delta} \mu_{n+\delta} \left| \int_0^1 \frac{x^\delta (1-x)^{n-1} t^{n+\delta}}{(n-1)!} dx \right|$$

$$\leqslant 2^{1-\delta} \mu_{n+\delta} \frac{|t|^{n+\delta}}{(n-1)!} \int_0^1 x^\delta (1-x)^{n-1} dx$$

$$= 2^{1-\delta} \mu_{n+\delta} \frac{|t|^{n+\delta}}{(n-1)!} B(\delta+1, n)$$

$$= 2^{1-\delta} \mu_{n+\delta} \frac{|t|^{n+\delta}}{(n-1)!} \frac{\Gamma(\delta+1)\Gamma(n)}{\Gamma(\delta+1+n)}$$

$$= 2^{1-\delta} \mu_{n+\delta} \frac{|t|^{n+\delta}}{(n-1)!}$$

$$\times \frac{\Gamma(\delta+1)(n-1)!}{(n+\delta)(n-1+\delta)\cdots(1+\delta)\Gamma(1+\delta)}$$

$$= 2^{1-\delta} \mu_{n+\delta} \frac{|t|^{n+\delta}}{(1+\delta)(2+\delta)\cdots(n+\delta)}.$$

§6 非负定函数, 辛钦-波赫纳定理

定义 6.1 称实变复值函数 $f(t)$ 是非负定的, 如果它对任何

正整数 n ，任何实数 $t_1, \cdots, t_n$ 及任何复数 $\xi_1, \cdots, \xi_n$ ，都有

$$\sum_{k=1}^{n} \sum_{j=1}^{n} f(t_j - t_k) \xi_j \bar{\xi}_k \geqslant 0, \tag{6.1}$$

其中 $\bar{\xi}_k$ 表 ξ_k 的复共轭.

非负定函数 $f(t)$ 具有下述性质：

(1) $f(0) \geqslant 0$.

事实上，取 $n=1$，$t_1 = 0$，$\xi_1 = 1$，则由 (6.1) 得知

$$f(0) = \sum_{k=1}^{n} \sum_{j=1}^{n} f(t_j - t_k) \xi_j \bar{\xi}_k \geqslant 0.$$

(2) 对任何实数 t，有 $\overline{f(t)} = f(-t)$.

事实上，在 (6.1) 中取 $n=2$，$t_1 = 0$，$t_2 = t$，则有

$$0 \leqslant \sum_{k=1}^{n} \sum_{j=1}^{n} f(t_j - t_k) \xi_j \bar{\xi}_k$$

$$= f(0)\{|\xi_1|^2 + |\xi_2|^2\} + f(-t)\xi_1\bar{\xi}_2 + f(t)\xi_2\bar{\xi}_1. \tag{6.2}$$

此即 $f(-t)\xi_1\bar{\xi}_2 + f(t)\xi_2\bar{\xi}_1$ 是实数. 令 $f(-t)=\alpha_1 + i\beta_1$，$f(t)=\alpha_2 + i\beta_2$，$\xi_1\bar{\xi}_2 = \gamma + i\delta$，则 $\xi_2\bar{\xi}_1 = \gamma - i\delta$. 令 $\mathscr{I}(f)$ 表 f 的虚部，则 $0 = \mathscr{I}(f(-t)\xi_1\bar{\xi}_2 + f(t)\xi_2\bar{\xi}_1) = \alpha_1\delta + \beta_1\gamma - \alpha_2\delta + \beta_2\gamma$，因此 $(\alpha_1 - \alpha_2)\delta + (\beta_1 + \beta_2)\gamma = 0$. 而 ξ_1 与 ξ_2 可以任意，即 γ 与 δ 可以任意，所以 $\alpha_1 - \alpha_2 = 0$，$\beta_1 + \beta_2 = 0$，此即 $f(-t) - \overline{f(t)} = (\alpha_1 - \alpha_2) + (\beta_1 + \beta_2)i = 0$，也就是 $\overline{f(t)} = f(-t)$.

(3) 对任意实数 t，有 $|f(t)| \leqslant |f(0)|$.

事实上，在 (6.2) 中令 $\xi_1 = f(t)$，$\xi_2 = -|f(t)|$，则有

$$0 \leqslant 2f(0)|f(t)|^2 - 2|f(t)| |f(t)|^2. \tag{6.3}$$

若 $f(t) = 0$，则由 $f(0) \geqslant 0$ 推知 $f(0) \geqslant |f(t)|$；若 $f(t) \neq 0$，则把 (6.3) 两边除以 $|f(t)|^2$ 即得 $|f(t)| \leqslant f(0)$.

系 若 $f(t)$ 是非负定的，且 $f(0) = 0$，则 $f(t) \equiv 0$.

定理 6.1 (辛钦 (Хинчин)-波赫纳 (Bochner)) 若 $f(t)$ 是连续函数，$f(0) = 1$，则 $f(t)$ 是非负定函数的充要条件是：$f(t)$ 是随机变量的特征函数.

证　充分性.

若 $f(t) = \int_{R^1} e^{itx} dF(x)$，$F(x)$ 是 d.f.，则对任意正整数 n，实数 $t_1, \cdots, t_n$，复数 $\xi_1, \cdots, \xi_n$，都有

$$\sum_{k=1}^{n} \sum_{j=1}^{n} f(t_j - t_k) \xi_j \bar{\xi}_k = \sum_{k=1}^{n} \sum_{j=1}^{n} \left(\int_{R^1} e^{i(t_j - t_k)x} dF(x) \right) \xi_j \bar{\xi}_k$$

$$= \int_{R^1} \left(\sum_{k=1}^{n} \sum_{j=1}^{n} e^{i(t_j - t_k)x} \xi_j \bar{\xi}_k \right) dF(x)$$

$$= \int_{R^1} \left| \sum_{j=1}^{n} e^{it_j x} \xi_j \right|^2 dF(x) \geq 0.$$

必要性.

由于 $f(t)$ 是非负定的，所以 $f(t)$ 满足 (6.1). 在 (6.1) 中取 $t_k = \dfrac{k}{n}$，$\xi_k = e^{-ikx}$，则有

$$P_N^{(n)}(x) = \frac{1}{N} \sum_{k=0}^{N-1} \sum_{j=0}^{N-1} f\left(\frac{k-j}{n} \right) e^{-i(k-j)x} \geq 0. \qquad (6.4)$$

虽然，(6.4) 右边的和中使 $k - j = r$ 的共有 $N - |r|$ 项，(r 由 $-N+1$ 变到 $N-1$)，故得

$$P_N^{(n)}(x) = \frac{1}{N} \sum_{r=-N+1}^{N-1} (N - |r|) f\left(\frac{r}{n} \right) e^{-irx}$$

$$= \frac{1}{N} \sum_{r=-N}^{N} (N - |r|) f\left(\frac{r}{n} \right) e^{-irx}.$$

把上式两边乘以 e^{isx}，并对 x 由 $-\pi$ 到 π 积分得

$$\int_{-\pi}^{\pi} P_N^{(n)}(x) e^{isx} dx = \sum_{r=-N}^{N} \left(1 - \frac{|r|}{N} \right) f\left(\frac{r}{n} \right) \int_{-\pi}^{\pi} e^{-i(r-s)x} dx. \quad (6.5)$$

因为

$$\int_{-\pi}^{\pi} e^{-i(r-s)x} dx = \begin{cases} 0, & r \neq s; \\ 2\pi, & r = s, \end{cases}$$

所以

$$\int_{-\pi}^{\pi} P_N^{(n)}(x) e^{isx} dx = \left(1 - \frac{|s|}{N}\right) f\left(\frac{s}{n}\right) 2\pi,$$

即

$$\left(1 - \frac{|s|}{N}\right) f\left(\frac{s}{n}\right) = \frac{1}{2\pi} \int_{-\pi}^{\pi} P_N^{(n)}(x) e^{isx} dx. \tag{6.6}$$

令

$$F_N^{(n)}(x) = \begin{cases} \dfrac{1}{2\pi} \displaystyle\int_{-\pi}^{x} P_N^{(n)}(x) dx, & -\pi \leqslant x \leqslant \pi; \\[2mm] F_N^{(n)}(\pi), & x > \pi; \\[2mm] F_N^{(n)}(-\pi), & x < -\pi, \end{cases}$$

则 $F_N^{(n)}(x)$ 是一个分布函数. 所以 $\{F_N^{(n)}(x), N = 1, 2, \cdots\}$ 有一个弱收敛子序列 $\{F_{N_k}^{(n)}(x)\}$. 但是

$$F_{N_k}^{(n)}(x) = \begin{cases} 1, & x \geqslant \pi; \\ 0, & x \leqslant -\pi, \end{cases}$$

所以 $\{F_{N_k}^{(n)}(x)\}$ 全收敛,从而其极限函数 $F^{(n)}(x)$ 也是分布函数. 所以,由第一章定理 3.10.1 有

$$\lim_{k \to \infty} \int_{[-\pi,\pi]} e^{isx} dF_{N_k}^{(n)}(x)$$

$$= \lim_{k \to \infty} \int_{R^1} e^{isx} dF_{N_k}^{(n)}(x) = \int_{R^1} e^{isx} dF^{(n)}(x)$$

$$= \int_{[-\pi,\pi]} e^{isx} dF^{(n)}(x).$$

因此

$$f\left(\frac{s}{n}\right) = \lim_{k \to \infty} \left(1 - \frac{|s|}{N_k}\right) f\left(\frac{s}{n}\right)$$

$$= \lim_{k \to \infty} \frac{1}{2\pi} \int_{-\pi}^{\pi} P_{N_k}^{(n)}(x) e^{isx} dx$$

$$= \int_{[-\pi,\pi]} e^{isx} dF^{(n)}(x). \tag{6.7}$$

令 $F_n(x) = F^{(n)}\left(\dfrac{x}{n}\right)$, 由于

$$F^{(n)}(x) = \begin{cases} 1, & x > \pi; \\ 0, & x \leqslant -\pi, \end{cases}$$

所以 $F_n(x)$ 的 c. f. 为

$$f_n(t) = \int_{[-n\pi, n\pi]} e^{itx} dF_n(x).$$

因此

$$f_n\left(\frac{k}{n}\right) = \int_{[-n\pi, n\pi]} e^{i\frac{k}{n}x} dF^{(n)}\left(\frac{x}{n}\right)$$

$$= \int_{[-\pi, \pi]} e^{iky} dF^{(n)}(y) = f\left(\frac{k}{n}\right). \qquad (6.8)$$

对任意的 t，我们选取 $k = k(n, t)$，使 $0 \leqslant t - \dfrac{k}{n} < \dfrac{1}{n}$，则由 $f(t)$ 的连续性得知

$$f(t) = \lim_{n \to \infty} f\left(\frac{k}{n}\right) = \lim_{n \to \infty} f_n\left(\frac{k}{n}\right). \qquad (6.9)$$

如果能证 $\lim\limits_{n \to \infty} f_n(t) = f(t)$，则由 $f_n(t)$ 是特征函数和 $f(t)$ 连续可知 $f(t)$ 也是特征函数，即定理得证。

由 (6.8) 及 (6.9) 有

$$\lim_{n \to \infty} f_n(t) = \lim_{n \to \infty} \left(\left[f_n(t) - f_n\left(\frac{k}{n}\right) \right] + f_n\left(\frac{k}{n}\right) \right)$$

$$= f(t) + \lim_{n \to \infty} \left(f_n(t) - f_n\left(\frac{k}{n}\right) \right). \qquad (6.10)$$

令 $\theta = t - \dfrac{k}{n}$，按 k 的取法就有 $0 \leqslant \theta < \dfrac{1}{n}$，按函数 $f_n(t)$ 的定义有

$$\left| f_n(t) - f_n\left(\frac{k}{n}\right) \right| = \left| \int_{[-n\pi, n\pi]} e^{i\frac{k}{n}x} (e^{i\theta x} - 1) dF_n(x) \right|$$

$$\leqslant \int_{[-n\pi, n\pi]} |e^{i\theta x} - 1| dF_n(x). \qquad (6.11)$$

用霍尔德尔不等式有

$$\int_{[-n\pi, n\pi]} |e^{i\theta x} - 1| dF_n(x) \leqslant \sqrt{\int_{[-n\pi, n\pi]} |e^{i\theta x} - 1|^2 dF_n(x)}$$

$$= \sqrt{\int_{[-n\pi, n\pi]} (e^{i\theta x} - 1)(e^{-i\theta x} - 1) dF_n(x)}$$

$$= \sqrt{\int_{[-n\pi, n\pi]} 2(1 - \cos\theta x) dF_n(x)}$$

$$= \sqrt{2\mathscr{R}(1 - f_n(\theta))}. \tag{6.12}$$

因为当 $0 \leqslant \varphi < 1$，$-\pi \leqslant z \leqslant \pi$ 时，$\cos z \leqslant \cos\varphi z$，所以由 $0 \leqslant n\theta < 1$ 得

$$\mathscr{R}(1 - f_n(\theta)) = \int_{[-n\pi, n\pi]} (1 - \cos\theta x) dF_n(x)$$

$$= \int_{[-\pi, \pi]} (1 - \cos n\theta z) dF_n(nz)$$

$$\leqslant \int_{[-\pi, \pi]} (1 - \cos z) dF_n(nz)$$

$$= \int_{[-\pi, \pi]} (1 - \cos z) dF^{(n)}(z)$$

$$= 1 - \mathscr{R}\left(\int_{[-\pi, \pi]} e^{iz} dF^{(n)}(z)\right)$$

$$= 1 - \mathscr{R}\left(f\left(\frac{1}{n}\right)\right). \tag{6.13}$$

综合 (6.11)，(6.12)，(6.13) 得

$$\left|f_n(t) - f_n\left(\frac{k}{n}\right)\right| \leqslant \sqrt{2\left[1 - \mathscr{R}\left(f\left(\frac{1}{n}\right)\right)\right]}. \tag{6.14}$$

由于 $f(t)$ 连续，$f(0) = 1$，所以把 (6.14) 对 $n \to \infty$ 取极限即得

$$\lim_{n \to \infty} \left|f_n(t) - f_n\left(\frac{k}{n}\right)\right| = 0. \tag{6.15}$$

以 (6.15) 代入 (6.10) 即得

$$\lim_{n \to \infty} f_n(t) = f(t).$$

定理证毕.

§7 多维特征函数

定义 7.1 设 $F(x_1, \cdots, x_N)$ 为 R^N 中的准分布函数. 称

$$f(t_1, \cdots, t_N) = \int_{R^N} e^{i(t_1 x_1 + \cdots + t_N x_N)} dF(x_1, \cdots, x_N)$$

为 $F(x_1, \cdots, x_N)$ 的特征函数. 特别地，若 $F(x_1, \cdots, x_N)$ 为分布函数，则其特征函数有时也称为 $F(x_1, \cdots, x_N)$ 所对应的随机向量 $(X_1, \cdots, X_N)$ 的特征函数. 为简单计，有时简写 $f(t_1, \cdots, t_N)$, $F(x_1, \cdots, x_N)$ 为 $f(t)$, $F(x)$, 而 $t_1 x_1 + \cdots + t_N x_N$ 简写为 tx.

定理 7.1　d'. f. $F(x)$ 的 c. f. $f(t)$ 具有下述性质：

(1)　$|f(t)| \leqslant |f(0)| = F(R^N) \leqslant 1$;

(2)　$f(-t) = \overline{f(t)}$;

(3)　$f(t)$ 在 R^N 上一致连续.

证　只证 (3). 事实上，

$$|f(t+h) - f(t)| \leqslant \int_{R^N} |1 - e^{ihx}| dF(x)$$

$$\leqslant \int_A |1 - e^{ihx}| dF(x) + 2\int_{R^N \setminus A} dF(x).$$

任给 $\varepsilon > 0$, 可取 A, 使 $\int_{R^N \setminus A} dF(x) < \dfrac{\varepsilon}{4}$, A 取定后，取 h_0 充分小，可使 $|1 - e^{ihx}| < \dfrac{\varepsilon}{2}$ $(x \in A, |h| < h_0)$, 所以

$$|f(t+h) - f(t)| < \varepsilon, \quad |h| < h_0.$$

此即 $f(t)$ 在 R^N 上一致连续.

以下我们只讨论分布函数的特征函数. 在一维的情形，我们曾建立了分布函数与特征函数的一一对应关系，证明了它们之间的连续性定理. 在这一节中，我们将对 N 维的情形，证明类似的定理. 证明方法与一维完全类似. 在这一节中，如不特别声明，恒用 $f(t)$ 表示 N 维 d. f. $F(x)$ 的 c. f..

定理 7.2　（反演公式）

设 A^j 是恰巧属于 $[a, b]$ 的 j 个面上的点所构成的点集，$(j = 1, 2, \cdots, N)$, $T = (t_1, \cdots, t_N)$, 则

$$F(A) \overset{\text{记作}}{=} F((a, b)) + \frac{1}{2} F(A^1) + \cdots + \left(\frac{1}{2}\right)^N F(A^N)$$

$$= \lim_{\substack{t_j \to \infty \\ j=1, \cdots, N}} \int_{[-T,T)} \left(\prod_{j=1}^{N} \frac{e^{-it_j a_j} - e^{-it_j b_j}}{i 2\pi t_j} \right) f(t) \, dt.$$

特别地，若 $[a, b)$ 是 F 的连续区间，则

$$F([a, b)) = F([a, b]) = F((a, b))$$

$$= \lim_{\substack{t_j \to \infty \\ j=1, \cdots, N}} \int_{[-T,T)} \left(\prod_{j=1}^{N} \frac{e^{-it_j a_j} - e^{-it_j b_j}}{i 2\pi t_j} \right) f(t) \, dt.$$

注意 A^N 就是 $[a, b]$ 的全部顶点. 如 $N = 2$, $[a, b) = [a_1, b_1;$ $a_2, b_2)$, 则 A^1 就是开区间 (a, b) 的四个(不含顶点的)边, A^2 就是 $[a, b]$ 的四个顶点.

证 令

$$I(T; a, b) = \int_{[-T,T)} \left(\prod_{j=1}^{N} \frac{e^{-it_j a_j} - e^{-it_j b_j}}{i 2\pi t_j} \right) f(t) \, dt,$$

则

$$I(T; a, b) = \left(\frac{1}{2\pi} \right)^N \int_{[-T,T)} \left(\prod_{j=1}^{N} \frac{e^{-it_j a_j} - e^{-it_j b_j}}{i t_j} \right) \int_{R^N} e^{itx} dF(x) \, dt$$

$$= \int_{R^N} \prod_{j=1}^{N} \left(\frac{1}{2\pi} \int_{[-t_j, t_j)} \frac{e^{it_j(x_j - a_j)} - e^{it_j(x_j - b_j)}}{i t_j} \, dt_j \right) dF(x).$$

令

$$J(t_j, a_j, x_j) = \int_{[-t_j, t_j)} \frac{e^{it_j(x_j - a_j)}}{i t_j} dt_j,$$

由于

$$\int_0^\infty \frac{\sin t}{t} \, dt = \frac{\pi}{2},$$

所以

$$\int_0^\infty \frac{\sin t(x - a)}{t} \, dt = \begin{cases} \dfrac{\pi}{2}, & x > a; \\ 0, & x = a; \\ -\dfrac{\pi}{2}, & x < a. \end{cases}$$

因此

$$\lim_{t_j \to \infty} J(t_j,\, a_j,\, x_j) = \int_{-\infty}^{\infty} \frac{e^{it_j(x_j - a_j)}}{it_j}\, dt_j$$

$$= 2\int_0^{\infty} \frac{\sin s(x_j - a_j)}{s}\, ds$$

$$= \begin{cases} \pi, & x_j > a_j; \\ 0, & x_j = a_j; \\ -\pi, & x_j < a_j. \end{cases}$$

所以，由 $I(t_j,\, a_j,\, x_j)$ 的有界性推知

$$\lim_{\substack{t_j \to \infty \\ i=1,\cdots,N}} I(T;\, a,\, b)$$

$$= \int_{R^N} \lim_{\substack{t_j \to \infty \\ i=1,\cdots,N}} \prod_{j=1}^{N} \left(\frac{1}{2\pi} [J(t_j,\, a_j,\, x_j) - J(t_j,\, b_j,\, x_j)] \right) dF(x)$$

$$= \int_{R^N} \prod_{j=1}^{N} \left(\frac{1}{\pi} \int_0^{\infty} \frac{\sin t_j(x_j - a_j) - \sin t_j(x_j - b_j)}{t_j}\, dt_j \right) dF(x)$$

$$= F(A).$$

至此，定理得证.

由于 R^N 中的正则化测度（即全空间上测度值为 1 的测度）F 由其连续区间上的测度值所唯一决定，而分布函数与正则化测度之间有一一对应，所以由定理 7.2 得知 N 维分布函数与其特征函数之间有一一对应.

下面我们考虑几种特殊情形.

(1) 若 $F(x)$ 是格子点分布，（不妨设 F 只在 R^N 的整点上才可能有正测度），则

$$F((n_1,\, n_2,\, \cdots,\, n_N)) = p_{n_1,\cdots,n_N} = \left(\frac{1}{2\pi}\right)^N \int_{-\pi}^{\pi} f(t) e^{-itn}\, dt,$$

其中 $n = (n_1,\, \cdots,\, n_N)$.

证 $f(t) = \sum_m e^{itm} p_m$，所以

$$\left(\frac{1}{2\pi}\right)^N \int_{-\pi}^{\pi} f(t) e^{-itn}\, dt = \left(\frac{1}{2\pi}\right)^N \int_{-\pi}^{\pi} \left(\sum_m e^{it(m-n)} p_m \right) dt$$

$$= \left(\frac{1}{2\pi}\right)^N \int_{-\pi}^{\pi} \left(p_n + \sum_{m \neq n} e^{it(m-n)} p_m\right) dt$$

$$= \left(\frac{1}{2\pi}\right)^N \int_{-\pi}^{\pi} p_n dt = p_n.$$

（2）设 $f(t)$ 是 d. f. $F(x)$ 的 c. f.，且 $f(t)$ 是勒贝格可积的，则 $F(x)$ 具有有界连续的密度函数 $p(x)$ 如下：

$$p(x) = \frac{1}{2\pi} \int_{-\infty}^{\infty} e^{-itx} f(t) dt.$$

证　可参阅 [3] p. 509.

现在，我们来讨论多维分布函数与特征函数之间的连续性定理.

定义 7.2　设 $f(t)$ 是 d. f. $F(x)$ 的 c. f.，定义

$$\hat{f}(t) = \int_0^t f(v) dv.$$

显然

$$\hat{f}(t) = \int_0^{t_1} \cdots \int_0^{t_N} f(v_1, \cdots, v_N) dv_1 \cdots dv_N$$

$$= \int_{R^N} \prod_{j=1}^N \frac{e^{it_j x_j} - 1}{i x_j} dF(x_1, \cdots, x_N),$$

而且

$$\frac{\partial_N}{\partial x_1 \cdots \partial x_N} \hat{f} = f(t_1, \cdots, t_N).$$

因此，$F(x)$，$f(t)$，$\hat{f}(t)$ 之间的对应都是一对一的（勒贝格零测集上的差异不加考虑的情况下）.

定理 7.3　设 d. f. $F_n(x)$ 对应的 c. f. 为 $f_n(t)$，$\hat{f}_n(t) = \int_0^t f_n(v) dv$，若 $F_n \xrightarrow{W} F$，则

$$\lim_{n \to \infty} \hat{f}_n(t) = \hat{f}(t)$$

在 t 的任何有限区间上一致成立，其中

$$\hat{f}(t) = \int_0^t \left(\int_{R^N} e^{ivx} dF(x)\right) dv.$$

证　因为

$$\hat{f}_n(t) = \int_0^t f_n(v)dv = \int_{R^N} \int_0^t e^{ivx} dF_n(x)dv,$$

$$\hat{f}(t) = \int_{R^N} \int_0^t e^{ivx} dF(x)dv,$$

而　$F_n \xrightarrow{\text{W}} F$, $g(t, x) = \int_0^t e^{ivx}dv$ 是连续函数，且

$$\lim_{|x| \to \infty} g(t, x) = \lim_{|x| \to \infty} \frac{e^{itx} - 1}{ix} = 0,$$

所以由第一章定理 3.9.1 知

$$\lim_{n \to \infty} \hat{f}_n(t) = \hat{f}(t) \quad (\text{在 } t \text{ 的任何有限区间上一致成立}).$$

定理 7.4　设 d. f. $F_n(x)$ 所对应的 c. f. 为 $f_n(t)$,

$$\hat{f}_n(t) = \int_0^t f_n(v)dv,$$

若 $\hat{f}_n(t) \to f^*(t)$, 则

$$F_{n_k} \xrightarrow{\text{W}} F,$$

且

$$\hat{f}(t) = \int_0^t \left(\int_{R^N} e^{ivx} dF(x) \right) dv = f^*(t).$$

证　因为 $|F_n(R^N)| \leqslant 1$, 所以 $\{F_n\}$ 有弱收敛子列

$$F_{n_k} \xrightarrow{\text{W}} F,$$

因此，由定理 7.3 得知

$$\lim_{k \to \infty} \hat{f}_{n_k}(t) = \hat{f}(t), \quad \left(\hat{f}(t) = \int_0^t \left(\int_{R^N} e^{ivx} dF(x) \right) dv \right).$$

但是

$$\lim_{n \to \infty} \hat{f}_n(t) = f^*(t),$$

所以

$$\hat{f}(t) = f^*(t).$$

又由于 $F, f, \hat{f}$ 之间的对应是一对一的，所以 $\{F_n\}$ 的任何弱收敛子列都弱收敛到同一极限 F, 因此 $F_n \xrightarrow{\text{W}} F$.

定理 7.5　设 $f_n(t)$ 为 d. f. $F_n(x)$ 的 c. f.. 若

$$\lim_{n \to \infty} f_n(t) = f(t), \quad [\text{a. e.}],$$

则 $F_n \xrightarrow{\text{W}} F$，且

$$f(t) = \int_{R^N} e^{itx} dF(x), \quad [\text{a. e.}].$$

证 因为 $f_n(t) \to f(t)$，[a. e.]，所以

$$\lim_{n \to \infty} f_n(t) = \lim_{n \to \infty} \int_0^t f_n(v) dv = \int_0^t f(v) dv = \hat{f}(t).$$

因此，根据定理 7.4 有

$$F_n \xrightarrow{\text{W}} F, \quad f(t) = \int_{R^N} e^{itx} dF(x), \quad [\text{a. e.}].$$

定理 7.6 设 $f_n(t)$ 是 d. f. $F_n(x)$ 的 c. f.，若 $F_n \xrightarrow{c} F$（从而 F 一定是正则化测度），则

$$\lim_{n \to \infty} f_n(t) = f(t) \quad (\text{在任何有限 } t \text{ 区间上一致成立}),$$

而且

$$f(t) = \int_{R^N} e^{itx} dF(x).$$

证 令 $g(t, x) = e^{itx}$，则定理 7.6 是第一章定理 3.10.1 的直接推论。

定理 7.7 设 $f_n(t)$ 是 d. f. $F(x)$ 的 c. f.。若

$$\lim_{n \to \infty} f_n(t) = f^*(t), \quad f^*(t) \text{ 在 } t = 0 \text{ 连续},$$

则

(1) $F_n \xrightarrow{c} F$；

(2) $f^*(t) = \int_{R^N} e^{itx} dF(x)$；

(3) $\lim_{n \to \infty} f_n(t) = f^*(t)$（在任何有限 t 区间一致成立）。

证 因为 $f_n(t) \to f^*(t)$，所以，由定理 7.5 有

$$F_n \xrightarrow{\text{W}} F, \quad f^*(t) = f(t) = \int_{R^N} e^{itx} dF(x), \quad [\text{a. e.}].$$

又因为 $f^*(t)$ 在 $t = 0$ 连续，所以 $f^*(0) = f(0)$，因此

$$\lim_{n \to \infty} F_n(R^N) = \lim_{n \to \infty} f_n(0) = f^*(0) = f(0) = F(R^N).$$

所以

$$F_n \xrightarrow{c} F.$$

此即（1）成立．再利用定理 7.6 可知（2）和（3）也对．

最后，作为一个例子，我们讨论一下多维正态分布．

若 n 维随机向量 $(X_1, \cdots, X_N)$ 具有密度函数

$$p(x_1, \cdots, x_N) = c e^{-\frac{1}{2}Q(x_1, \cdots, x_N)},$$

其中 $Q(x_1, \cdots, x_N) = \sum\limits_{i,j=1}^{N} b_{ij}(x_i - a_i)(x_j - a_j)$ 是正定二次型，c, a_i, b_{ij} 都是实数，则说 $(X_1, \cdots, X_N)$ 服从 N 维正态分布，以 $p(x_1, \cdots, x_N)$ 为密度函数的分布函数称为 N 维正态分布函数．

直接计算可以证明

$$c = (\sqrt{2\pi})^{-n}\sqrt{D},$$

其中

$$D = \begin{vmatrix} b_{11} & b_{12} \cdots b_{1N} \\ b_{21} & b_{22} \cdots b_{2N} \\ \cdots\cdots\cdots\cdots \\ b_{N1} & b_{N2} \cdots b_{NN} \end{vmatrix},$$

$E(X_i) = a_i,$ $\mathrm{var}(X_i) = \sigma_i^2 = D_{ii}/D > 0,$ $E((X_i - a_i)(X_j - a_j))/\sigma_i\sigma_j = r_{ij} = D_{ij}/\sqrt{D_{ii}D_{jj}}$，其中 D_{ij} 是 D 中对应于 b_{ij} 的子行列式．

$(X_1, \cdots, X_N)$ 的特征函数为：

$$f(t_1, \cdots, t_N) = e^{i\sum\limits_{j=1}^{N} a_j t_j - \frac{1}{2}\sum\limits_{j,k=1}^{N} \sigma_j\sigma_k r_{jk}t_j t_k}.$$

习　题

1．试证下列诸对应关系：

a　二项分布：其分布为 $p_k = \binom{n}{k} p^k q^{n-k}$ $(k = 0, 1, \cdots, n)$，其特征函数为 $f(t) = (pe^{it} + q)^n$．

b　泊松分布：其分布为 $p_k = e^{-\lambda}\dfrac{\lambda^k}{k!}$ $(k = 0, 1, 2, \cdots)$，其特征函数为 $f(t) = e^{\lambda(e^{it}-1)}$．

c　均匀分布：其密度函数为

$$p(x) = \begin{cases} \dfrac{1}{b-a}, & x \in [a, b], \\ 0, & \text{反之,} \end{cases}$$

其特征函数为 $f(t) = (e^{ibt} - e^{iat})/i(b-a)t$.

d 柯西 (Cauchy, A. L.) 分布: 其密度函数为

$$p(x) = \frac{1}{\pi} \frac{a}{a^2 + (x-b)^2} \quad (a > 0),$$

其特征函数为 $f(t) = e^{-a|t|+ibt}$.

e 拉普拉斯 (Laplace, P. S. M.) 分布: 其密度函数为

$$p(x) = \frac{1}{2a} e^{-|x-b|/a} \quad (a > 0),$$

其特征函数为 $f(t) = (1 + a^2 t^2)^{-1} e^{ibt}$.

f 正态分布: 其密度函数为

$$p(x) = \frac{1}{\sigma\sqrt{2\pi}} e^{-\frac{1}{2}\left(\frac{x-a}{\sigma}\right)^2} \quad (\sigma > 0),$$

其特征函数为 $f(t) = e^{iat - \frac{1}{2}\sigma^2 t^2}$.

2. 试证下述诸函数是特征函数,并求出其对应的分布函数.

a $f_1(t) = \displaystyle\sum_{k=0}^{\infty} a_k \cos kt$;

b $f_2(t) = \displaystyle\sum_{k=0}^{\infty} a_k e^{i^2 k t}$;

c $f_3(t) = \cos^2 t$;

d $f_4(t) = \sin at / at$,

其中 $a_k \geqslant 0 \ (k = 0, 1, 2, \cdots), \ \displaystyle\sum_{k=0}^{\infty} a_k = 1$.

3. 若 $f(t)$ 是随机变量 X 的特征函数,则下述函数也是特征函数:

a $f_1(t) = e^{f(t)-1}$;

b $f_2(t) = \dfrac{1}{t} \displaystyle\int_0^t f(z) dz$.

4. 设 $f(t)$ 和 $f_k(t)$ 是 d. f. $F(x)$ 和 $F_k(x)$ 的 c. f., 令

$$M_h f = \frac{2}{\pi h} \int_0^\infty |f(t)|^2 \frac{\sin^2 ht}{t} dt \quad (h > 0),$$

$$Mf = \lim_{T \to \infty} \frac{1}{2T} \int_{-T}^T |f(t)|^2 dt,$$

则

a $M_h f$ 是 h 的非降函数,而且

$$\lim_{k\to\infty} M_h f = 1; \quad \lim_{k\to 0} M_h f = M f.$$

b $\displaystyle\lim_{m\to\infty}\lim_{n\to\infty} M_h\left(\prod_{k=m+1}^{n} f_k\right)$

或则为 0 或则为 1.

c $Mf = \displaystyle\sum_k (F(x_k + 0) - F(x_k - 0))^2$，其中 $\{x_k\}$ 为 $F(x)$ 的全部间断点.

d $M(f_1 f_2) \geqslant (M f_1)(M f_2)$,

$$M_h f = 2 \int_0^{2h} \left(1 - \frac{x}{2h}\right) dF^t(x),$$

其中 $F^t(x)$ 是 $|f(t)|^2$ 所对应的分布函数.

e $\displaystyle\lim_{n\to\infty} f_n(t) = f(t), M f = 0 \Rightarrow \lim_{n\to\infty} M f_n = 0.$

但是其逆不真.

f $\displaystyle\lim_{n\to\infty}\prod_{k=1}^{n} f_k(t) = f(t) \Rightarrow \lim_{n\to\infty} M\left(\prod_{k=1}^{n} f_k\right) = M f.$

5．如果随机变量 X 有密度函数，则 X 的特征函数 $f(t)$ 在 $|t|\to\infty$ 时趋于 0.

6．若 $P(|X| \geqslant x) \to 0$（当 $x \to \infty$）的速度比 $\frac{1}{x}$ 的任何次方都要快，则 X 的各阶矩都存在.

7．设 $\{X_n\}$ 为相互独立随机变量序列，X_n 服从泊松分布:

$$P(X_n = k) = e^{-\lambda_n}\frac{\lambda_n^k}{k!} \quad (k = 0, 1, 2, \cdots),$$

则随机变量

$$\sum_{k=1}^{n} (X_k - \lambda_k) \Big/ \sqrt{\sum_{k=1}^{n} \lambda_k}$$

的分布函数趋于标准正态分布 $N(0, 1)$. $\left(\text{假定 } \lambda_k > 0, \displaystyle\sum_{k=1}^{\infty} \lambda_k = \infty.\right)$

8．设随机变量 X 具有密度函数

$$p(x) = \begin{cases} 0, & x \leqslant 0; \\ \dfrac{\beta^\alpha}{\Gamma(\alpha)} x^{\alpha-1} e^{-\beta x}, & x > 0, \end{cases}$$

则当 $\alpha \to \infty$ 时，随机变量 $(\beta X - \alpha)/\sqrt{\alpha}$ 的分布函数趋于 $N(0, 1)$.

9．设随机变量 X_1 和 X_2 的特征函数分别为 $f_1(t)$ 和 $f_2(t)$，$f(t_1, t_2)$ 是随机向量 (X_1, X_2) 的特征函数，试证 X_1 与 X_2 相互独立的充要条件是

$$f(t_1, t_2) = f_1(t_1) f_2(t_2).$$

第三章 大数定律与中心极限定理

§1 相互独立相同分布的随机变量序列的大数定律

在这一章中,概率空间 $(\Omega, \mathscr{F}, P)$ 总是给定的,而提及的一切随机变量,总是给定的概率空间 $(\Omega, \mathscr{F}, P)$ 上的随机变量.

定义 1.1 设 $\{X_n\}$ 是随机变量序列,$y_n = f_n(x_1, \cdots, x_n)$ 是 $(\mathscr{B}^n, \mathscr{B}^1)$ 可测的,而且 $f_n(x_1, \cdots, x_n)$ 关于 $x_1, \cdots, x_n$ 是对称的. 如果存在实数列 $\{a_n\}$,使得对任何 $\varepsilon > 0$,都有

$$\lim_{n \to \infty} P(|f_n(X_1, \cdots, X_n) - a_n| < \varepsilon) = 1, \qquad (1.1)$$

即 $f_n(X_1, \cdots, X_n) - a_n$ 度量收敛(概率收敛)到 0,记为

$$\lim_{n \to \infty} (f_n(X_1, \cdots, X_n) - a_n) = 0, \quad [p], \qquad (1.2)$$

则说 $\{X_n\}$ 服从给定函数 f_n 的大数定律.

但是,一般常说的大数定律的概念都是假定 $y_n = f_n(x_1, \cdots, x_n)$ 是 $x_1, \cdots, x_n$ 的算术平均

$$M_n = \frac{1}{n}(x_1 + \cdots + x_n).$$

而且以后我们谈 $\{X_n\}$ 服从大数定律,意思就是指 $\{X_n\}$ 服从给定函数 M_n 的大数定律.

命题 1.1 设 $F_n(x)$ 是 R. V. X_n 的 d. f.. 若

$$\lim_{n \to \infty} X_n = X, \quad [P],$$

即 $\{X_n\}$ 度量收敛(或概率收敛)到 X,则

$$F_n(x) \xrightarrow{c} F(x),$$

其中 $F(x)$ 是 X 的 d. f.. 但命题 1.1 的逆命题不真.

证 任取 $x \in c(F)$.

$$|F_n(x) - F(x)| \leqslant |P(X_n < x) - P(X < x + \varepsilon)|$$
$$+ |P(X < x + \varepsilon) - P(X < x)|$$

$$\leqslant P(X_n < x, X \geqslant x + \varepsilon) + P(X_n \geqslant x, X < x + \varepsilon)$$
$$+ |F(x + \varepsilon) - F(x)|$$
$$\leqslant P(X_n < x, X \geqslant x + \varepsilon) + P(X_n \geqslant x, X < x - \varepsilon)$$
$$+ P(x - \varepsilon \leqslant X < x + \varepsilon) + |F(x + \varepsilon) - F(x)|$$
$$\leqslant 2P(|X_n - X| \geqslant \varepsilon) + F(x + \varepsilon) - F(x)$$
$$+ F(x + \varepsilon) - F(x - \varepsilon). \tag{1.3}$$

由于 $\lim_{n \to \infty} X_n = X$, $[P]$, $x \in c(F)$, 所以, 由 (1.3) 知

$$F_n(x) \xrightarrow{c} F(x).$$

命题 1.1 的逆命题不真是容易看出的, 因为一串分布函数 $\{F_n(x)\}$ 给定以后, 以此 $\{F_n(x)\}$ 作分布函数的随机变量序列 $\{X_n\}$ 之间可以没有任何收敛性. 例如, 作概率空间 $(\Omega, \mathscr{F}, P)$ 如下: $\Omega = \{0, 1\}$, $\mathscr{F} = \{\emptyset, \{0\}, \{1\}, \{0, 1\}\}$, $P(\{0\}) =$ $P(\{1\}) = \dfrac{1}{2}$. 在 $(\Omega, \mathscr{F}, P)$ 上定义一串随机变量 $\{X_n\}$ 如下

$$X_{2n+1}(\omega) = \begin{cases} 0, & \omega = 0; \\ 1, & \omega = 1; \end{cases} \quad n = 0, 1, 2, \cdots,$$

$$X_{2n}(\omega) = \begin{cases} 0, & \omega = 1; \\ 1, & \omega = 0, \end{cases} \quad n = 1, 2, \cdots,$$

则 X_n 的分布函数 $F_n(x)$ 为

$$F_n(x) = \begin{cases} 0, & x \leqslant 0; \\ \dfrac{1}{2}, & 0 < x \leqslant 1; \quad n = 1, 2, \cdots. \\ 1, & x > 1, \end{cases}$$

所以 $\{F_n(x)\}$ 全收敛, 但 $\{X_n\}$ 不概率收敛到 X.

虽然一般说来, 命题 1.1 的逆命题不成立, 但在特殊情况下, 命题 1.1 的逆命题成立.

命题 1.2 设 R. V. X_n 的 d. f. 为 $F_n(x)$. 则

$$\lim_{n \to \infty} X_n = a, [P] \Longleftrightarrow F_n(x) \xrightarrow{c} \varepsilon_a(x).$$

(其中 a 是常数, $\varepsilon_a(x)$ 是退化分布函数. 特别地 $\varepsilon_0(x)$ 是零一

律.)

证　必要性. 它是命题 1.1 的特款.

充分性. 设 $F_n(x) \xrightarrow{c} \varepsilon_a(x)$. 因为

$$P(|X_n - a| < \varepsilon) \leqslant F_n(a + \varepsilon) - F_n(a - \varepsilon),$$

而 $a + \varepsilon$, $a - \varepsilon \in c(\varepsilon_a(x))$, 所以由 $F_n(x) \xrightarrow{c} \varepsilon_a(x)$ 可得

$$\lim_{n \to \infty} P(|X_n - a| < \varepsilon) = 1 \quad (\varepsilon > 0).$$

此即

$$\lim_{n \to \infty} X_n = a, \quad [P].$$

根据命题 1.2 及分布函数与特征函数之间的连续性定理可知: 欲随机变量序列 $\{X_n\}$ 服从大数定律, 必须而且只须存在一串实数 $\{a_n\}$, 使得下面任何一个条件成立:

1. $$\lim_{n \to \infty} \frac{1}{n} \sum_{k=1}^{n} (X_k - a_k) = 0, \quad [P];$$

2. $$\mathcal{L}\left(\frac{1}{n} \sum_{k=1}^{n} (X_k - a_k)\right) \xrightarrow{c} \varepsilon_0(x),$$

3. $$\boldsymbol{E}(e^{it\frac{1}{n}\sum_{k=1}^{n}(X_k - a_k)}) \to 1,$$

其中 $\mathcal{L}(X)$ 代表 R. V. X 的 d. f.. 以后常用此符号, 不再逐处说明.

定理 1.1 (辛钦)　设 $\{X_n\}$ 是一串相互独立相同分布的随机变量, $F(x)$ 和 $f(t)$ 分别为 X_n 的 d. f. 和 c. f., $\boldsymbol{E}(X_n) = 0$. 令

$$S_n = \sum_{k=1}^{n} X_k \quad (n = 1, 2, \cdots),$$

则

$$\lim_{n \to \infty} \boldsymbol{E}(e^{itS_n/n}) = 1.$$

证　$\boldsymbol{E}(e^{itS_n/n}) = \prod_{k=1}^{n} \boldsymbol{E}(e^{itX_k/n}) = \prod_{k=1}^{n} f\left(\frac{t}{n}\right)$, 但是,

$$f\left(\frac{t}{n}\right) = f(0) + f'(0) \frac{t}{n} + o\left(\frac{t}{n}\right)$$

$$= 1 + o\left(\frac{t}{n}\right) \quad (n \to \infty),$$

所以

$$E(e^{itS_n/n}) = \prod_{k=1}^{n} \left(1 + o\left(\frac{t}{n}\right)\right) = \left(1 + o\left(\frac{t}{n}\right)\right)^n \to 1.$$

系 1 若 $\{X_n\}$ 为相互独立相同分布的随机变量序列，

$$E(X_n) = p,$$

则

$$\lim_{n \to \infty} E(e^{it(S_n - np)/n}) = 1.$$

例 设 S_n 是 n 次相互独立的试验中事件 A 出现的次数，而 p 是每次试验中 A 出现的概率，则 $\lim_{n \to \infty} S_n/n = p$, [P].

§ 2 相互独立相同分布的随机变量序列的中心极限定理

定义 2.1 设 $\{X_n\}$ 为一随机变量序列，如果存在一串实数 $\{a_n\}$ 和一串正数 $\{b_n\}$，使得

$$\mathscr{L}\left(\frac{\sum_{k=1}^{n}(X_k - a_k)}{\sum_{k=1}^{n} b_k}\right) \xrightarrow{c} N(0, 1),$$

则称 $\{X_n\}$ 服从中心极限定理，其中 $N(0, 1)$ 是标准正态分布函数.

定理 2.1 设 $\{X_n\}$ 是相互独立相同分布的随机变量序列，$f(t)$ 为 X_n 的 c.f.，若 $E(X_n) = 0$, $\mathrm{var}(X_n) = \sigma_n^2 = \sigma^2$, $0 < \sigma^2 < \infty$，则

$$\mathscr{L}\left(\frac{S_n}{s_n}\right) \xrightarrow{c} N(0, 1).$$

$$\left(\text{其中 } s_n^2 = \sum_{k=1}^{n} \sigma_k^2, \ S_n = \sum_{k=1}^{n} X_k.\right)$$

证 $E(e^{itS_n/s_n}) = f\left(\frac{t}{s_n}\right)^n.$

但是

$$f\left(\frac{t}{s_n}\right) = f(0) + f'(0)\frac{t}{s_n} + \frac{f''(0)}{2}\left(\frac{t}{s_n}\right)^2 + o\left(\left(\frac{t}{s_n}\right)^2\right)$$

$$= 1 - \frac{1}{2}\left(\frac{t\sigma}{s_n}\right)^2 + o\left(\frac{t^2}{s_n^2}\right)$$

$$= 1 - \frac{1}{n}\left(\frac{t^2}{2}\right) + o\left(\frac{t}{n}\right),$$

所以

$$E(e^{itS_n/s_n}) = \left(1 - \frac{1}{n}\frac{t^2}{2} + o\left(\frac{t^2}{n}\right)\right)^n \to e^{-\frac{1}{2}t^2}.$$

此即

$$\mathscr{L}(S_n/s_n) \xrightarrow{c} N(0, 1).$$

系1 若 $\{X_n\}$ 为相互独立相同分布的随机变量序列，$E(X_n) = p$，$\mathrm{var}(X_n) = \sigma_n^2 = \sigma^2$，$0 < \sigma^2 < \infty$，则

$$\mathscr{L}((S_n - np)/s_n) \xrightarrow{c} N(0, 1).$$

例 (棣莫弗尔-拉普拉斯 (De Moivre-Laplace)) 设 S_n 为 n 次独立试验中事件 A 出现的次数，而每次试验中 A 出现的概率为 p，$0 < p < 1$，则

$$\mathscr{L}((S_n - np)/\sqrt{np(1-p)}) \xrightarrow{c} N(0, 1).$$

§3 相互独立的随机变量序列的大数定律

在 §1 中，我们讨论了相互独立相同分布的随机变量序列 $\{X_n\}$ 的大数定律，我们得出的一个主要定理(辛钦定理)，即只要 $E(X_n) = p$ 存在，就有

$$\mathscr{L}\left(\frac{S_n - np}{n}\right) \xrightarrow{c} \varepsilon_0(x).$$

现在，我们对于一般的相互独立的随机变量序列 $\{X_n\}$ (不一定有相同的分布)来说，

$$\mathscr{L}\left(\frac{S_n - E(S_n)}{n}\right) \xrightarrow{c} \varepsilon_0(x)$$

是否成立？如果一般说来不成立，那么它成立的条件是什么？首

先我们在一些特殊情形下找出它成立的条件.

契比谢夫 (Чебышев, П. Л.) 不等式 设 R. V. X 具有有限方差 $\text{var}(X) = \sigma^2 < \infty$, 则对任何 $\varepsilon > 0$, 有

$$P(|X - E(X)| \geqslant \varepsilon) \leqslant \text{var}(X)/\varepsilon^2.$$

证 设 X 的 d. f. 为 $F(x)$, 则

$$P(|X - E(X)| \geqslant \varepsilon) = \int_{|x - E(X)| \geqslant \varepsilon} dF(x)$$

$$\leqslant \frac{1}{\varepsilon^2} \int_{|x - E(X)| \geqslant \varepsilon} (x - E(X))^2 dF(x) \leqslant \frac{\text{var}(X)}{\varepsilon^2}.$$

定理 3.1 (契比谢夫) 设 $\{X_n\}$ 是相互独立、方差一致有界的随机变量序列, $\text{var}(X_n) \leqslant c < \infty$ $(n = 1, 2, \cdots)$, 令

$$S_n = \sum_{k=1}^{n} X_k,$$

则

$$\mathscr{L}\left(\frac{S_n - E(S_n)}{n}\right) \xrightarrow{c} \varepsilon_0(x).$$

证 $P\left(\left|\frac{1}{n}(S_n - E(S_n))\right| \geqslant \varepsilon\right)$

$$\leqslant \frac{1}{\varepsilon^2} \text{var}\left(\frac{S_n - E(S_n)}{n}\right) \leqslant \left(\frac{1}{n\varepsilon}\right)^2 \text{var}(S_n)$$

$$\leqslant \frac{c}{n\varepsilon^2},$$

所以

$$\mathscr{L}\left(\frac{1}{n}(S_n - E(S_n))\right) \xrightarrow{c} \varepsilon_0(x).$$

例 (泊松) 设 S_n 是 n 次独立试验中事件 A 出现的次数, p_k 是第 k 次试验中 A 出现的概率, 则

$$\mathscr{L}\left(\frac{S_n}{n} - \frac{p_1 + \cdots + p_n}{n}\right) \xrightarrow{c} \varepsilon_0(x).$$

以后我们经常要对特征函数 $f(t)$ 取对数, 而对数函数是多值

的．不过我们约定，以后的对数都是取主值的，即如果 c. f. $f(t)$ 在 $|t| < T$ 中无处为 0，则满足下述两个条件的连续函数 $\phi(t)$ 就称为 $f(t)$ 的对数：

(1) $\phi(t)$ 定义在 $|t| < T$ 上，且 $e^{\phi(t)} = f(t)$；

(2) $\phi(0) = 0$．

如果 c. f. $f(t)$ 在 $|t| < T$ 内无处为 0，则 $f(t)$ 之对数函数在 $|t| < T$ 中唯一存在．如果 c. f. $f(t)$ 及 $f_n(t)$（$n = 1, 2, \cdots$）在 $|t| < T$ 中无处为 $f(t)$，则 $\log f_n(t) \to \log f(t)$，在 $|t| < T$ 中任一闭 立．

1. 关于等价性

定义 3.1 称二个 $F_n\}$，$\{G_n\}$ 等价，如果对 $\{F_n\}$ 的任何一个全收敛子列

$$F_{n_k}(x) \qquad (k \to \infty),$$

都有

$$G_{n_k}(x) - \qquad \to \infty),$$

反之亦然．

显然，若 $\{F_n\}$，$\{G_n\}$ 一分布函数 F，则 $\{F_n\}$ 与 $\{G_n\}$ 等价，但反之不 性"的定义中并不要求 $\{F_n\}$ 或 $\{G_n\}$ 全收敛．若 (x)，则 $\{F_n\}$ 与 $\{G_n\}$ 等价的充要条件是 $G_n(x) \xrightarrow{c} F(x)$．因此，为了证明 $\{F_n\}$ 全收敛到 F，只需证明与 $\{F_n\}$ 等价的 $\{G_n\}$ 全收敛到 F．

命题 3.1（等价性引理） 若 $P(X_n \neq Y_n) \to 0$，则 $\{\mathscr{L}(X_n)\}$ 与 $\{\mathscr{L}(Y_n)\}$ 等价．

证 由 $|P(X_n < x) - P(Y_n < x)|$
$$\leqslant P(X_n < x, Y_n \geqslant x) + P(Y_n < x, X_n \geqslant x)$$
$$\leqslant 2P(X_n \neq Y_n)$$

立得命题 3.1．

2. 关于搬中心

命题 3.2 若 $P(a \leqslant X \leqslant b) > \frac{1}{2}$，则 $[a, b]$ 中至少有 R.

V. X 的一个中位数.

证 令 $\mu = \sup \left\{ x \mid x \in [a, b], \ F(x) < \dfrac{1}{2} \right\}$, $F(x)$ 是 X 的 d. f., 则 μ 是 X 的一个中位数.

由命题 3.2 得知: 任何 R. V. X 的中位数总是存在的. 但不一定唯一. 例如,若 R. V. X 的 d. f. 为

$$F(x) = \begin{cases} 0, & x \leqslant 0; \\ \dfrac{1}{2}, & 0 < x \leqslant 1; \\ 1, & x > 1, \end{cases}$$

则 $(0, 1)$ 内任一点都是 X 的中位数.

命题 3.3 若 $P(|X| \geqslant \varepsilon) < \dfrac{1}{2}$, 且 μ 是 R. V. X 的中位数, 则 $|\mu| < \varepsilon$.

证 若 $\mu \geqslant \varepsilon$, 则

$$P(|X| \geqslant \varepsilon) \geqslant P(X \geqslant \varepsilon) \geqslant P(X \geqslant \mu) \geqslant \dfrac{1}{2},$$

与命题的假设矛盾. 若 $\mu \leqslant -\varepsilon$, 则 $P(|X| \geqslant \varepsilon) \geqslant P(X \leqslant -\varepsilon) \geqslant P(X \leqslant \mu) \geqslant \dfrac{1}{2}$, 这也与假设矛盾,所以 $|\mu| < \varepsilon$.

命题 3.4 (弱对称化引理) 若 μ 为 R. V. X 的中位数, X' 是与 X 相互独立相同分布的 R. V., $X^s = X - X'$ 为 X 的对称化, 则

$$\dfrac{1}{2} P(|X - \mu| \geqslant x) \leqslant P(|X^s| \geqslant x)。$$

证 $P(X^s \leqslant -x) \geqslant P(X \leqslant \mu - x, X' \geqslant \mu)$

$\qquad = P(X \leqslant \mu - x) P(X' \geqslant \mu) \geqslant \dfrac{1}{2} P(X \leqslant \mu - x)$

$\qquad = \dfrac{1}{2} P(X - \mu \leqslant -x);$

$P(X^s \geqslant x) \geqslant P(X \geqslant \mu + x, X' \leqslant \mu)$

$\qquad = P(X \geqslant \mu + x) P(X' \leqslant \mu)$

$$\geqslant P(X \geqslant \mu + x) \frac{1}{2} = \frac{1}{2} P(X - \mu \geqslant x).$$

综合上面二式即得命题 3.4.

定理 3.2　(马尔科夫 (Марков, A. A.))　设 $\{X_n\}$ 为相互独立的随机变量序列．若 $E(X_n) = 0, (n = 1, 2, \cdots)$，且对某一个 $0 < \delta \leqslant 1$ 有

$$\frac{1}{n^{1+\delta}} \sum_{k=1}^n E(|X_k|^{1+\delta}) \to 0 \quad (n \to \infty),$$

则

$$\mathscr{L}\left(\frac{S_n}{n}\right) \xrightarrow{c} \varepsilon_0(x),$$

其中

$$S_n = \sum_{k=1}^n X_k.$$

证　令 $\mu_r^{(k)} = E(|X_k|^r)$，$f_k(t)$ 是 X_k 的 c. f.，则由特征函数的泰勒展开式得

$$f_k\left(\frac{t}{n}\right) = f_k(0) + f_k'(0)\frac{t}{n} + \theta_{nk} 2^{1-\delta} \mu_{1+\delta}^{(k)} \frac{1}{1+\delta}\left(\frac{t}{n}\right)^{1+\delta}.$$

令

$$\omega_{nk}(t) = \theta_{nk} 2^{1-\delta} \mu_{1+\delta}^{(k)} \frac{1}{1+\delta}\left(\frac{t}{n}\right)^{1+\delta},$$

则

$$f_k\left(\frac{t}{n}\right) = 1 + \omega_{nk}(t).$$

但是

$$\lim_{n \to \infty} \max_{1 \leqslant k \leqslant n} \left\{\frac{\mu_{1+\delta}^{(k)}}{n^{1+\delta}}\right\} \leqslant \lim_{n \to \infty} \frac{1}{n^{1+\delta}} \sum_{k=1}^n \mu_{1+\delta}^{(k)} = 0;$$

所以

$$\lim_{n \to \infty} \max_{1 \leqslant k \leqslant n} |\omega_{nk}(t)| = 0 \quad (\text{在 } |t| \leqslant T \text{ 一致成立}),$$

因此当 n 充分大时有

$$\log f_k\left(\frac{t}{n}\right) = \log(1 + \omega_{nk}(t)) = \omega_{nk}(t) + o(\omega_{nk}(t))$$

$$(n \to \infty),$$

所以

$$E(e^{itS_n/n}) = \prod_{k=1}^{n} E(e^{itX_k/n})$$

$$= \prod_{k=1}^{n} f_k\left(\frac{t}{n}\right) = e^{\log \prod_{k=1}^{n} f_k\left(\frac{t}{n}\right)}$$

$$= e^{\sum_{k=1}^{n} (\omega_{nk}(t) + o(\omega_{nk}(t)))}.$$

但是

$$\lim_{n \to \infty} \sum_{k=1}^{n} \omega_{nk}(t) = \lim_{n \to \infty} \sum_{k=1}^{n} \theta_{nk} \frac{2^{1-\delta}}{1+\delta} t^{1+\delta} \frac{\mu_{1+\delta}^{(k)}}{n^{1+\delta}} = 0,$$

所以

$$E(e^{itS_n/n}) \to 1.$$

定理 3.3 设 $\{X_n\}$ 为相互独立的随机变量序列，$E(X_n) = 0$，X_n 的 d. f. 为 $F_n(x)$，若

(1)
$$\lim_{n \to \infty} \sum_{k=1}^{n} \int_{|x| \geqslant n} dF_k(x) = 0,$$

(2)
$$\lim_{n \to \infty} \frac{1}{n} \sum_{k=1}^{n} \int_{|x| < n} x dF_k(x) = 0,$$

(3)
$$\lim_{n \to \infty} \frac{1}{n^2} \sum_{k=1}^{n} \int_{|x| < n} x^2 dF_k(x) = 0,$$

则

$$\mathscr{L}\left(\frac{S_n}{n}\right) \xrightarrow{c} e_0(x) \quad \left(\text{其中 } S_n = \sum_{k=1}^{n} X_k\right).$$

证 作 R. V. X_{nk} 如下

$$X_{nk} = \begin{cases} X_k, & |X_k| < n; \\ 0, & |X_k| \geqslant n, \end{cases}$$

令 $S_{nn} = \sum_{k=1}^{n} X_{nk}$. 由于

$$P\left(\frac{S_{nn}}{n} \neq \frac{S_n}{n}\right) \leqslant \sum_{k=1}^{n} P(X_{nk} \neq X_k)$$

$$= \sum_{k=1}^{n} \int_{|x| \geqslant n} dF_k(x),$$

所以,由(1)得知 $\left\{ \mathscr{L}\left(\dfrac{S_{nn}}{n}\right)\right\}$ 与 $\left\{\mathscr{L}\left(\dfrac{S_n}{n}\right)\right\}$ 等价. 因此,为证

定理,只需证明

$$\mathscr{L}\left(\frac{S_{nn}}{n}\right) \xrightarrow{c} \varepsilon_0(x),$$

也就是只需证明

$$E(e^{itS_{nn}/n}) \to 1.$$

但是,由(2)知

$$\frac{1}{n} E(S_{nn}) = \frac{1}{n} \sum_{k=1}^{n} E(X_{nk}) = \frac{1}{n} \sum_{k=1}^{n} \int_{|x| < n} x dF_k(x) \to 0,$$

因此为证定理又只需证明

$$E(e^{it(\frac{S_{nn}}{n} - E(\frac{S_{nn}}{n}))}) \to 1.$$

但是,由(3)有

$$\frac{1}{n^2} \sum_{k=1}^{n} E((X_{nk} - E(X_{nk}))^2) \leqslant \frac{1}{n^2} \sum_{k=1}^{n} E(X_{nk}^2)$$

$$= \frac{1}{n^2} \sum_{k=1}^{n} \int_{|x| < n} x^2 dF_k(x) \to 0 \quad (n \to \infty),$$

所以,由定理 3.2 即得

$$E(e^{it(\frac{S_{nn}}{n} - E(\frac{S_{nn}}{n}))}) \to 1.$$

定理得证.

系 设 $\{X_n\}$ 为相互独立的随机变量序列, $E(X_n) = p_n$ 存在, $F_n(x)$ 是 X_n 的 d. f., $S_n = \sum_{k=1}^{n} X_k$ $(n = 1, 2, \cdots)$, 若

$$(1)^{\prime} \qquad \lim_{n \to \infty} \sum_{k=1}^{n} \int_{|x| \geqslant n} dF_k(x + p_k) = 0,$$

$$(2)^{\prime} \qquad \lim_{n \to \infty} \frac{1}{n} \sum_{k=1}^{n} \int_{|x| < n} x dF_k(x + p_k) = 0,$$

$(3)'$ $$\lim_{n\to\infty}\frac{1}{n^2}\sum_{k=1}^{n}\int_{|x|<n}x^2dF_k(x+p_k)=0,$$

则

$$\mathscr{L}\left(\frac{S_n-E(S_n)}{n}\right)\xrightarrow{c}\varepsilon_0(x).$$

§4 相互独立的随机变量序列的中心极限定理

定理 4.1（李雅普诺夫（Ляпунов, A. M.）） 设 $\{X_n\}$ 为相互独立的随机变量序列，$E(X_n)=0$ $(n=1,2,\cdots)$. 若对某一个 $\delta>0$ 有

$$\frac{1}{s_n^{2+\delta}}\sum_{k=1}^{n}E(|X_k|^{2+\delta})\to 0 \quad (n\to\infty), \tag{4.1}$$

则

$$\mathscr{L}\left(\frac{S_n}{s_n}\right)\xrightarrow{c}N(0,1).$$

其中 $s_n^2=\mathrm{var}(S_n)$, $S_n=\sum_{k=1}^{n}X_k$, $\sigma_k^2=\mathrm{var}(X_k)$.

证. 记 $\mu_{2+\delta}^{(k)}=E(|X_k|^{2+\delta})$. (1) 先设存在一个 $0<\delta\le 1$, 使 (4.1) 成立. 令 $f_n(t)$ 为 X_n 的 c.f., 则由特征函数的泰勒展开有

$$f_k\left(\frac{t}{s_n}\right)=1+f_k'(0)\frac{t}{s_n}+\frac{f_k''(0)}{2}\left(\frac{t}{s_n}\right)^2$$
$$+\theta_{nk}2^{1-\delta}\mu_{2+\delta}^{(k)}\frac{1}{(1+\delta)(2+\delta)}\left(\frac{t}{s_n}\right)^{2+\delta}$$
$$=1-\frac{\sigma_k^2}{2}\left(\frac{t}{s_n}\right)^2+\theta_{nk}2^{1-\delta}\mu_{2+\delta}^{(k)}\frac{1}{(1+\delta)(1+\delta)}\left(\frac{t}{s_n}\right)^{2+\delta}.$$

令

$$\omega_{nk}(t)=-\frac{\sigma_k^2}{2}\left(\frac{t}{s_n}\right)^2+\theta_{nk}2^{1-\delta}\mu_{2+\delta}^{(k)}\frac{1}{(1+\delta)(2+\delta)}\left(\frac{t}{s_n}\right)^{2+\delta}.$$

而由 (4.1) 得

$$\max_{1\le k\le n}\left(\frac{\mu_{2+\delta}^{(k)}}{s_n^{2+\delta}}\right)\le\sum_{k=1}^{n}\frac{\mu_{2+\delta}^{(k)}}{s_n^{2+\delta}}\to 0, \tag{4.2}$$

· 75 ·

由霍尔德尔不等式有

$$\sigma_k^{2+\delta} = E(|X_k|^2)^{2+\delta/2} \leqslant E(|X_k|^{2+\delta}) = \mu_{2+\delta}^{(k)},$$

所以

$$\sigma_k^2/s_n^2 \leqslant (\sigma_k^{2+\delta}/s_n^{2+\delta})^{2/2+\delta} \leqslant (\mu_{2+\delta}^{(k)}/s_n^{2+\delta})^{2/2+\delta}.$$

利用 (4.2) 即得

$$\max_{1\leqslant k\leqslant n} \frac{\sigma_k^2}{s_n^2} \to 0. \qquad (4.3)$$

由 (4.2) 及 (4.3) 可知

$$\lim_{n\to\infty} \max_{1\leqslant k\leqslant n} |\omega_{nk}(t)| = 0 \quad (\text{对 } |t| < T \text{ 一致成立}).$$

因此，当 n 充分大后，对 $k = 1, 2, \cdots, n$，$\log f_k\left(\dfrac{t}{n}\right) = \log(1 + \omega_{nk}(t))$ 存在，且

$$\log f_k\left(\frac{t}{s_n}\right) = \log(1 + \omega_{nk}(t))$$
$$= \omega_{nk}(t) + o(\omega_{nk}(t)) \quad (n \to \infty).$$

所以

$$E(e^{itS_n/s_n}) = \prod_{k=1}^n f_k\left(\frac{t}{s_n}\right)$$
$$= e^{\sum_{k=1}^n (\omega_{nk}(t) + o(\omega_{nk}(t)))}.$$

但是

$$\sum_{k=1}^n \omega_{nk}(t) = \sum_{k=1}^n \left(-\frac{1}{2}\sigma_k^2\left(\frac{t}{s_n}\right)^3 + \frac{2^{1-\delta}\theta_{nk}}{(1+\delta)(2+\delta)} t^{2+\delta} \frac{\mu_{2+\delta}^{(k)}}{s_n^{2+\delta}}\right)$$

$$= -\frac{1}{2}t^2 + \frac{2^{1-\delta}}{(1+\delta)(2+\delta)} \sum_{k=1}^n \theta_{nk} \frac{\mu_{2+\delta}^{(k)}}{s_n^{2+\delta}} t^{2+\delta}$$

$$\to -\frac{1}{2}t^2, \qquad (4.4)$$

而且

$$\lim_{n\to\infty} \max_{1\leqslant k\leqslant n} |\omega_{nk}(t)| = 0,$$

所以

$$\sum_{k=1}^{n} o(\omega_{nk}(t)) = o(1) \quad (n \to \infty). \tag{4.5}$$

由 (4.4), (4.5) 得

$$\boldsymbol{E}(e^{itS_n/s_n}) \to e^{-\frac{1}{2}t^2}.$$

(2) 设存在一个 $\delta > 1$, 使 (4.1) 成立.

首先注意: 若 R. V. Y 满足 $\boldsymbol{E}(|Y|^{2+\delta}) < \infty$, 则由霍尔德尔不等式有

$$\boldsymbol{E}(|Y|^3) = \boldsymbol{E}(|Y|^{2+\delta/\delta}|Y|^{2(\delta-1)/\delta})$$
$$\leqslant [\boldsymbol{E}(|Y|^{2+\delta})]^{1/\delta}[\boldsymbol{E}(|Y|^2)]^{\delta-1/\delta}. \tag{4.6}$$

今作 R. V. Y, 使其分布函数为 $\dfrac{1}{n}\sum_{k=1}^{n} F_k(x)$, 则

$$\boldsymbol{E}(|Y|^r) = \frac{1}{n}\sum_{k=1}^{n}\int_{R^1}|x|^r dF_k(x) = \frac{1}{n}\sum_{k=1}^{n}\boldsymbol{E}(|X_k|^r),$$

所以, 由 (4.6) 得

$$\frac{1}{n}\sum_{k=1}^{n}\boldsymbol{E}(|X_k|^3) = \boldsymbol{E}(|Y|^3) \leqslant [\boldsymbol{E}(|Y|^{2+\delta})]^{1/\delta}[\boldsymbol{E}(|Y|^2)]^{\delta-1/\delta}$$

$$= \left[\frac{1}{n}\sum_{k=1}^{n}\boldsymbol{E}(|X_k|^{2+\delta})\right]^{1/\delta}\left[\frac{1}{n}\sum_{k=1}^{n}\boldsymbol{E}(|X_k|^2)\right]^{\delta-1/\delta}. \tag{4.7}$$

因此

$$\sum_{k=1}^{n}\boldsymbol{E}(|X_k|^3) \leqslant \left[\sum_{k=1}^{n}\boldsymbol{E}(|X_k|^{2+\delta})\right]^{1/\delta}\left[\sum_{k=1}^{n}\boldsymbol{E}(|X_k|^2)\right]^{\delta-1/\delta}$$

$$= \left[\sum_{k=1}^{n}\boldsymbol{E}(|X_k|^{2+\delta})\right]^{1/\delta}[s_n^2]^{\delta-1/\delta}. \tag{4.8}$$

把 (4.8) 两边除以 s_n^3 由 (4.1) 对 δ 成立得知

$$\frac{1}{s_n^3}\sum_{k=1}^{n}\boldsymbol{E}(|X_k|^3) \leqslant \left[\frac{1}{s_n^{2+\delta}}\sum_{k=1}^{n}\boldsymbol{E}(|X_k|^{2+\delta})\right]^{1/\delta} \to 0$$

此即存在 $\delta' = 1$, 当 $\delta = \delta'$ 时 (4.1) 也成立, 所以由 (1) 得知

$$\mathscr{L}\left(\frac{S_n}{s_n}\right) \xrightarrow{c} N(0, 1).$$

定理证毕.

定理 4.2 （林得伯格 (Lindeberg, J. W.)） 设 $\{X_n\}$ 为一串相互独立的随机变量，$E(X_n) = 0$, $\mathrm{var}(X_n) = \sigma_n^2$ 都存在（$n = 1, 2, \cdots$），$s_n^2 = \sum_{k=1}^{n} \sigma_k^2$, $S_n = \sum_{k=1}^{n} X_k$，则

$$\mathscr{L}\left(\frac{S_n}{s_n}\right) \xrightarrow{c} N(0, 1) \ \text{及} \ \lim_{n \to \infty} \max_{1 \leqslant k \leqslant n} \frac{\sigma_k^2}{s_n^2} = 0$$

的充要条件为：任给 $\varepsilon > 0$，都有

$$g_n(\varepsilon) \equiv \frac{1}{s_n^2} \sum_{k=1}^{n} \int_{|x| \geqslant \varepsilon s_n} x^2 dF_k(x) \to 0. \tag{4.9}$$

(4.9) 一般称为林得伯格条件.

证. 充分性. 若对任意给定的 $\varepsilon > 0$，都有 $g_n(\varepsilon) \to 0$，则对每个 k，存在 n_k，使 $n_{k+1} > n_k$, $g_n\left(\frac{1}{k}\right) \leqslant \frac{1}{k^3}$ （$n \geqslant n_k$）. 取

$$\varepsilon_n = \frac{1}{k}, \quad \text{当} \ n_k \leqslant n < n_{k+1} \ \text{时，}$$

则

$$\frac{1}{\varepsilon_n^2} g_n(\varepsilon_n) \to 0, \quad \frac{1}{\varepsilon_n} g_n(\varepsilon_n) \to 0 \quad (n \to \infty).$$

显然

$$\lim_{n \to \infty} \max_{1 \leqslant k \leqslant n} \frac{\sigma_k^2}{s_n^2}$$

$$= \lim_{n \to \infty} \max_{1 \leqslant k \leqslant n} \frac{1}{s_n^2} \left\{ \int_{|x| \geqslant \varepsilon_n s_n} x^2 dF_k(x) + \int_{|x| < \varepsilon_n s_n} x^2 dF_k(x) \right\}$$

$$\leqslant \lim_{n \to \infty} (g_n(\varepsilon_n) + \varepsilon_n^2) = 0.$$

再证 $\mathscr{L}(S_n/s_n) \xrightarrow{c} N(0, 1)$. 为此，作一串新随机变量：

$$X_{nk} = \begin{cases} X_k, & |X_k| < \varepsilon_n s_n; \\ 0, & |X_k| \geqslant \varepsilon_n s_n, \end{cases}$$

$$S_{nn} = \sum_{k=1}^{n} X_{nk}.$$

由于

$$P\left(\frac{S_n}{s_n} \neq \frac{S_{nn}}{s_n}\right) \leqslant \sum_{k=1}^{n} P(X_{nk} \neq X_k)$$

$$= \sum_{k=1}^{n} \int_{|x| \geqslant \varepsilon_n s_n} dF_k(x) \leqslant \frac{1}{\varepsilon_n^2 s_n^2} \sum_{k=1}^{n} \int_{|x| \geqslant \varepsilon_n s_n} x^2 dF_k(x)$$

$$= \frac{1}{\varepsilon_n^2} g_n(\varepsilon_n) \to 0,$$

所以 $\left\{\mathscr{L}\left(\frac{S_n}{s_n}\right)\right\}$ 与 $\left\{\mathscr{L}\left(\frac{S_{nn}}{s_n}\right)\right\}$ 等价. 因此,欲证 $\mathscr{L}(S_n/s_n) \xrightarrow{c}$

$N(0,1)$, 只需证 $\mathscr{L}(S_{nn}/s_n) \xrightarrow{c} N(0,1)$. 而

$$|E(X_{nk})| = \left| \int_{|x| < \varepsilon_n s_n} x dF_k(x) \right|$$

$$= \left| E(X_k) - \int_{|x| \geqslant \varepsilon_n s_n} x dF_k(x) \right|$$

$$= \left| \int_{|x| \geqslant \varepsilon_n s_n} x dF_k(x) \right|$$

$$\leqslant \frac{1}{\varepsilon_n s_n} \left| \int_{|x| \geqslant \varepsilon_n s_n} x^2 dF_k(x) \right|,$$

所以

$$\left| \frac{1}{s_n} E(S_{nn}) \right| \leqslant \sum_{k=1}^{n} \frac{1}{s_n} |E(X_{nk})|$$

$$\leqslant \frac{1}{\varepsilon_n s_n^2} \sum_{k=1}^{n} \int_{|x| \geqslant \varepsilon_n s_n} x^2 dF_k(x) = \frac{1}{\varepsilon_n} g(\varepsilon_n) \to 0,$$

所以

$$E(e^{it E(S_{nn})/s_n}) \to 1.$$

因此,欲证 $\mathscr{L}(S_{nn}/s_n) \xrightarrow{c} N(0,1)$, 即欲证 $E(e^{itS_{nn}/s_n}) \to$

$e^{-\frac{1}{2}t^2}$, 只需证明

$$E(e^{it(S_{nn} - E(S_{nn}))/s_n}) \to e^{-\frac{1}{2}t^2}. \tag{4.10}$$

令 $s_{nn}^2 = \text{var}(S_{nn}) = \sum_{k=1}^{n} \text{var}(X_{nk})$. 因为 $E(X_k) = 0$, 故

$$1 - \frac{s_{nn}^2}{s_n^2} = \frac{1}{s_n^2} \left\{ \sum_{k=1}^{n} \int_{R^1} x^2 dF_k - \sum_{k=1}^{n} \int\int_{|x| < \varepsilon_n s_n} x^2 dF_k \right.$$

$$-\left(\int_{|x|<\varepsilon_n s_n} x dF_k\right)^2\right]\right\}$$

$$=\frac{1}{s_n^2}\left\{\sum_{k=1}^n\int_{|x|>\varepsilon_n s_n} x^2 dF_k + \sum_{k=1}^n\left(\int_{|x|<\varepsilon_n s_n} x dF_k\right)^2\right\}$$

$$= g_n(\varepsilon_n) + \frac{1}{s_n^2}\sum_{k=1}^n\left(\int_{|x|>\varepsilon_n s_n} x dF_k\right)^2$$

$$\leqslant g_n(\varepsilon_n) + \frac{1}{s_n^2}\cdot\frac{1}{\varepsilon_n^2 s_n^2}\sum_{k=1}^n\left(\int_{|x|>\varepsilon_n s_n} x^2 dF_k\right)^2$$

$$\leqslant g_n(\varepsilon_n) + \frac{1}{\varepsilon_n^2}\left(\frac{1}{s_n^2}\sum_{k=1}^n\int_{|x|>\varepsilon_n s_n} x^2 dF_k\right)^2$$

$$= g_n(\varepsilon_n) + \frac{1}{\varepsilon_n^2}g_n(\varepsilon_n)^2, \tag{4.11}$$

所以 $\lim_{n\to\infty} s_{nn}/s_n = 1$. 而

$$\frac{1}{s_{nn}^3}\sum_{k=1}^n E(|X_{nk} - E(X_{nk})|^3)$$

$$= \frac{1}{s_{nn}^3}\sum_{k=1}^n\left(\int_{|x|<\varepsilon_n s_n}|x - E(X_{nk})|^3 dF_k\right.$$

$$\left. + |E(X_{nk})|^3\int_{|x|>\varepsilon_n s_n} dF_k\right)$$

$$\leqslant \frac{2\varepsilon_n s_n}{s_{nn}^3}\sum_{k=1}^n\int_{|x|<\varepsilon_n s_n}|x - E(X_{nk})|^2 dF_k + \frac{\varepsilon_n s_n^3}{s_{nn}^3}g_n(\varepsilon_n)$$

$$\leqslant \frac{2\varepsilon_n s_n}{s_{nn}}\cdot\frac{1}{s_{nn}^2}\sum_{k=1}^n E(|X_{nk} - E(X_{nk})|^2) + \frac{\varepsilon_n s_n^3}{s_{nn}^3}g_n(\varepsilon_n)$$

$$= \frac{2\varepsilon_n s_n}{s_{nn}} + \frac{\varepsilon_n s_n^3}{s_{nn}^3}g_n(\varepsilon_n),$$

因此

$$\lim_{n\to\infty}\frac{1}{s_{nn}^3}\sum_{k=1}^n E(|X_{nk} - E(X_{nk})|^3) = 0.$$

所以, 由定理 4.1 得知

$$E(e^{it(S_{nn}-E(S_{nn}))/s_{nn}}) \to e^{-\frac{1}{2}t^2}.$$

但是 $s_{nn}/s_n \to 1$，所以由第二章定理 3.4 系 2 得知

$$E(e^{it(S_{nn}-E(S_{nn}))/s_n}) \to e^{-\frac{1}{2}t^2}.$$

充分性证毕.

必要性. 设 $f_k(t)$ 为 X_k 的 c.f.. 若

$$\mathscr{L}\left(\frac{S_n}{s_n}\right) \xrightarrow{c} N(0, 1), \lim_{n \to \infty} \max_{1 \le k \le n} \frac{\sigma_k^2}{s_n^2} = 0,$$

则由

$$f_k\left(\frac{t}{s_n}\right) = 1 + f_k'(0) \frac{t}{s_n} + \theta f_k''(0) \frac{1}{2}\left(\frac{t}{s_n}\right)^2$$

$$= 1 - \theta \frac{\sigma_k^2}{2}\left(\frac{t}{s_n}\right)^2 \quad (|\theta| \le 1) \qquad (4.12)$$

可推出

$$\lim_{n \to \infty} \max_{1 \le k \le n} \left| f_k\left(\frac{t}{s_n}\right) - 1 \right| \le \lim_{n \to \infty} \max_{1 \le k \le n} \left| \frac{\sigma_k^2}{s_n^2} \frac{t^2}{2} \right| = 0.$$

因此，当 $1 \le k \le n$, n 充分大后，$\log f_k\left(\frac{t}{s_n}\right)$ 存在. 由假设有 $\mathscr{L}(S_n/s_n) \xrightarrow{c} N(0, 1)$，即

$$\lim_{n \to \infty} \prod_{k=1}^n f_k\left(\frac{t}{s_n}\right) = e^{-\frac{1}{2}t^2}, \qquad (4.13)$$

把 (4.13) 换成对数形式有

$$\lim_{n \to \infty} \sum_{k=1}^n \log f_k\left(\frac{t}{s_n}\right) = -\frac{1}{2}t^2.$$

即

$$\lim_{n \to \infty} \sum_{k=1}^n \left\{ \left(f_k\left(\frac{t}{s_n}\right) - 1 \right) + M_{nk}(t)\left(f_k\left(\frac{t}{s_n}\right) - 1 \right)^2 \right\} = -\frac{1}{2}t^2,$$

其中

$$\max_{1 \le k \le n} |M_{nk}(t)| \le K(t) < \infty \quad (\text{一切 } n \ge 1).$$

而

$$\sum_{k=1}^n \left| f_k\left(\frac{t}{s_n}\right) - 1 \right|^2 \le \max_{1 \le k \le n} \left| f_k\left(\frac{t}{s_n}\right) - 1 \right| \sum_{k=1}^n \frac{\sigma_k^2}{2}\left(\frac{t}{s_n}\right)^2$$

$$= \frac{t^2}{2} \max_{1 \le k \le n} \left| f_k\left(\frac{t}{s_n}\right) - 1 \right| \to 0 \quad (n \to \infty),$$

所以

$$\lim_{n\to\infty} \sum_{k=1}^{n} \left(f_k\left(\frac{t}{s_n}\right) - 1 \right) = -\frac{1}{2} t^2. \qquad (4.14)$$

把 (4.14) 取实部即得

$$\lim_{n\to\infty} \sum_{k=1}^{n} \int_{R^1} \left(\cos\frac{tx}{s_n} - 1 \right) dF_k(x) = -\frac{1}{2} t^2,$$

即

$$\sum_{k=1}^{n} \int_{R^1} \left(\cos\frac{tx}{s_n} - 1 \right) dF_k(x)$$

$$= -\frac{1}{2} t^2 + o(1) \quad (n \to \infty). \qquad (4.15)$$

但是

$$\sum_{k=1}^{n} \int_{|x|<\varepsilon s_n} \left(1 - \cos\frac{tx}{s_n} \right) dF_k(x)$$

$$\leqslant \sum_{k=1}^{n} \int_{|x|<\varepsilon s_n} \frac{1}{2} \left(\frac{tx}{s_n} \right)^2 dF_k(x)$$

$$\leqslant \frac{t^2}{2s_n^2} \sum_{k=1}^{n} \left(\int_{R^1} x^2 dF_k(x) - \int_{|x|\geqslant\varepsilon s_n} x^2 dF_k(x) \right)$$

$$= \frac{t^2}{2s_n^2} \sum_{k=1}^{n} \left(\sigma_k^2 - \int_{|x|\geqslant\varepsilon s_n} x^2 dF_k(x) \right)$$

$$= \frac{t^2}{2} \left(1 - g_n(\varepsilon) \right). \qquad (4.16)$$

$$\sum_{k=1}^{n} \int_{|x|\geqslant\varepsilon s_n} \left(1 - \cos\frac{tx}{s_n} \right) dF_k(x)$$

$$\leqslant 2 \sum_{k=1}^{n} \int_{|x|\geqslant\varepsilon s_n} dF_k(x)$$

$$\leqslant \frac{2}{\varepsilon^2 s_n^2} \sum_{k=1}^{n} \int_{|x|\geqslant\varepsilon s_n} x^2 dF_k(x)$$

$$= \frac{2}{\varepsilon^2} g_n(\varepsilon) \leqslant \frac{2}{\varepsilon^2}, \qquad (4.17)$$

把 (4.16), (4.17) 代入 (4.15) 得

$$\varrho(1) + \frac{1}{2}\,t^2 \leqslant \frac{t^2}{2}\,(1 - g_n(\varepsilon)) + \frac{2}{\varepsilon^2}.$$

即

$$0 \leqslant g_n(\varepsilon) \leqslant \frac{2}{t^2}\left(\frac{2}{\varepsilon^2} + o(1)\right),$$

先令 $n \to \infty$，次令 $t \to \infty$，即得 $g_n(\varepsilon) \to 0$. 至此定理证毕.

系1 设 $\{X_n\}$ 是相互独立的随机变量序列，而且 $E(X_n) = p_n$，$\mathrm{var}(X_n) = \sigma_n^2$ 都存在 $(n = 1, 2, \cdots)$，若令 $S_n = \sum_{k=1}^{n} X_k,\ s_n^2 = \mathrm{var}(S_n) = \sum_{k=1}^{n} \sigma_k^2$，则

$$\lim_{n \to \infty} \max_{1 \leqslant k \leqslant n} \frac{\sigma_k^2}{s_n^2} = 0 \ \ \text{及} \ \ \mathscr{L}\left(\frac{S_n - E(S_n)}{s_n}\right) \xrightarrow{\ c\ } N(0, 1)$$

的充要条件是：任给 $\varepsilon > 0$，都有

$$g_n(\varepsilon) \equiv \frac{1}{s_n^2} \sum_{k=1}^{n} \int_{|x - p_k| \geqslant \varepsilon s_n} (x - p_k)^2 dF_k(x) \to 0 \ \ (n \to \infty).$$

习 题

1. 设 $\{X_n\}$ 是相互独立相同分布的随机变量序列，若其分布由

a $P(X_n = 2^{k - \log k \cdot 2 \log \log k}) = \frac{1}{2^k} \ (k = 1, 2, \cdots)$;

b $P(X_n = k) = \dfrac{c}{k^2 \log^2 k} \ \left(k \geqslant 2, \ \dfrac{1}{c} = \sum_{k=2}^{\infty} \dfrac{1}{k^2 \log^2 k}\right)$

所确定，则 $\{X_n\}$ 服从大数定律.

2. 设 $\{X_n\}$ 是相互独立的随机变量序列，若其分布由

$$P(X_n = n^{\alpha}) = P(X_n = -n^{\alpha}) = \frac{1}{2} \ (n = 1, 2, \cdots)$$

所确定，则 $\{X_n\}$ 服从大数定律的充要条件是 $\alpha < \dfrac{1}{2}$.

3. 设 $\{X_n\}$ 是相互独立的随机变量序列，若

$$\lim_{A \to \infty}\left(\sup_{n \geqslant 1} \int_{|x| \geqslant A} |x|\, dF_n(x)\right) = 0,$$

其中 $F_n(x)$ 是 X_n 的 d.f.，则 $\{X_n\}$ 服从大数定律.

4. 设 $\{X_n\}$ 是随机变量序列. 若 $\mathrm{var}(X_n) \leqslant c \ (n = 1, 2, \cdots)$，且

$\lim\limits_{|i-j|\to\infty} \rho(X_i, X_j) = 0$，则 $\{X_n\}$ 服从大数定律．（$\rho(X_i, X_j)$ 为 X_i 与 X_j 的相关系数．）

5．设 $\{X_n\}$ 是随机变量序列．$\{X_n\}$ 服从大数定律的充要条件是：

$$\lim_{n\to\infty} E\left(\frac{\left[\sum\limits_{k=1}^{n}(X_k - E(X_k))\right]^2}{n^2 + \left[\sum\limits_{k=1}^{n}(X_k - E(X_k))\right]^2}\right) = 0.$$

6．设 $\{X_n\}$ 为相互独立相同分布的随机变量序列，而且有有限的数学期望与方差．令 $S_n = \sum\limits_{k=1}^{n} X_k$，则 $\{a_n S_n\}$ 服从大数定律（其中 a_n 是常数，$a_n \to 0$）．

7．设 $\{X_k\}$ 为随机变量序列．若 X_k 不与 X_{k-1} 和 X_{k+1} 相互独立，但与其它的 X_j 相互独立，且 X_k 具有有限方差（$k = 1, 2, \cdots$），则 $\{X_k\}$ 服从大数定律．

8．试判断下列随机变量序列是否服从中心极限定理：

a　$P(X_n = -2^n) = P(X_n = 2^n) = \dfrac{1}{2}$ $(n = 1, 2, \cdots)$；

b　$P(X_n = -2^n) = P(X_n = 2^n) = 2^{-(2n+1)}$,

　　$P(X_n = 0) = 1 - 2^{-2n}$ $(n = 1, 2, \cdots)$；

c　$P(X_n = n) = P(X_n = -n) = \dfrac{1}{2} n^{-\frac{1}{2}}$,

　　$P(X_n = 0) = 1 - n^{-\frac{1}{2}}$ $(n = 1, 2, \cdots)$.

9．设 $\{X_n\}$ 为相互独立的随机变量序列，而且 $P(X_n = n^\alpha) = P(X_n = -n^\alpha) = \dfrac{1}{2}$ $\left(\alpha > \dfrac{1}{2}\right)$，则 $\{X_n\}$ 服从中心极限定理．

10．求证：

$$\lim_{n\to\infty} e^{-n} \sum_{k=0}^{n} \frac{n^k}{k!} = \frac{1}{2}.$$

11．设 S_n 是 n 次独立试验中事件 A 出现的次数，p_k 是第 k 次试验中 A 出现的概率，试证

$$\lim_{n\to\infty} P\left(\frac{S_n - \sum\limits_{k=1}^{n} p_k}{\sqrt{\sum\limits_{k=1}^{n} p_k(1 - p_k)}} < x\right) = \frac{1}{\sqrt{2\pi}} \int_{-\infty}^{x} e^{-\frac{t^2}{2}} dt$$

的充要条件是

$$\sum_{k=1}^{\infty} p_k(1 - p_k) = \infty.$$

第四章 无穷可分分布律

§1 问题的提法

在第三章里，我们研究了大数定律与中心极限定理. 当时我们研究的对象是一串相互独立具有某阶矩的随机变量 $\{X_n\}$，研究的问题是 $\{X_n\}$ 的部分和 $S_n = \sum\limits_{i=1}^{n} X_i$ 在适当的正则化后

$$S_n^* = \frac{S_n - A_n}{B_n},$$

S_n^* 的极限分布为退化分布或正态分布的充要条件. 我们得到的重要结果有：

（I）设 $\{X_n\}$ 是相互独立相同分布的随机变量序列.

（i）若 $E(X_n) = p$ 存在，则

$$\mathscr{L}\left(\frac{\sum\limits_{k=1}^{n}(X_k - p)}{n}\right) \xrightarrow{c} \varepsilon_0(x),$$

（ii）若 $\mathrm{var}(X_n) = \sigma^2 > 0$ 存在，则

$$\mathscr{L}\left(\frac{\sum\limits_{k=1}^{n}(X_k - E(X_k))}{\sqrt{n\sigma^2}}\right) \xrightarrow{c} N(0,1),$$

其中 $\varepsilon_0(x)$ 与 $N(0,1)$ 分别表零一律与标准正态分布函数.

（II）设 $\{X_n\}$ 相互独立.

（i）若 $E(X_n) = p_n$ 存在 $(n \geqslant 1)$，且当 $n \to \infty$ 时

$$\sum_{k=1}^{n} \int_{|x-p_k| \geqslant n} dF_k(x) \to 0,$$

$$\frac{1}{n} \sum_{k=1}^{n} \int_{|x-p_k| < n} (x - p_k) dF_k(x) \to 0,$$

$$\frac{1}{n}\sum_{k=1}^{n}\int_{|x-p_k|<n}(x-p_k)^2 dF_k(x)\to 0,$$

则

$$\mathscr{L}\left(\frac{\sum\limits_{k=1}^{n}(X_k-p_k)}{n}\right)\xrightarrow{c}\epsilon_0(x).$$

（ii）若 $\mathrm{var}(X_n)=\sigma_n^2>0$ 存在，$E(X_n)=p_n$，则

$$\left|\begin{array}{l}\mathscr{L}\left(\dfrac{\sum\limits_{k=1}^{n}(X_k-p_k)}{\sqrt{\sum\limits_{k=1}^{n}\sigma_k^2}}\right)\xrightarrow{c}N(0,1)\ (n\to\infty),\\[20pt]\max\limits_{1<k<n}\left(\dfrac{\sigma_k^2}{\sum\limits_{k=1}^{n}\sigma_k^2}\right)\to 0\quad(n\to\infty)\end{array}\right.$$

的充要条件是：对于任意给定的 $\varepsilon>0$，都有

$$\lim_{n\to\infty}\frac{1}{\sum\limits_{k=1}^{n}\sigma_k^2}\sum_{k=1}^{n}\int_{|x-p_k|>\varepsilon\sqrt{\sum\limits_{k=1}^{n}\sigma_k^2}}(x-p_k)^2 dF_k(x)=0,$$

其中 $F_k(x)$ 是 X_k 的分布函数.

现在我们问：

（I）设 $\{X_n\}$ 是一串相互独立相同分布的随机变量（但不假定它的任何阶矩存在），令

$$\mathscr{F}_1=\left\{F(x)\left|\begin{array}{l}F(x)\text{ 是 d.f.，且存在实数串 }\{a_n\}\text{ 及正数串}\\ \{b_n\}\text{ 和相互独立相同分布的 }\{X_n\}\text{，使}\\ \mathscr{L}\left(\dfrac{\sum\limits_{k=1}^{n}X_k-a_n}{b_n}\right)\xrightarrow{c}F(x)\end{array}\right.\right\},$$

那么

（A）$\mathscr{F}_1$ 是什么？

（B）任取 $F(x)\in\mathscr{F}_1$，任取独立同分布的 $\{X_n\}$ 和实数串

$\{a_n\}$ 正数串 $\{b_n\}$,

$$\mathscr{L}\left(\frac{\sum_{k=1}^{n} X_k - a_n}{b_n}\right) \xrightarrow{c} F(x) \quad (n \to \infty)$$

的充要条件是什么?

(II) 令

$$\mathscr{F}_2 = \left\{ F(x) \left| \begin{array}{l} F(x) \text{ 是 d.f., 且存在实数串 } \{a_n\} \text{ 及正数} \\ \text{串 } \{b_n\} \text{ 和相互独立的 } \{X_n\}, \text{ 使} \\ \mathscr{L}\left(\dfrac{\sum_{k=1}^{n} X_k - a_n}{b_n}\right) \xrightarrow{c} F(x) \end{array} \right. \right\},$$

同样地,也可以提出类似于 (I)(A) 和 (B) 的两个问题.

在 (I), (II) 中,问题的提法比第三章普遍了,但研究的对象仍是一串独立的随机变量 $\{X_n\}$,在这一章中,我们要把研究的对象扩大. 我们考虑下面的随机变量体系

$$\left\{ \begin{array}{cccc} X_{11}, & X_{12}, & \cdots, & X_{1k_1} \\ X_{21}, & X_{22}, & \cdots, & X_{2k_2} \\ \cdots\cdots & \cdots\cdots & \cdots & \cdots\cdots \\ X_{n1}, & X_{n2}, & \cdots, & X_{nk_n} \\ \cdots\cdots & \cdots\cdots & \cdots & \cdots\cdots \end{array} \right\}$$

其中每一行随机变量内部相互独立. 用 $\{X_{nk}\}$ 简记此体系.

类似于 (I) 和 (II),我们也可以提出 (A),(B) 两个问题. 不过,若不对 $\{X_{nk}\}$ 加上任何限制,则问题提得过于广泛,问题 (A),(B) 就变得没有什么意义了. 事实上,

$$\left\{ F(x) \left| \begin{array}{l} F(x) \text{ 是 d.f., 且存在 } \{X_{nk}\} \text{ 使} \\ \mathscr{L}\left(\sum_{k=1}^{k_n} X_{nk}\right) \xrightarrow{c} F(x) \quad (n \to \infty) \end{array} \right. \right\}$$

是全部分布函数. 因为任取一个分布函数 $F(x)$,可作随机变量 X_1,使其分布函数为 $F(x)$,再令 $k_n \equiv 1$, $X_{nk} \equiv X_1$,则

$$\mathscr{L}\left(\sum_{k=1}^{k_n} X_{nk}\right) = \mathscr{L}(X_1) \xrightarrow{c} F(x) \quad (n \to \infty).$$

所以,下面把研究对象适当缩小. 这就是下面将要引进的"一致渐近可忽略体系",简记之为 u. a. n. 体系.

定义 1.1   称

$$\{X_{nk}\} = \begin{cases} X_{11}, & \cdots, & X_{1k_1} \\ X_{21}, & \cdots, & X_{2k_2} \\ \vdots, & \cdots, & \vdots \end{cases}$$

是一个 u. a. n. 体系, 如果 $\{X_{n1}, X_{n2}, \cdots, X_{nk_n}\}$ 是相互独立的随机变量 $(n \geqslant 1)$, (即 $\{X_{nk}\}$ 各行内部独立, 而行与行之间不必假定独立) $\lim_{n \to \infty} k_n = \infty$, 且

$$\lim_{n \to \infty} X_{nk} = 0, \quad [\text{P}]$$

对 k 一致成立, 也就是对任何 $\varepsilon > 0$ 有

$$\lim_{n \to \infty} \max_{1 \leqslant k \leqslant k_n} P(|X_{nk}| \geqslant \varepsilon) = 0.$$

(III) 设

$$\mathscr{F}_3 = \left\{ F(x) \middle| \begin{array}{l} F(x) \text{ 是 d. f., 且存在 u. a. n.} \\ \text{体系 } \{X_{nk}\}, \text{使} \\ \mathscr{L}\left(\sum_{k=1}^{n} X_{nk}\right) \xrightarrow{c} F(x) \quad (n \to \infty). \end{array} \right\},$$

问:

(A) $\mathscr{F}_3$ 是什么?

(B) 任取 $F(x) \in \mathscr{F}_3$, 任取 u. a. n. 体系 $\{X_{nk}\}$,

$$\mathscr{L}\left(\sum_{k=1}^{k_n} X_{nk}\right) \xrightarrow{c} F(x) \quad (n \to \infty)$$

的充要条件是什么?

这一章所要解决的问题, 主要是 (III)(A) 和 (B). 而 (II) (A) 和 (B), 将要在第五章解决, (I) (A) 和 (B) 将在第六章解决.

由于分布函数与特征函数之间存在一个双方单值双方连续的对应, 因此, 问题 (A), (B) 完全可以用特征函数的语言来描述. 事实上, 以后我们确实是用特征函数来描述的. 例如, (III)(A) 和 (B) 可以改写如下, 设

$$C_3 = \left\{ f(t) \left| \begin{array}{l} f(t) \text{ 是 c.f., 且存在 u.a.n. 体系 } \{X_{nk}\}, \text{ 使} \\ E(e^{it\sum_{k=1}^{k_n} x_{nk}}) \to f(t) \quad (n \to \infty) \end{array} \right. \right\},$$

我们问

(A) C_3 是什么?

(B) 任取 $f(t) \in C_3$, 任取 u.a.n. 体系 $\{X_{nk}\}$,

$$\lim_{n \to \infty} E(e^{it\sum_{k=1}^{k_n} x_{nk}}) = f(t)$$

的充要条件是什么?

以后我们常常称某一族特征函数(或分布函数)$\{f_{nk}\}$($\{F_{nk}\}$)为 u.a.n. 体系,意即其对应的随机变量 $\{X_{nk}\}$ 是 u.a.n. 体系. 我们称 C_3 为全部 u.a.n. 体系的极限特征函数族.

§2 二阶矩存在的情形,柯氏族

定义 2.1 称函数族

$$\mathcal{K} = \left\{ e^{iat+\psi(t)} \left| \begin{array}{l} \phi(t) = \int_{R^1} (e^{itx} - 1 - itx)\dfrac{1}{x^2} dK(x), \\ K(x) = \sigma^2 F(x), \ \sigma^2 < \infty, \ F(x) \text{ 是分} \\ \text{布函数}, a \text{ 是实数} \end{array} \right. \right\}$$

为柯氏 (Колмогоров, А. Н.) 族. $\mathcal{K}$ 中的函数用 $\{a, \phi(t)\}$ 表之.

命题 2.1 $\mathcal{K}$ 是一族特征函数, 且 $e^{iat+\psi(t)}$ 所对应的随机变量 X 的 $E(X) = a$, $\mathrm{var}(X) = \sigma^2 = K(\infty)$.

证 因为 $(e^{itx} - 1 - itx)\dfrac{1}{x^2}$ 是连续函数(在 $x = 0$ 处用极限值来定义), $K(x)$ 是有界变差函数,所以,若令

$$\phi_m(t) = \int_{[-m,m)} (e^{itx} - 1 - itx)\frac{1}{x^2} dK(x),$$

则有

$$\phi_m(t) = \lim_{n \to \infty} \sum_{k=1}^{k_n} (e^{itx_{nk}} - 1 - itx_{nk})\frac{1}{x_{nk}^2}(K(x_{nk+1}) - K(x_{nk})).$$

若令 $\beta_{nk} = K(x_{nk+1}) - K(x_{nk})$，则

$$e^{\psi_m(t)} = \lim_{n \to \infty} \prod_{k=1}^{k_n} e^{it(-\frac{\beta_{nk}}{x_{nk}}) + \frac{\beta_{nk}}{x_{nk}^2}(e^{itx_{nk}} - 1)},$$

而

$$e^{it(-\frac{\beta_{nk}}{x_{nk}}) + \frac{\beta_{nk}}{x_{nk}^2}(e^{itx_{nk}} - 1)}$$

是泊松分布的特征函数与退化分布的特征函数之积，若再注意特征函数之积也为特征函数，特征函数之极限（如果在 0 点连续）也为特征函数，则可知 $e^{\psi_m(t)}$ 是特征函数，从而 $e^{iat+\psi(t)}$ 是特征函数。

又因为 $\phi(t)$ 有二阶导数，所以 $f(t) = e^{iat+\psi(t)}$ 所对应的随机变量 X 有：

$$E(X) = \frac{1}{i} f'(0) = \frac{1}{i}(ia + \phi'(0))e^{\psi(0)} = a,$$

（因为 $\phi'(0) = \phi(0) = 0$），

$$E(X^2) = -f''(0) = a^2 - \phi''(0)$$
$$= a^2 + \int_{R^1} dK(x) = a^2 + \sigma^2,$$

所以

$$\mathrm{var}(X) = \sigma^2.$$

命题 2.2 $\mathcal{K}$ 中的特征函数，其 $K(x)$ 与 $\phi(t)$ 相互唯一决定。

证 只需证 $\phi(t)$ 唯一决定 $K(x)$。事实上，

$$-\phi''(t) = \int_{R^1} e^{itx} dK(x),$$

故 $\phi''(t)$ 唯一决定了 $K(x)$，从而 $\phi(t)$ 唯一决定了 $K(x)$。

由命题 2.2 知：$\mathcal{K}$ 中的特征函数，不仅可以用 $\{a, \phi(t)\}$ 表示，也可用 $[a, K(x)]$ 表示，而且今后多用 $[a, K(x)]$ 表示。

定义 2.2 称 u. a. n. 体系 $\{X_{nk}\}$ 满足条件 (C)，如果

$$\mathrm{var}(X_{nk}) = \sigma_{nk}^2 < \infty,$$

且

$$(C): \lim_{n \to \infty} \max_{1 \le k \le k_n} \sigma_{nk}^2 = 0, \quad \sum_{k=1}^{k_n} \sigma_{nk}^2 \le c < \infty \quad (n \ge 1).$$

再引进几个符号：

$$\mathscr{K}^* = \{f(t) \mid f(t) \in \mathscr{K}, f(t) = [0, K(x)]\},$$

$$J = \left\{ f(t) \left| \begin{array}{l} f(t) \text{ 是 c.f. 且存在满足 (c) 的} \\ \text{u.a.n. 体系 } \{X_{nk}\} \text{ 使} \\ \lim_{n \to \infty} E(e^{it \sum\limits_{k=1}^{k_n} X_{nk}}) = f(t). \end{array} \right. \right\},$$

$$J^* = \{f(t) \mid f(t) \in J, f(t) \text{ 对应的 u.a.n. 体系}$$
$$\{X_{nk}\} \text{ 的 } E(X_{nk}) \equiv 0\}.$$

定理 2.1　(1) $J^* = \mathscr{K}^*$;

(2) 任取满足 (c) 的 u.a.n. 体系 $\{X_{nk}\}$, $E(X_{nk}) \equiv 0$, 令 $F_{nk}(x)$, $f_{nk}(t)$ 为 X_{nk} 的 d.f. 和 c.f., 则

$$\lim_{n \to \infty} E(e^{it \sum\limits_{k=1}^{k_n} X_{nk}}) = [0, K(x)] \in \mathscr{K}^*$$

的充要条件是 $K_n \xrightarrow{w} K$, 其中

$$K_n(x) = \sum_{k=1}^{k_n} \int_{(-\infty, x)} y^2 d F_{nk}(y).$$

证 (1) 任取 $[0, K(x)] \in \mathscr{K}^*$, 作随机变量 X_{nk} 使其特征函数为 $\left[0, \dfrac{K(x)}{n}\right]$ $(1 \leqslant k \leqslant k_n = n)$, 则由命题 2.1 得

$$E(X_{nk}) = 0, \quad \sigma_{nk}^2 = \mathrm{var}(X_{nk}) = \frac{K(\infty)}{n} < \infty,$$

所以

$$\lim_{n \to \infty} \max_{1 \leqslant k \leqslant n} \sigma_{nk}^2 = \lim_{n \to \infty} \frac{K(\infty)}{n} = 0,$$

$$\sum_{k=1}^{n} \sigma_{nk}^2 = K(\infty) \leqslant c < \infty \quad (n \geqslant 1),$$

此即 $\{X_{nk}\}$ 满足 (c), 从而 $\{X_{nk}\}$ 更是 u.a.n. 体系(因为由切贝谢夫不等式知条件 (c) 比 u.a.n. 条件强),而且

$$\prod_{k=1}^{n} f_{nk}(t) = [0, K(x)] \to [0, K(x)] \quad (n \to \infty),$$

这就证明了 $J^* \supset \mathscr{K}^*$.

在证明 $\mathscr{K}^* \supset J^*$ 之前，先证明

引理 2.1 设 $\{X_{nk}\}$ 是满足条件(c)的 u.a.n. 体系，$E(X_{nk}) \equiv 0$，$f_{nk}(t)$ 为 X_{nk} 的 c.f.，则 $\log f_{nk}(t)$ 存在且有穷(当 $n \geqslant n(t)$)，并对固定的 t，有

$$\lim_{n \to \infty} \sum_{k=1}^{k_n} \{ \log f_{nk}(t) - (f_{nk}(t) - 1) \} = 0.$$

证 由特征函数的泰勒展开知

$$f_{nk}(t) = f_{nk}(0) + f'_{nk}(0)t + \frac{f''_{nk}(0)}{2} \theta_{nk} t^2$$

$$= 1 - \frac{\sigma_{nk}^2}{2} \theta_{nk} t^2 \quad (|\theta_{nk}| \leqslant 1),$$

所以

$$\overline{\lim_{n \to \infty}} \max_{1 \leqslant k \leqslant k_n} |f_{nk}(t) - 1| \leqslant \overline{\lim_{n \to \infty}} \max_{1 \leqslant k \leqslant k_n} \sigma_{nk}^2 \frac{t^2}{2} = 0.$$

因此，当 $n \geqslant n(t)$ 时 $\log f_{nk}(t)$ 存在且有穷. 又因

$$\sum_{k=1}^{k_n} |f_{nk}(t) - 1|^2 \leqslant (\max_{1 \leqslant k \leqslant k_n} |f_{nk}(t) - 1|) \sum_{k=1}^{k_n} \sigma_{nk}^2 \frac{t^2}{2}$$

$$\leqslant ct^2 \max_{1 \leqslant k \leqslant k_n} |f_{nk}(t) - 1| \to 0 \quad (n \to \infty),$$

所以

$$\lim_{n \to \infty} \sum_{k=1}^{k_n} \{ \log f_{nk}(t) - (f_{nk}(t) - 1) \} = 0.$$

现在回过来证明 $J^* \subset \mathscr{K}^*$.

任取 $f(t) \in J^*$，即是 $f(t) = \lim_{n \to \infty} \prod_{k=1}^{k_n} f_{nk}(t)$，其中 $f_{nk}(t)$ 是 X_{nk} 的特征函数，$\{X_{nk}\}$ 是满足(c)的 u.a.n. 体系，$E(X_{nk}) \equiv 0$. 由引理 2.1 知：当 $n \to \infty$ 时，

$$\prod_{k=1}^{k_n} f_{nk}(t) = e^{\sum_{k=1}^{k_n} \log f_{nk}(t)} = e^{\sum_{k=1}^{k_n} (f_{nk}(t)-1)+o(1)}.$$

若令 $F_{nk}(x)$ 为 $f_{nk}(t)$ 所对应的 d.f.，再令

$$K_n(x) = \sum_{k=1}^{k_n} \int_{(-\infty, x)} y^2 dF_{nk}(y),$$

则由 $E(X_{nk}) = 0$ 得

$$\sum_{k=1}^{k_n} (f_{nk}(t) - 1) = \sum_{k=1}^{k_n} \int_{R^1} (e^{itx} - 1) dF_{nk}(x)$$

$$= \sum_{k=1}^{k_n} \int_{R^1} \frac{e^{itx} - 1 - itx}{x^2} x^2 dF_{nk}(x)$$

$$= \int_{R^1} \frac{e^{itx} - 1 - itx}{x^2} dK_n(x) \xlongequal{\text{记作}} \phi_n(t).$$

所以

$$f(t) = \lim_{n \to \infty} e^{\psi_n(t)}. \tag{2.1}$$

但是

$$K_n(x) \leqslant \sum_{k=1}^{k_n} \int_{R^1} y^2 dF_{nk}(y)$$

$$= \sum_{k=1}^{k_n} \sigma_{nk}^2 \leqslant c < \infty \quad (n \geqslant 1, \ x \in R^1),$$

显然，$K_n(x)$ 还是 x 的单调非降左连续 $K_n(-\infty) = 0$ 的函数，$(n \geqslant 1)$，因此，由弱紧性知有子序列 $K_{n^*} \xrightarrow{w} K^*$，其中测度 K^* 满足 $K^*(R^1) \leqslant c$. 再用第一章定理 3.9.1 可得

$$\lim_{n^* \to \infty} \phi_{n^*}(t) = \int_{R^1} (e^{itx} - 1 - itx) \frac{1}{x^2} dK^*(x) \xlongequal{\text{记作}} \psi(t), \tag{2.2}$$

比较 (2.1) 与 (2.2) 得

$$f(t) = e^{\psi(t)} \in \mathscr{K}^*. \quad \text{(1) 证毕.}$$

(2) 由于上述证明，必有

$$\prod_{k=1}^{k_n} f_{nk}(t) = e^{\psi_n(t) + o(1)} \quad (n \to \infty), \tag{2.3}$$

其中 $\phi_n(t) = \int_{R^1} (e^{itx} - 1 - itx) \frac{1}{x^2} dK_n(x)$ 如前定义. 任取

$$e^{\psi(t)} = e^{\int_{R^1} (e^{itx} - 1 - itx) \frac{1}{x^2} dK(x)} = [0, K(x)] \in \mathscr{K}^*,$$

则

$$\lim_{n \to \infty} \prod_{k=1}^{k_n} f_{nk}(t) = \lim_{n \to \infty} e^{\psi_n(t)} = e^{\phi(t)}$$

的充要条件是

$$\lim_{n \to \infty} \phi_n(t) = \phi(t).$$

所以为证 (2)，只需证明

$$\lim_{n \to \infty} \phi_n(t) = \phi(t) \Longleftrightarrow K_n \xrightarrow{\text{w}} K.$$

而"⇐"显然成立. 再证"⇒". 由弱紧性，$\{K_n\}$ 一定有弱收敛子序列 $\{K_{n'}\}$，令

$$K_{n'} \xrightarrow{\text{w}} \overline{K},$$

则

$$\lim_{n' \to \infty} \phi_{n'}(t) = \int_{R^1} (e^{itx} - 1 - itx) \frac{1}{x^2} d\overline{K}(x).$$

而

$$\lim_{n' \to \infty} \phi_{n'}(t) = \phi(t) = \int_{R^1} (e^{itx} - 1 - itx) \frac{1}{x^2} dK(x).$$

所以由命题 2.2 得 $K(x) \equiv \overline{K}(x)$. 故 $K_n \xrightarrow{\text{w}} K$. 定理证毕.

定理 2.1′ (1) $J = \mathscr{K}$；

(2) 任取满足 (c) 的 u.a.n. 体系 $\{X_{nk}\}$，$f_{nk}(t)$，$F_{nk}(x)$ 分别为 X_{nk} 的 c.f. 与 d.f.，任取 $[a, K(x)] \in \mathscr{K}$，则

$$\lim_{n \to \infty} E(e^{it \sum_{k=1}^{k_n} X_{nk}}) = [a, K(x)] \in \mathscr{K}$$

的充要条件是：$\widetilde{K}_n \xrightarrow{\text{w}} K$，$\sum_{k=1}^{k_n} a_{nk} \to a$，其中

$$\widetilde{K}_n(x) \equiv \sum_{k=1}^{k_n} \int_{(-\infty, x)} y^2 d\widetilde{F}_{nk}(y),$$

$$a_{nk} = E(X_{nk}),\ \widetilde{F}_{nk}(y),\ \widetilde{f}_{nk}(t) \text{ 分别为 } X_{nk} - a_{nk}$$
的 d.f. 和 c.f..

证　(1)与(2)的充分性部分显然成立，只证(2)的必要性部分．

由(2.3)有

$$\prod_{k=1}^{k_n} f_{nk}(t) = e^{it\sum_{k=1}^{k_n} a_{nk}} \prod_{k=1}^{k_n} \tilde{f}_{nk}(t)$$

$$= e^{it\sum_{k=1}^{k_n} a_{nk} + \int_{R^1} (e^{itx}-1-itx)\frac{1}{x^2} d\tilde{K}_n(x) + o(1)} \qquad (n \to \infty).$$

令　$a_n = \sum_{k=1}^{k_n} a_{nk}$,

$$\phi_n(t) = ia_n t + \int_{R^1} (e^{itx} - 1 - itx)\frac{1}{x^2} d\tilde{K}_n(x),$$

$$\varphi_n(t) = \int_0^1 \frac{1}{2}[2\phi_n(t) - \phi_n(t+h) - \phi_n(t-h)]dh,$$

把 a_n, $\tilde{K}_n(x)$ 分别代之以 a, $K(x)$，则可类似定义 $\phi(t)$, $\varphi(t)$．用傅比尼（Fubini, G.）定理交换积分次序可算出

$$\varphi_n(t) = \int_{R^1} e^{itx}\left(1 - \frac{\sin x}{x}\right)\frac{1}{x^2} d\tilde{K}_n(x),$$

$$\varphi(t) = \int_{R^1} e^{itx}\left(1 - \frac{\sin x}{x}\right)\frac{1}{x^2} dK(x).$$

令

$$\Phi_n(x) = \int_{(-\infty,x)} \left(1 - \frac{\sin y}{y}\right)\frac{1}{y^2} d\tilde{K}_n(y),$$

$$\Phi(x) = \int_{(-\infty,x)} \left(1 - \frac{\sin y}{y}\right)\frac{1}{y^2} dK(y),$$

则

$$\varphi_n(t) = \int_{R^1} e^{itx} d\Phi_n(x), \quad \varphi(t) = \int_{R^1} e^{itx} d\Phi(x).$$

若

$$\lim_{n\to\infty} \prod_{k=1}^{k_n} f_{nk}(t) = [a, K(x)],$$

则 $\phi_n(t) \to \phi(t)$．而对任何 T, $\sup_{n \geq 1} \sup_{|t| \leq T} |\phi_n(t)| < M < \infty$，所

以用控制收敛定理可得：$\varphi_n(t) \to \varphi(t)$，又因为 $\varphi(t)$ 在 $t = 0$ 连续，所以由第二章定理 3.3 得：$\Phi_n(x) \xrightarrow{c} \Phi(x)$，从而 $\widetilde{K}_n \xrightarrow{w} K$，因此由第一章定理 3.9.1 有

$$\int_{R^1} (e^{itx} - 1 - itx) \frac{1}{x^2} d\widetilde{K}_n(x)$$

$$\to \int_{R^1} (e^{itx} - 1 - itx) \frac{1}{x^2} dK(x).$$

把上式与 $\phi_n(t) \to \phi(t)$ 相减即得 $a_n \to a$. 至此，定理证毕.

显然，$\mathscr{K}$ 包含了零一律 $\varepsilon_0(x)$ 的特征函数 1；包含了标准正态分布的特征函数 $e^{-\frac{1}{2}t^2}$；包含了泊松分布的特征函数 $e^{\lambda(e^{it}-1)}$.

因为取 $a = 0$, $K(x) \equiv 0$, 则 $[a, K(x)] = 1$；取 $a = 0$, $K(x) = 0$（当 $x \leqslant 0$ 时），$K(x) = 1$（当 $x > 0$ 时），则 $[a, K(x)] = e^{-\frac{1}{2}t^2}$；取 $a = \lambda$, $K(x) = 0$（当 $x \leqslant 1$ 时），$K(x) = \lambda$（当 $x > 1$ 时），则 $[a, K(x)] = e^{\lambda(e^{it}-1)}$.

系 1 若 u. a. n. 体系 $\{X_{nk}\}$ 满足

$$\lim_{n \to \infty} \max_{1 \leqslant k < k_n} \sigma_{nk}^2 = 0, \quad \lim_{n \to \infty} \sum_{k=1}^{k_n} \sigma_{nk}^2 = \lambda,$$

令 $F_{nk}(x)$, $f_{nk}(t)$, a_{nk}, σ_{nk}^2 分别为 X_{nk} 的分布函数，特征函数，数学期望与方差，则

$$\lim_{n \to \infty} \prod_{k=1}^{k_n} f_{nk}(t) = e^{\lambda(e^{it}-1)}$$

的充要条件是

$$\begin{cases} \lim_{n \to \infty} \sum_{k=1}^{k_n} a_{nk} = \lambda, \\ \lim_{n \to \infty} \sum_{k=1}^{k_n} \int_{|x-1| > \varepsilon} x^2 dF_{nk}(x + a_{nk}) = 0 \quad （对任何 \ \varepsilon > 0）. \end{cases}$$

证 用定理 2.1′. 为证系 1，只需证明上述条件等价于

$$\begin{cases} \sum_{k=1}^{k_n} a_{nk} \to \lambda; \\ K_n \xrightarrow{w} K, \end{cases} \quad n \to \infty,$$

其中

$$K_n(x) = \sum_{k=1}^{k_n} \int_{(-\infty, x)} y^2 dF_{nk}(y + a_{nk}), \quad K(x) = \begin{cases} 0, & x \leqslant 1; \\ \lambda, & x > 1. \end{cases}$$

事实上，若 $K_n \xrightarrow{W} K$，由 $\sum\limits_{k=1}^{k_n} \sigma_{nk}^2 \to \lambda$ 知 $K_n \xrightarrow{c} K$，故对任何 $\varepsilon > 0$，有

$$\sum_{k=1}^{k_n} \int_{|x-1| \geqslant \varepsilon} x^2 dF_{nk}(x + a_{nk})$$
$$= K_n((-\infty, 1-\varepsilon] \cup [1+\varepsilon, \infty))$$
$$\to K((-\infty, 1-\varepsilon] \cup [1+\varepsilon, \infty)) = 0 \quad (n \to \infty).$$

反之，若

$$\sum_{k=1}^{k_n} \int_{|x-1| \geqslant \varepsilon} x^2 dF_{nk}(x + a_{nk}) \to 0 \quad (\text{对任何 } \varepsilon > 0),$$

则

$$K_n(x) = \sum_{k=1}^{k_n} \int_{(-\infty, x)} y^2 dF_{nk}(y + a_{nk})$$
$$= \sum_{k=1}^{k_n} \sigma_{nk}^2 - \sum_{k=1}^{k_n} \int_{[x, \infty)} y^2 dF_{nk}(y + a_{nk})$$
$$\xrightarrow{W} K(x), \quad (n \to \infty).$$

系 1 证毕.

系 2 若 u. a. n. 体系 $\{X_{nk}\}$ 满足 $E(X_{nk}) \equiv 0$，

$$\sum_{k=1}^{k_n} \sigma_{nk}^2 \equiv 1,$$

则

$$\lim_{n \to \infty} \prod_{k=1}^{k_n} f_{nk}(t) = e^{-\frac{1}{2} t^2} \text{ 且 } \lim_{n \to \infty} \max_{1 \leqslant k \leqslant k_n} \sigma_{nk}^2 = 0$$

的充要条件是

$$\lim_{n \to \infty} \sum_{k=1}^{k_n} \int_{|x| \geqslant \varepsilon} x^2 dF_{nk}(x) = 0 \quad (\text{对任何 } \varepsilon > 0).$$

证　充分性. 令

$$g_n(\varepsilon) = \sum_{k=1}^{k_n} \int_{|x|>\varepsilon} x^2 dF_{nk}(x),$$

则 $\max_{1 \leqslant k \leqslant k_n} \sigma_{nk}^2 \leqslant \varepsilon^2 + g_n(\varepsilon)$. 由 $g_n(\varepsilon) \to 0$（对任何 $\varepsilon > 0$）得

$$\lim_{n \to \infty} \max_{1 \leqslant k \leqslant k_n} \sigma_{nk}^2 = 0.$$

又若令

$$K(x) = \begin{cases} 1, & x > 0; \\ 0, & x \leqslant 0, \end{cases}$$

则由 $\sum_{k=1}^{k_n} \sigma_{nk}^2 = 1$ 得

$$\sum_{k=1}^{k_n} \int_{(-\infty, x)} y^2 dF_{nk}(y) \xrightarrow{W} K(x) \quad (n \to \infty),$$

所以，由定理 2.1 知

$$\lim_{n \to \infty} \prod_{k=1}^{k_n} f_{nk}(t) = [0, K(x)] = e^{-\frac{1}{2}t^2}.$$

必要性，若

$$\lim_{n \to \infty} \prod_{k=1}^{k_n} f_{nk}(t) = e^{-\frac{1}{2}t^2} = [0, K(x)],$$

则由定理 2.1 及 $\sum_{k=1}^{k_n} \sigma_{nk}^2 = 1$ 知 $K_n \xrightarrow{c} K$，其中

$$K_n(x) = \sum_{k=1}^{k_n} \int_{(-\infty, x)} y^2 dF_{nk}(y),$$

所以由第一章定理 3.7 有

$$g_n(\varepsilon) = K_n((-\infty, -\varepsilon] \cup [\varepsilon, \infty))$$
$$\to K((-\infty, -\varepsilon] \cup [\varepsilon, \infty)) = 0 \quad (n \to \infty).$$

系 3 若 $\{X_n\}$ 是相互独立的随机变量序列，$E(X_n) = 0$，

$\mathrm{var}(X_n) = \sigma_n^2$ 存在，$s_n^2 = \sum_{k=1}^{n} \sigma_k^2$，则

$$\begin{cases} \lim_{n \to \infty} E\left(e^{it \sum_{k=1}^{n} X_k/s_n}\right) = e^{-\frac{1}{2}t^2}, \\ \lim_{n \to \infty} \max_{1 \leqslant k \leqslant n} \dfrac{\sigma_k^2}{s_n^2} = 0 \end{cases}$$

的充要条件是

$$\frac{1}{s_n^2} \sum_{k=1}^{n} \int_{|x| \geqslant \varepsilon s_n} x^2 dF_k(x) \to 0 \quad (n \to \infty, \; \varepsilon > 0).$$

这就是第三章定理 4.2 (林得伯格定理).

§3 无穷可分分布律

命题 3.1 下列六条件等价 (即 u. a. n. 体系的定义有六种定义法):

(i) $\lim\limits_{n \to \infty} \max\limits_{1 \leqslant k \leqslant k_n} P(|X_{nk}| \geqslant \varepsilon) = 0$ (一切 $\varepsilon > 0$);

(ii) $\lim\limits_{n \to \infty} \max\limits_{1 \leqslant k \leqslant k_n} \mathscr{R}(1 - f_{nk}(t)) = 0$ (在 t 的任一有限区间上一致成立);

(iii) $\lim\limits_{n \to \infty} \max\limits_{1 \leqslant k \leqslant k_n} |1 - f_{nk}(t)| = 0$ (在 t 的任一有限区间上一致成立);

(iv) $\lim\limits_{n \to \infty} \max\limits_{1 \leqslant k \leqslant k_n} |1 - f_{nk}(t)| = 0$;

(v) $\lim\limits_{n \to \infty} \max\limits_{1 \leqslant k \leqslant k_n} \mathscr{R}(1 - f_{nk}(t)) = 0$;

(vi) $\lim\limits_{n \to \infty} \max\limits_{1 \leqslant k \leqslant k_n} \int_{R^1} \dfrac{x^2}{1 + x^2} dF_{nk}(x) = 0$,

其中 $f_{nk}(t)$, $F_{nk}(x)$ 为 X_{nk} 的 c.f. 和 d.f., $\mathscr{R}(z)$ 表示 z 的实部.

证 (i) $\Longrightarrow$ (ii). 考虑 $|t| \leqslant T$. 设 (i) 成立.

$$\mathscr{R}(1 - f_{nk}(t)) = \int_{R^1} (1 - \cos xt) dF_{nk}(x)$$

$$= \int_{|x| \leqslant \varepsilon} (1 - \cos xt) dF_{nk}(x) + \int_{|x| > \varepsilon} (1 - \cos xt) dF_{nk}(x)$$

$$\leqslant \frac{\varepsilon^2 T^2}{2} + \int_{|x| > \varepsilon} 2 dF_{nk}(x) \quad (|t| \leqslant T),$$

由 (i) 得

$$\varlimsup_{n \to \infty} \left(\max_{1 \leqslant k \leqslant k_n} \mathscr{R}(1 - f_{nk}(t)) \right) \leqslant \frac{\varepsilon T^2}{2} \quad (|t| \leqslant T),$$

由 $\varepsilon > 0$ 的任意性即得 (ii).

(ii) $\Longrightarrow$ (iii). 设 (ii) 成立. 由于

$$1 - f_{nk}(t) = \mathscr{R}(1 - f_{nk}(t)) + \int_{R^1} i \sin tx \, dF_{nk}(x),$$

而

$$\left| \int_{R^1} i \sin tx \, dF_{nk}(x) \right|^2 \leqslant \int_{R^1} \sin^2 tx \, dF_{nk}(x)$$

$$\leqslant \frac{1}{2} \int_{R^1} (1 - \cos 2tx) \, dF_{nk}(x)$$

$$= \frac{1}{2} \mathscr{R}(1 - f_{nk}(2t)),$$

故由 (ii) 可得 (iii).

(iii) $\Longrightarrow$ (iv) $\Longrightarrow$ (v) 显然成立.

(v) $\Longrightarrow$ (vi). 由第二章 (4.8) 积分不等式有

$$\max_{1 \leqslant k \leqslant k_n} \int_{R^1} \frac{x^2}{1 + x^2} \, dF_{nk}(x)$$

$$\leqslant \max_{1 \leqslant k \leqslant k_n} M(b) \int_0^b \mathscr{R}(1 - f_{nk}(t)) \, dt,$$

再用勒贝格控制收敛定理, 由 (v) 可得 (vi).

(vi) $\Longrightarrow$ (i). 因为

$$\max_{1 \leqslant k \leqslant k_n} P(|X_{nk}| \geqslant \varepsilon) = \max_{1 \leqslant k \leqslant k_n} \int_{|x| \geqslant \varepsilon} \frac{x^2}{1 + x^2} \cdot \frac{1 + x^2}{x^2} \, dF_{nk}(x)$$

$$\leqslant \frac{1 + \varepsilon^2}{\varepsilon^2} \max_{1 \leqslant k \leqslant k_n} \int_{R^1} \frac{x^2}{1 + x^2} \, dF_{nk}(x),$$

所以 (vi) $\Longrightarrow$ (i).

关于 u. a. n. 体系 $\{X_{nk}\}$, 有下列性质:

（i）$\lim\limits_{n \to \infty} \max\limits_{1 \leqslant k \leqslant k_n} \mu(X_{nk}) = 0$ （$\mu(X_{nk})$ 是 X_{nk} 的中位数）;

（ii）$\lim\limits_{n \to \infty} \max\limits_{1 \leqslant k \leqslant k_n} \int_{|x| < \tau} |x|^r \, dF_{nk}(x) = 0$ （$r > 0, \tau > 0$）,

特别地，若令 $a_{nk}(\tau) = \int_{|x|<\tau} x\, dF_{nk}(x)$，$a_n(\tau) = \max_{1 \leqslant k \leqslant k_n} |a_{nk}(\tau)|$，则 $\lim_{n \to \infty} a_n(\tau) = 0$；

(iii) $\lim_{n \to \infty} \max_{1 \leqslant k \leqslant k_n} |e^{-ia_{nk}(\tau)t} f_{nk}(t) - 1| = 0$；

(iv) 对于任意的 $b > 0$，存在 $N(b) > 0$，当 $|t| \leqslant b$，$n \geqslant N(b)$ 时，$\log f_{nk}(t)$ 存在且有限，还有

$$\log f_{nk}(t) = (f_{nk}(t) - 1) + \theta_{nk}(f_{nk}(t) - 1)^2,$$

$$\log(e^{-ia_{nk}(\tau)t} f_{nk}(t) - 1)$$
$$= (e^{-ia_{nk}(\tau)t} f_{nk}(t) - 1) + \theta'_{nk}(e^{-ia_{nk}(\tau)t} f_{nk}(t) - 1)^2,$$

其中 $|\theta_{nk}| \leqslant 1$，$|\theta'_{nk}| \leqslant 1$；

(v) 对于任意 $b > 0$，$\tau > 0$，存在 $c_1(\tau, b) > 0$，$c_2(\tau, b) > 0$，使

$$c_1(\tau, b) \sup_{|t| \leqslant b} |e^{-ia_{nk}(\tau)t} f_{nk}(t) - 1|$$

$$\leqslant \int_{R^1} \frac{x^2}{1 + x^2} dF_{nk}(x + a_{nk}(\tau))$$

$$\leqslant c_2(\tau, b) \int_0^b (1 - |f_{nk}(t)|^2) dt,$$

$$\leqslant -2c_2(\tau, b) \int_0^b \log|f_{nk}(t)|\, dt.$$

此处 $F_{nk}(x)$ 和 $f_{nk}(t)$ 分别为 X_{nk} 的 d. f. 和 c. f..

证 （i）因为 $\{X_{nk}\}$ 为 u. a. n. 体系，故对任何 $\varepsilon > 0$，存在正整数 $N(\varepsilon)$，当 $n \geqslant N(\varepsilon)$ 时有

$$\max_{1 \leqslant k \leqslant k_n} P(|X_{nk}| \geqslant \varepsilon) < \frac{1}{2},$$

从而

$$\max_{1 \leqslant k \leqslant k_n} \mu(X_{nk}) \in (-\varepsilon, \varepsilon),$$

由 ε 的任意性知（i）成立.

（ii）任给 $r > 0$，$\tau > 0$，有

$$\max_{1 \leqslant k \leqslant k_n} \int_{|x|<\tau} |x|^r dF_{nk}(x)$$

$$\leqslant \max_{1\leqslant k\leqslant k_n} \int_{|x|<\varepsilon} |x|^r dF_{nk}(x) + \max_{1\leqslant k\leqslant k_n} \int_{\varepsilon\leqslant|x|<\tau} |x|^r dF_{nk}(x)$$

$$\leqslant \varepsilon^r + \tau^r \max_{1\leqslant k\leqslant k_n} \int_{|x|>\varepsilon} dF_{nk}(x)$$

对一切 $0 < \varepsilon < \tau$ 成立,再用 $\varepsilon > 0$ 可任意小及 $\{X_{nk}\}$ 为 u. a. n. 体系可得(ii).

(iii) 因为 $\{X_{nk}\}$ 是 u. a. n. 体系,$a_n(\tau) \to 0$,所以 $\{X_{nk} - a_{nk}(\tau)\}$ 是 u. a. n. 体系,而 $X_{nk} - a_{nk}(\tau)$ 的特征函数为 $e^{-ia_{nk}(\tau)t} f_{nk}(t)$,故用 u. a. n. 体系的第(iv)个等价条件即得(iii).

(iv) 由于 $\{X_{nk}\}$, $\{X_{nk} - a_{nk}(\tau)\}$ 都是 u. a. n. 体系,所以
$$\max_{1\leqslant k\leqslant k_n} |f_{nk}(t) - 1| \to 0, \quad \max_{1\leqslant k\leqslant k_n} |e^{-ia_{nk}(\tau)t} f_{nk}(t) - 1| \to 0,$$
故 (iv) 成立.

(v) 由于

$$|e^{-ia_{nk}(\tau)t} f_{nk}(t) - 1| = \left| \iint_{R^1} (e^{it(x-a_{nk}(\tau))} - 1) dF_{nk}(x) \right|$$

$$\leqslant 2 \int_{|x|>\tau} dF_{nk}(x) + \left| \iint_{|x|<\tau} (e^{it(x-a_{nk}(\tau))} - 1) dF_{nk}(x) \right|$$

$$\leqslant 2 \int_{|x|>\tau} dF_{nk}(x) + \left| \iint_{|x|<\tau} t(x-a_{nk}(\tau)) dF_{nk}(x) \right|$$

$$+ \left| \iint_{|x|<\tau} \frac{t^2(x-a_{nk}(\tau))^2}{2} dF_{nk}(x) \right|$$

$$\leqslant 2 \int_{|x|>\tau} dF_{nk}(x) + |t| \left| a_{nk}(\tau) - a_{nk}(\tau) \int_{|x|<\tau} dF_{nk}(x) \right|$$

$$+ \frac{t^2}{2} \int_{|x|<\tau} [1+(x-a_{nk}(\tau))^2] \frac{(x-a_{nk}(\tau))^2}{1+(x-a_{nk}(\tau))^2} dF_{nk}(x)$$

$$\leqslant (2 + |ta_{nk}(\tau)|) \int_{|x|>\tau} dF_{nk}(x)$$

$$+ \frac{t^2}{2} [1 + (\tau + |a_{nk}(\tau)|)^2]$$

$$\times \int_{|x|<\tau} \frac{(x-a_{nk}(\tau))^2}{1+(x-a_{nk}(\tau))^2} dF_{nk}(x).$$

但是,

$$\int_{|x|>\tau} dF_{nk}(x) \leqslant \int_{|x|>\tau} \frac{1 + (\tau - |a_{nk}(\tau)|)^2}{(\tau - |a_{nk}(\tau)|)^2}$$

$$\times \frac{(x - a_{nk}(\tau))^2}{1 + (x - a_{nk}(\tau))^2} dF_{nk}(x),$$

由上述二不等式并注意 $\lim\limits_{n \to \infty} \max\limits_{1 \leqslant k \leqslant k_n} |a_{nk}(\tau)| = 0$ 可知存在 $c(\tau,$

$t) > 0$, 使

$$|e^{-ia_{nk}(\tau)t} f_{nk}(t) - 1|$$

$$\leqslant c(\tau, t) \int_{R^1} \frac{(x - a_{nk}(\tau))^2}{1 + (x - a_{nk}(\tau))^2} dF_{nk}(x)$$

$$= c(\tau, t) \int_{R^1} \frac{x^2}{1 + x^2} dF_{nk}(x + a_{nk}(\tau)).$$

所以,有 $c_1(\tau, b) > 0$, 使

$$c_1(\tau, b) \sup_{|t| \leqslant |b|} |e^{-ia_{nk}(\tau)t} f_{nk}(t) - 1|$$

$$\leqslant \int_{R^1} \frac{x^2}{1 + x^2} dF_{nk}(x + a_{nk}(\tau)).$$

又因为

$$(x - \mu_{nk})^2 \geqslant (x - a_{nk}(\tau))^2 + 2(x - a_{nk}(\tau))(a_{nk}(\tau) - \mu_{nk}),$$

即

$$(x - a_{nk}(\tau))^2 \leqslant (x - \mu_{nk})^2 + 2(x - a_{nk}(\tau))(\mu_{nk} - a_{nk}(\tau)).$$

但是

$$\int_{R^1} \frac{(x - a_{nk}(\tau))^2}{1 + (x - a_{nk}(\tau))^2} dF_{nk}(x)$$

$$\leqslant \int_{|x|<\tau} (x - a_{nk}(\tau))^2 dF_{nk}(x) + \int_{|x|>\tau} dF_{nk}(x),$$

而

$$\int_{|x|<\tau} (x - a_{nk}(\tau))^2 dF_{nk}(x)$$

$$\leqslant \int_{|x|<\tau} [(x - \mu_{nk})^2 + 2(x - a_{nk}(\tau))(\mu_{nk}$$

$$- a_{nk}(\tau))] dF_{nk}(x)$$

$$\leqslant \int_{|x|<\tau} (x - \mu_{nk})^2 dF_{nk}(x)$$

· 103 ·

$$+ 2(|\mu_{nk}| + |a_{nk}(\tau)|)|a_{nk}(\tau)| \int_{|x|>\tau} dF_{nk}(x).$$

所以

$$\int_{R^1} \frac{(x - a_{nk}(\tau))^2}{1 + (x - a_{nk}(\tau))^2} dF_{nk}(x)$$

$$\leqslant \int_{|x|<\tau} (x - \mu_{nk})^2 dF_{nk}(x)$$

$$+ [2(|\mu_{nk}| + |a_{nk}(\tau)|)|a_{nk}(\tau)| + 1] \int_{|x|>\tau} dF_{nk}(x),$$

仿前, 可证存在 $D(\tau) > 0$, 使

$$\int_{R^1} \frac{(x - a_{nk}(\tau))^2}{1 + (x - a_{nk}(\tau))^2} dF_{nk}(x)$$

$$\leqslant D(\tau) \int_{R^1} \frac{(x - \mu_{nk})^2}{1 + (x - \mu_{nk})^2} dF_{nk}(x)$$

$$= D(\tau) \int_{R^1} \frac{x^2}{1 + x^2} dF_{nk}(x + \mu_{nk}).$$

而由第二章 (4.7) 积分不等式有

$$\int_{R^1} \frac{x^2}{1 + x^2} dF_{nk}(x + \mu_{nk}) \leqslant M(b) \int_0^b \{1 - |f_{nk}(t)|^2\} dt.$$

总之, 存在 $c_2(\tau, b) > 0$, 使

$$\int_{R^1} \frac{(x - a_{nk}(\tau))^2}{1 + (x - a_{nk}(\tau))^2} dF_{nk}(x)$$

$$\leqslant c_2(\tau, b) \int_0^b \{1 - |f_{nk}(t)|^2\} dt$$

$$\leqslant -2c_2(\tau, b) \int_0^b \log |f_{nk}(t)| dt.$$

定义 3.1 称 $\{X_{nk}\}$ 是 u. a. c. 体系, 如果存在常数 C_{nk}, 使 $\{X_{nk} - C_{nk}\}$ 是 u. a. n. 体系.

以后我们常称 u. a. n. (或 u. a. c.)体系 $\{X_{nk}\}$ 的对应的特征函数 $\{f_{nk}(t)\}$ 或分布函数 $\{F_{nk}(x)\}$ 为 u. a. n. 体系(或 u. a. c. 体系).

设 $f_{nk}(t)$ 和 μ_{nk} 分别为 X_{nk} 的特征函数及中位数, 对于 u.

a. c. 体系,我们有下列等价性条件.

易证下列三条件等价:

（ⅰ）存在常数 C_{nk}，使

$$\lim_{n\to\infty}\max_{1\leqslant k\leqslant k_n}P(|X_{nk}-C_{nk}|\geqslant\varepsilon)=0\quad(\text{一切 }\varepsilon>0);$$

（ⅱ） $\{|f_{nk}|^2\}$ 是 u. a. n. 体系;

（ⅲ） $\{e^{-i\mu_{nk}t}f_{nk}(t)\}$ 是 u. a. n. 体系.

证 (ⅰ)$\Longrightarrow$(ⅱ). 设(ⅰ)成立. 因为

$$
\begin{aligned}
1-|f_{nk}(t)|^2 &\leqslant 2(1-|f_{nk}(t)|)\\
&=2(1-|e^{-ic_{nk}t}f_{nk}(t)|)\\
&\leqslant 2|1-e^{-ic_{nk}t}f_{nk}(t)|,
\end{aligned}
$$

所以,若注意 $\{X_{nk}-C_{nk}\}$ 是 u. a. n. 体系,再注意 u. a. n. 体系的第(ⅳ)个等价性条件,则可知(ⅰ)$\Longrightarrow$(ⅱ).

(ⅱ)$\Longrightarrow$(ⅲ). 只需注意下列二事实

（a） $|f_{nk}(t)|^2$ 所对应的随机变量是 X_{nk} 的对称化随机变量 X_{nk}^s （即 $X_{nk}^s=X_{nk}-X_{nk}'$, X_{nk} 与 X_{nk}' 相互独立且具有共同的分布函数）.

（b） 对称化引理.

$$\max_{1\leqslant k\leqslant k_n}P(|X_{nk}-\mu_{nk}|\geqslant\varepsilon)\leqslant\max_{1\leqslant k\leqslant k_n}2P(|X_{nk}^s|\geqslant\varepsilon).$$

(ⅲ)$\Longrightarrow$(ⅰ). 显然.

定义 3.2 称 d. f. $F(x)$ 是无穷可分的(简记之为 i. d. d. f.),如果对任何正整数 n,都存在 d. f. $F_n(x)$,使

$$F(x)=(\overbrace{F_n*F_n*\cdots*F_n}^{n\text{次}})(x),$$

此处 $*$ 是卷积符号.

类似地,可对 c. f. 和 R. V. 来下无穷可分的定义.

称 c. f. $f(t)$ 是无穷可分的(简记之为 i. d. c. f.),如果对任何正整数 n,都存在 c. f. $f_n(t)$, 使 $f(t)=f_n(t)^n$.

称 R. V. X 是无穷可分的(简记之为 i. d. R. V.),如果对任何正整数 n,都存在相互独立相同分布的随机变量 $X_1,\cdots,X_n$ 使

X 与 $\sum_{k=1}^{n} X_k$ 的分布相同.

关于无穷可分性, 有下列简单性质:

(i) 若 $f(t)$ 是 i. d. c. f., 则 $f(t)$ 无处为 0.

(ii) 若 $f(t)$ 是 i. d. c. f., 则对任何正整数 n, 都存在 c. f. $f_n(t)$, $f_n(t) \to 1$, $f(t) = f_n(t)^n$.

证 (i) 由 $f(t)$ 的无穷可分性知: 对任何正整数 n, 存在 c. f. $f_n(t)$, 使 $f(t) = f_n(t)^n$. 所以

$$|f(t)|^{\frac{2}{n}} = |f_n(t)|^2.$$

又 $|f(t)| \leqslant 1$, 所以

$$\lim_{n \to \infty} |f_n(t)|^2 = \lim_{n \to \infty} |f(t)|^{\frac{2}{n}} = g(t) = \begin{cases} 1, & f(t) \neq 0; \\ 0, & f(t) = 0. \end{cases}$$

而 $f(t)$ 是连续函数, $f(0) = 1$, 所以存在 $\delta > 0$, 使 $|f(t)| > \frac{1}{2}$ (当 $|t| \leqslant \delta$), 所以当 $|t| \leqslant \delta$ 时, $g(t) = 1$, 从而 $g(t)$ 在 $t = 0$ 连续. 所以 $g(t)$ 也是 c. f., 故 $g(t) \equiv 1$ ($t \in R^1$). 此即 $f(t)$ 无处为 0.

(ii) 若 $f(t)$ 是 i. d. c. f., 由 (i) 知 $f(t)$ 无处为 0, 所以 $\log f(t)$ 存在且有穷. 由 i. d. c. f. 的定义又知存在 c. f. $f_n(t)$, 使 $f(t) = f_n(t)^n$, 故 $f_n(t) = e^{\frac{1}{n} \log f(t)}$ 即为所求.

下面我们再引进一族特征函数, 令

$$\mathscr{D} = \left\{ \begin{array}{l} \text{一切 } \exp\left(i\alpha t + \int_{R^1} \left(e^{itx} - 1 - \frac{itx}{1+x^2} \right) \frac{1+x^2}{x^2} d\Psi(x) \right), \\ \text{其中 } \Psi(x) = \sigma^2 F(x), \ \alpha \text{ 是实数}, \ \sigma^2 \geqslant 0, \ F(x) \text{ 是 d. f.} \end{array} \right\},$$

由于 $\mathscr{D}$ 中的函数由 α 及 $\Psi(x)$ 唯一决定, 所以我们用 $\{\alpha, \Psi(x)\}$ 表示 $\mathscr{D}$ 中的函数.

回忆一下, 在 §2 中, 曾引进过柯氏族 $\mathscr{K}$, 其中的函数用 $[a, K(x)]$ 表示.

命题 3.2 $\{\alpha, \Psi(x)\}$ 确是 c. f..

证 首先注意

$$\left(e^{itx} - 1 - \frac{itx}{1+x^2}\right)\frac{1+x^2}{x^2}$$

是 x 的有界连续函数$\left(\text{在 } x = 0 \text{ 的函数值定义为 } \lim\limits_{x \to 0}\left(e^{itx} - 1 - \right.\right.$ $\left.\left.\frac{itx}{1+x^2}\right)\frac{1+x^2}{x^2} = -\frac{1}{2}t^2\right)$，而 Ψ 是一个有限的 L-S 测度，所以若令

$$I_m = \int_{[-A_m, A_m)}\left(e^{itx} - 1 - \frac{itx}{1+x^2}\right)\frac{1+x^2}{x^2}d\Psi(x),$$

则有

$$\{\alpha, \Psi(x)\} = \lim_{A_m \to \infty} e^{i\alpha t + I_m}.$$

又因为 $\{\alpha, \Psi(x)\}$ 在 $t = 0$ 连续，所以为证 $\{\alpha, \Psi(x)\}$ 是 c.f.，只需证明 $f_m(t) = e^{I_m}$ 是 c.f.. 今分 $[-A_m, A_m)$ 为

$$-A_m = a_{m0}^{(n)} < a_{m1}^{(n)} < \cdots < a_{mn}^{(n)} = A_m,$$
$$a_{mj}^{(n)} \neq 0, \quad \lim_{n \to \infty}\max_{1 \leqslant j \leqslant n}(a_{mj}^{(n)} - a_{mj-1}^{(n)}) = 0,$$

则

$$I_m = \lim_{n \to \infty}\sum_{j=1}^{n}\left(e^{ita_{mj}^{(n)}} - 1 - \frac{ita_{mj}^{(n)}}{1 + (a_{mj}^{(n)})^2}\right)\frac{1 + (a_{mj}^{(n)})^2}{(a_{mj}^{(n)})^2}$$
$$\cdot (\Psi(a_{mj}^{(n)}) - \Psi(a_{mj-1}^{(n)})).$$

所以，存在常数 $C_{mj}^{(n)}$，$\lambda_{mj}^{(n)} \geqslant 0$ 使

$$f_m(t) = e^{I_m} = \lim_{n \to \infty}\prod_{j=1}^{n}e^{-itC_{mj}^{(n)} + \lambda_{mj}^{(n)}(e^{ita_{mj}^{(n)}} - 1)},$$

这就说明 $f_m(t)$ 表成了 n 个 c.f. 的乘积的极限，又因为 $f_m(t)$ 在 $t = 0$ 连续，所以 $f_m(t)$ 是 c.f..

命题 3.3 $\mathscr{K} \subset \mathscr{D}$.

证 任取 $f(t) \in \mathscr{K}$，必有

$$f(t) = e^{i\alpha t + \int_{R^1}(e^{itx} - 1 - itx)\frac{1}{x^2}dK(x)}$$
$$= e^{i\alpha t + \int_{R^1}\left(e^{itx} - 1 - \frac{itx}{1+x^2}\right)\frac{1}{x^2}dK(x) + \int_{R^1}\left(\frac{itx}{1+x^2} - itx\right)\frac{1}{x^2}dK(x)}.$$

令

$$\Psi(x) = \int_{(-\infty, x)} \frac{1}{1+y^2} dK(y), \quad \alpha = a - \int_{R^1} \frac{x}{1+x^2} dK(x),$$

则 $f(t) = \{\alpha, \Psi(x)\} \in \mathscr{D}$.

命题 3.4 $\mathscr{K}$ 与 $\mathscr{D}$ 中那些二阶矩存在的特征函数重合.（所谓特征函数的二阶矩存在,即它对应的随机变量的二阶矩存在.）

证 由于 $\mathscr{K} \subset \mathscr{D}$, 且 $\mathscr{K}$ 中每一 c.f. 的二阶矩存在, 所以为证命题 3.4, 只需证明 $\mathscr{D}$ 中任意一个二阶矩存在的 c.f. $f(t) = \{\alpha, \Psi(x)\}$ 均属于 $\mathscr{K}$ 即可. 为此,我们首先注意:

$f(t) = \{\alpha, \Psi(x)\}$ 的二阶矩存在 $\iff$ $f''(0)$ 存在

$$\iff \int_{R^1} x^2 d\Psi(x) < \infty.$$

所以由 $f(t) = \{\alpha, \Psi(x)\}$ 的二阶矩存在得:

$$\{\alpha, \Psi(x)\} = e^{iat + \int_{R^1} (e^{itx} - 1 - itx) \frac{1}{x^2} dK(x)},$$

其中 $a = \alpha + \int_{R^1} x d\Psi(x)$, $K(x) = \int_{(-\infty, x)} (1+y^2) d\Psi(y)$. 故 $f(t) = \{\alpha, \Psi(x)\} \in \mathscr{K}$.

定理 3.1 （唯一性定理）$\{\alpha, \Psi(x)\}$ 唯一地决定了 α 及 $\Psi(x)$（因此 $\mathscr{K}$ 中的 $[a, K(x)]$ 唯一地决定了 a 及 $K(x)$)．

证 令 $\{\alpha, \Psi(x)\} = e^{\psi(t)}$, 作

$$\varphi(t) = \psi(t) - \int_0^1 \frac{\psi(t+h) + \psi(t-h)}{2} dh$$

$$= \int_0^1 \left[\iint_{R^1} (1 - \cos hx) e^{itx} \frac{1+x^2}{x^2} d\Psi(x) \right] dh$$

$$= \int_{R^1} e^{itx} \left(1 - \frac{\sin x}{x} \right) \frac{1+x^2}{x^2} d\Psi(x).$$

若令

$$\Phi(x) = \int_{(-\infty, x)} \left(1 - \frac{\sin y}{y} \right) \frac{1+y^2}{y^2} d\Psi(y),$$

则 $\Phi(x)$ 等于一个分布函数乘以非负常数 σ^2, 且

$$\varphi(t) = \int_{R^1} e^{itx} d\Phi(x).$$

由傅氏变换的反演公式知 $\varphi(t)$ 唯一决定了 $\Phi(x)$，所以 $e^{\psi(t)}$ 唯一决定了

$$\Psi(x) = \int_{(-\infty, x)} \frac{1}{\left(1 - \frac{\sin y}{y}\right) \frac{1 + y^2}{y^2}} d\Phi(y).$$

又因为 α 由 $\Psi(x)$ 及 $\{\alpha, \Psi(x)\}$ 所唯一决定，故 $\{\alpha, \Psi(x)\}$ 也唯一决定了 α. 定理证毕.

定理 3.2 （封闭性及连续性）

（ i ） $\alpha_n \to \alpha$, $\Psi_n(x) \xrightarrow{c} \Psi(x) \Longrightarrow \{\alpha_n, \Psi_n(x)\} \to \{\alpha, \Psi(x)\}$;

（ ii ） 若 $\{\alpha_n, \Psi_n(x)\} \to f$, f 是 c.f.，则 $\alpha_n \to \alpha$, $\Psi_n(x) \xrightarrow{c} \Psi(x)$，且 $f = \{\alpha, \Psi(x)\}$.

证 （ i ）是第一章定理 3.10.1 的直接推论.

（ ii ）因为 $\{\alpha_n, \Psi_n(x)\} \to f$, f 是 c.f.，所以

$$\{\alpha_n, \Psi_n(x)\} \to f(t) \quad (在 \ |t| \leqslant T \ 上一致成立),$$

因此

$$\left| \{\alpha_n, \Psi_n(x)\} \right| = \left| e^{\int_{R^1} \left(e^{itx} - 1 - \frac{itx}{1+x^2}\right) \frac{1+x^2}{x^2} d\Psi_n(x)} \right|$$

$$= \left| e^{\int_{R^1} (\cos tx - 1) \frac{1+x^2}{x^2} d\Psi_n(x)} \right| \to |f(t)|$$

在 $|t| \leqslant T$ 上一致成立.

取 $\delta > 0$，使 $|f(t)| > \frac{1}{2}$ （当 $|t| \leqslant \delta$ 时），不妨令 $\delta < T$，则

$$\lim_{n \to \infty} \int_{R^1} (1 - \cos tx) \frac{1 + x^2}{x^2} d\Psi_n(x)$$

$$= -\log |f(t)| \leqslant c_1$$

在 $|t| \leqslant \delta$ 上一致成立. 因此存在正数 c' 使

$$\frac{1}{\delta} \int_0^\delta \left[\int_{R^1} (1 - \cos tx) \frac{1 + x^2}{x^2} d\Psi_n(x) \right] dt \leqslant c' \quad (n \geqslant 1),$$

此即

$$\int_{R^1} \left(1 - \frac{\sin \delta x}{\delta x}\right) \frac{1 + x^2}{x^2} d\Psi_n(x) \leqslant c' \quad (n \geqslant 1).$$

由于存在正数 A 和 B，使

$$0 < A \leqslant \left(1 - \frac{\sin \delta x}{\delta x}\right) \frac{1 + x^2}{x^2} \leqslant B < \infty \quad (\text{对一切 } x \in R^1),$$

所以 $\sup\limits_{x \in R^1} \sup\limits_{n \geqslant 1} \Psi_n(x) \leqslant c.$ 但是

$$(1 - \cos tx) \frac{1 + x^2}{x^2} \leqslant \left| \frac{1 - \cos tx}{x^2} \right|$$

$$+ |1 - \cos tx| \leqslant \frac{t^2}{2} + 2,$$

所以

$$\int_{R^1} (1 - \cos tx) \frac{1 + x^2}{x^2} d\Psi_n(x) \leqslant \left(2 + \frac{t^2}{2}\right) c \quad (n \geqslant 1).$$

因此

$$|f(t)| \geqslant e^{-\left(2 + \frac{t^2}{2}\right)c} > 0 \quad (t \in R^1)$$

从而 $\log |f(t)|$ 存在且有穷 $(t \in R^1)$. 令

$$\phi_n(t) = i\alpha_n t + \int_{R^1} \left(e^{itx} - 1 - \frac{itx}{1 + x^2}\right) \frac{1 + x^2}{x^2} d\Psi_n(x),$$

则

$$\lim_{n \to \infty} \phi_n(t) = \log f(t) \quad \text{在 } |t| \leqslant T \text{ 上一致成立.}$$

若令

$$\phi(t) = \log f(t), \quad q(y) = \left(1 - \frac{\sin y}{y}\right) \frac{1 + y^2}{y^2},$$

$$\Phi_n(x) = \int_{(-\infty, x)} q(y) d\Psi_n(y),$$

则由 $\Psi_n(x)$ 的一致有界性知 $\phi_n(t)$ 在 $t \in [0, 1]$ 上一致有界，故由控制收敛定理有

$$\lim_{n \to \infty} \int_{R^1} e^{itx} d\Phi_n(x)$$

$$= \lim_{n \to \infty} \left(\phi_n(t) - \int_0^1 \frac{\phi_n(t + h) + \phi_n(t - h)}{2} dh\right)$$

$$= \phi(t) - \int_0^1 \frac{\phi(t+h) + \phi(t-h)}{2} dh.$$

上式右端在 $t = 0$ 连续,又因为 $\Phi_n(x)$ 可表为一个分布函数乘以非负常数,且 $\sup\limits_{n \geqslant 1} \sup\limits_{x \in R^1} \Phi_n(x) \leqslant D < \infty$,因此存在 $\Phi(x)$,它等于一个分布函数乘以非负常数,并有

$$\Phi_n(x) \xrightarrow{c} \Phi(x) \quad (n \to \infty),$$

从而存在 $\Psi(x)$,它亦为某一分布函数乘以非负常数,并有

$$\Psi_n(x) \xrightarrow{c} \Psi(x) \quad (n \to \infty).$$

所以

$$\lim_{n \to \infty} \int_{R^1} \left(e^{itx} - 1 - \frac{itx}{1+x^2} \right) \frac{1+x^2}{x^2} d\Psi_n(x)$$

$$= \int_{R^1} \left(e^{itx} - 1 - \frac{itx}{1+x^2} \right) \frac{1+x^2}{x^2} d\Psi(x).$$

又因为

$$\lim_{n \to \infty} \phi_n(t) = \phi(t),$$

把上述两式相减,即发现存在 α,使

$$\lim_{n \to \infty} \alpha_n = \alpha.$$

再用本定理的 (i) 知

$$\lim_{n \to \infty} \{\alpha_n, \Psi_n(x)\} = \lim_{n \to \infty} e^{\psi_n(t)} = \{\alpha, \Psi(x)\}.$$

但前面已证

$$\lim_{n \to \infty} e^{\psi_n(t)} = f(t),$$

所以 $f(t) = \{\alpha, \Psi(x)\}$. 定理证毕.

定理 3.3 下面四族特征函数重合.

(1) $\mathscr{D}_1 = \mathscr{D}$; (2) $\mathscr{D}_2 = \{$一切 i. d. c. f. $f(t)\}$;

(3) $\mathscr{D}_3 = \{f(t) | f(t) = \prod_{k=1}^{k_n} f_{nk}(t), \{f_{nk}\}$ 是 u. a. n. 体系$\}$;

(4) $\mathscr{D}_4 = \left\{ f(t) \middle| \begin{array}{l} f(t) = \lim\limits_{n \to \infty} e^{iA_n t} \prod\limits_{k=1}^{k_n} f_{nk}(t), \\ \{f_{nk}\} \text{ 是 u. a. n. 体系.} \end{array} \right\}.$

证 $\mathscr{D}_1 \subset \mathscr{D}_2$. 这可由

$$\{\alpha, \Psi(x)\} = \left[\left\{\frac{\alpha}{n}, \frac{\Psi_n(x)}{n}\right\}\right]^n \quad (n \geqslant 1)$$

直接推出.

$\mathscr{D}_2 \subset \mathscr{D}_3$. 任取 $f(t) \in \mathscr{D}_2$, 由 i. d. c. f. 的性质(ii)知: 存在 c. f. $f_n(t) \to 1$, 使 $f(t) = f_n(t)^n \; (n \geqslant 1)$. 今取 $k_n = n$,

$f_{nk}(t) = f_n(t) \; (1 \leqslant k \leqslant k_n = n)$, 则 $f(t) = \prod_{k=1}^{k_n} f_{nk}(t)$. 又因为

$$\max_{1 \leqslant k \leqslant k_n} |f_{nk}(t) - 1| = |f_n(t) - 1| \to 0 \quad (n \to \infty),$$

所以 $\{f_{nk}\}$ 是 u. a. n. 体系, 从而 $f(t) \in \mathscr{D}_3$.

$\mathscr{D}_3 \subset \mathscr{D}_4$ 显然成立.

$\mathscr{D}_4 \subset \mathscr{D}_1$, 留待下一节证明.

命题 3.5 $\mathscr{D}$ 重合于: 有限个泊松型的特征函数 $f_k(t) = e^{i\alpha_k t + \lambda_k(e^{i\alpha_k t} - 1)}$ 之积的极限特征函数族.

证 在命题 3.2 中已证前者含于后者. 为证命题 3.5, 只证后者含于前者. 任取

$$f(t) = e^{i\alpha t + \lambda(e^{i\alpha t} - 1)},$$

作 $\Psi(x)$ 如下: Ψ 的测度集中在 a 点, 且 $\Psi(\{a\}) = \lambda a^2/(1 + a^2)$, 则 $f(t) = \left\{\alpha + \frac{\lambda a^2}{1 + a^2}, \Psi(x)\right\} \in \mathscr{D}$. 再注意 $\mathscr{D}$ 对函数的乘法运算和极限运算是封闭的, 则命题得证.

命题 3.6 $f(t) \in \mathscr{D} \Longrightarrow e^{i\alpha t} f(bt) \in \mathscr{D}$.

证 显然.

例. 下列诸特征函数是无穷可分的.

(1) 退化分布的特征函数 $e^{i\alpha t}$;

(2) 正态分布的特征函数 $e^{i\alpha t - \frac{1}{2}\sigma^2 t^2}$;

(3) 泊松分布的特征函数 $e^{\lambda(e^{it} - 1)}$;

(4) 有限个或可数个泊松型的特征函数之积

$$f(t) = e^{\sum_j [i\alpha_j + \lambda_j(e^{i\alpha_j t} - 1)]}$$

$$\left(其中 \sum_j a_j \text{ 收敛}, \ a_j \neq 0, \ \lambda_j > 0, \ \sum_j \lambda_j < \infty\right);$$

(5) 柯西分布 $F(x) = \dfrac{a}{\pi} \displaystyle\int_{-\infty}^{x} \dfrac{dy}{a^2 + (y-\alpha)^2}$ 的特征函数

$$f(t) = e^{i\alpha t - a|t|};$$

(6) 皮尔逊 (Pearson, K.) 第三型分布函数的特征函数

$$f(t) = (1 - it)^c \quad (c > 0).$$

注意: 无处为 0 的特征函数不一定是无穷可分的. 例如 R. V. X 定义如下: X 仅取 $-1, 0, 1$ 三个值, 对应的概率为 $\dfrac{1}{8}, \dfrac{3}{4}$, $\dfrac{1}{8}$. 其特征函数为 $f(t) = \dfrac{1}{8} e^{-it} + \dfrac{3}{4} + \dfrac{1}{8} e^{it} = \dfrac{3 + \cos t}{4} > 0$, 但 $f(t)$ 不是无穷可分的. 事实上, 若 X 与 $X_1 + X_2$ 的分布函数相同, X_1 与 X_2 独立同分布, 则 X_1 最多只能在二个不同点上有正概率, 不妨设 $a_1 < a_2$, $P(X_1 = a_1) = p$, $P(X_1 = a_2) = 1 - p$, 于是 $P(X = 2a_1) = p^2$, $P(X = a_1 + a_2) = p(1-p)$, $P(X = 2a_2)$ $= (1-p)^2$. 由 $a_1 < a_2$ 得 $2a_1 = -1$, $a_1 + a_2 = 0$, $2a_2 = 1$, $p^2 = \dfrac{1}{8}$, $p(1-p) = \dfrac{3}{4}$, $(1-p)^2 = \dfrac{1}{8}$, 而此为不可能.

§4 普遍极限定理

在这一节里, 我们将要回答 §1 中提出的两个问题 (I) (A) 和 (I) (B). 即若 $\{f_{nk}\}$ 是 u. a. n. 体系,

(A) $e^{-iA_n t} \displaystyle\prod_{k=1}^{k_n} f_{nk}(t)$ 的极限特征函数族——记之为 C_3 是什么?

(B) 任取 $f \in C_3$, $\displaystyle\lim_{n \to \infty} e^{-iA_n t} \prod_{k=1}^{k_n} f_{nk}(t) = f(t)$ 的充要条件是什么?

引理 4.1 设 $\{f_{nk}(t)\}$ 是 u. a. n. 体系, 且

$$\sum_{k=1}^{k_n} \int_{R^1} \frac{x^2}{1 + x^2} dF_{nk}(x + a_{nk}(\tau)) \leqslant c < \infty \quad (c \text{ 与 } n \text{ 无关}),$$

则

$$e^{-iA_n t} \prod_{k=1}^{k_n} f_{nk}(t) = \theta_n(t)\{\alpha_n, \Psi_n(x)\},$$

其中 $F_{nk}(x)$ 是 $f_{nk}(t)$ 之 d. f., $a_{nk}(\tau) = \int_{|x|<\tau} x \, dF_{nk}(x)$ 如 §3 所定义，$\theta_n(t) \to 1$，A_n 是实数，

$$\alpha_n = -A_n + \sum_{k=1}^{k_n} a_{nk}(\tau) + \sum_{k=1}^{k_n} \int_{R^1} \frac{x^2}{1+x^2} dF_{nk}(x + a_{nk}(\tau)),$$

$$\Psi_n(x) = \sum_{k=1}^{k_n} \int_{(-\infty, x)} \frac{y^2}{1+y^2} dF_{nk}(y + a_{nk}(\tau)).$$

以后在不会混淆的情况下，简记 $a_{nk}(\tau)$ 为 a_{nk}，$\prod_{k=1}^{k_n}$（或 $\sum_{k=1}^{k_n}$）为 $\prod_k$（或 $\sum_k$），$\max_{1 < k < k_n}$ 为 $\max_k$。

证 令 $\tilde{f}_{nk}(t) = e^{-ita_{nk}} f_{nk}(t)$，任 $t_0 \in R^1$，再令 $z_{nk} = \tilde{f}_{nk}(t_0)$，$\tilde{A}_n = A_n - \sum_k a_{nk}$，$W_n = e^{-iA_n t_0} \prod_k f_{nk}(t_0)$，则

$$W_n = e^{-i\tilde{A}_n t_0} \prod_k z_{nk} = e^{-i\tilde{A}_n t_0} \cdot e^{\sum_k \log z_{nk}}$$

$$= e^{-i\tilde{A}_n t_0} e^{\sum_k \left((z_{nk}-1) - \frac{1}{2}(z_{nk}-1)^2 + \cdots \right)}.$$

而

$$|z_{nk} - 1| = |f_{nk}(t_0)(e^{-ia_{nk}t_0} - 1) + (f_{nk}(t_0) - 1)|$$

$$\leq |e^{-ia_{nk}t_0} - 1| + |f_{nk}(t_0) - 1|,$$

由 $\{f_{nk}\}$ 是 u. a. n. 体系知

$$\lim_{n \to \infty} \max_k |a_{nk}| = 0, \quad \lim_{n \to \infty} \max_k |f_{nk}(t) - 1| = 0,$$

所以，若令 $\xi_n = \max_k |z_{nk} - 1|$，则有 $\xi_n = o(1)$ $(n \to \infty)$。 因此，由 u. a. n. 之性质 (v) 有

$$\sum_k |z_{nk} - 1| \leq A(\tau) \sum_k \int_{R^1} \frac{x^2}{1+x^2} dF_{nk}(x + a_{nk})$$

$$\leqslant c < \infty \quad (n \geqslant 1).$$

$$\sum_k |z_{nk} - 1|^2 \leqslant \xi_n \sum_k |z_{nk} - 1| = o(1) \quad (n \to \infty),$$

因此,取

$$\theta_n(t_0) = e^{-\sum_k [\frac{1}{2}(z_{nk}-1)^2 - \cdots]},$$

则有 $\lim\limits_{n \to \infty} \theta_n(t_0) = 1$, 且

$$W_n = \theta_n(t_0) e^{-i\lambda_n t_0} \cdot e^{\sum_k (z_{nk}-1)}$$

$$= \theta_n(t_0) e^{-i\lambda_n t_0} \cdot e^{\sum_k \int_{R^1}(e^{it_0 x}-1)dF_{nk}(x+a_{nk})}$$

$$= \theta_n(t_0) e^{ia_n t_0 + \int_{R^1}(e^{it_0 x}-1-\frac{it_0 x}{1+x^2})\frac{1+x^2}{x^2}d\Psi_n(x)}.$$

定理 4.1(中心极限定理) 设 $\{f_{nk}\}$ 为 u.a.n. 体系,$\{A_n\}$ 为一串实数,若

$$\lim_{n \to \infty} e^{-iA_n t} \prod_k f_{nk}(t) = f(t),$$

$f(t)$ 是 c.f.,则 $f = \{\alpha, \Psi(x)\} \in \mathscr{D}$,$\mathscr{D}$ 是 §3 中所定义的无穷可分特征函数族.

证 由 u.a.n. 体系性质(v)有

$$\sum_k \int_{R^1} \frac{x^2}{1+x^2} dF_{nk}(x + a_{nk})$$

$$\leqslant -2c_2(\tau, \delta_0) \int_0^{\delta_0} \sum_k \log |f_{nk}(t)| dt. \tag{4.1}$$

而

$$\lim_{n \to \infty} \prod_k |f_{nk}(t)|^2 = |f(t)|^2, \tag{4.2}$$

又因为特征函数序列收敛到特征函数在有限区间上总是一致的,且 $|f(t)|^2$ 连续,$f(0) = 1$,所以可以取适当小的 $\delta_0 > 0$,使

$$0 \leqslant -\log \prod_k |f_{nk}(t)|^2 \leqslant M \quad (一切 \ |t| \leqslant \delta_0, \ n \geqslant 1),$$

也就是

$$0 \leqslant -2 \sum_k \log |f_{nk}(t)| \leqslant M \quad (\text{一切 } |t| \leqslant \delta_0, \; n \geqslant 1), \quad (4.3)$$

由 (4.1) 和 (4.3) 得知引理 4.1 的条件成立,故由引理 4.1 得

$$e^{-iA_n t} \prod_k f_{nk}(t) = \theta_n(t) \{\alpha_n, \Psi_n(x)\}, \quad \theta_n(t) \to 1.$$

而 $\lim\limits_{n \to \infty} \theta_n(t) \{\alpha_n, \Psi_n(x)\} = f(t)$,所以

$$f(t) = \lim_{n \to \infty} \{\alpha_n, \Psi_n(x)\}.$$

而 $\{\alpha_n, \Psi_n(x)\} \in \mathscr{D}$,所以由 §3 定理 3.2 $\mathscr{D}$ 的封闭性知 $f(t) \in \mathscr{D}$.

本定理完成了定理 3.3 中未证明的部分:$\mathscr{D}_1 \subset \mathscr{D}$.

下面我们研究 $e^{-iA_n t} \prod\limits_k f_{nk}(t) \to \{\alpha, \Psi(x)\}$ 的充要条件.

定理 4.2 若 $\{f_{nk}(t)\}$ 为 u. a. n. 体系,则

$$\lim_{n \to \infty} e^{-iA_n t} \prod_k f_{nk}(t) = \{\alpha, \Psi(x)\}$$

的充要条件是

$$\begin{cases} \Psi_n(x) \xrightarrow{c} \Psi(x), & (c_1) \\ \alpha_n \to \alpha \quad (\text{对一个或一切 } \tau > 0), & (c_2) \end{cases}$$

其中

$$\Psi_n(x) = \sum_k \int_{(-\infty, x)} \frac{y^2}{1 + y^2} dF_{nk}(y + a_{nk}),$$

$$\alpha_n = -A_n + \sum_k a_{nk} + \sum_k \int_{R^1} \frac{x^2}{1 + x^2} dF_{nk}(x + a_{nk}).$$

注意:由于 $a_{nk} = a_{nk}(\tau)$,所以 $\Psi_n(x)$ 与 α_n 都和 τ 有关.

证 必要性. 仿定理 4.1, 可证

$$\sum_k \int_{R^1} \frac{x^2}{1 + x^2} dF_{nk}(x + a_{nk}) \leqslant c < \infty \quad (\text{与 } n \text{ 无关}).$$

故由引理 4.1 有

$$e^{-iA_n t} \prod_k f_{nk}(t) = \theta_n(t) \{\alpha_n, \Psi_n(x)\}, \quad \theta_n(t) \to 1.$$

而

$$\lim_{n \to \infty} e^{-iA_n t} \prod_k f_{nk}(t) = \{\alpha, \Psi(x)\},$$

所以 $\lim_{n \to \infty} \{\alpha_n, \Psi_n(x)\} = \{\alpha, \Psi(x)\}$. 用定理 3.2 得：$\alpha_n \to \alpha$,

$\Psi_n(x) \xrightarrow{c} \Psi(x)$.

充分性. 若 $\{f_{nk}(t)\}$ 是 u. a. n. 体系，且

$$\alpha_n \to \alpha, \quad \Psi_n(x) \xrightarrow{c} \Psi(x).$$

则由 $\lim_{n \to \infty} \Psi_n(\infty) = \Psi(\infty) < \infty$ 有

$$\sum_k \int_{R^1} \frac{x^2}{1 + x^2} dF_{nk}(x + a_{nk})$$

$$= \Psi_n(\infty) \leqslant c < \infty \quad (\text{与 } n \text{ 无关}),$$

此即引理 4.1 的条件全部满足，所以

$$e^{-iA_n t} \prod_k f_{nk}(t) = \theta_n(t) \{\alpha_n, \Psi_n(x)\}, \quad \theta_n(t) \to 1.$$

而由定理 3.2 有

$$\{\alpha_n, \Psi_n(x)\} \to \{\alpha, \Psi(x)\}.$$

所以

$$\lim_{n \to \infty} e^{-iA_n t} \prod_k f_{nk}(t) = \{\alpha, \Psi(x)\}.$$

此定理回答了问题 (I)（B）. 但

$$\Psi_n(x) \xrightarrow{c} \Psi(x), \quad \alpha_n \to \alpha$$

的概率意义不太明确，下面我们再给出一个充分必要条件. 为此，需要作一些准备工作.

两个不等式 设 $\{F_{nk}(x)\}$ 为 u. a. n. 体系.

(i) $$\sum_k \int_{|y| < x} y^2 dF_{nk}(y + a_{nk}(\tau))$$

$$= \sum_k \left\{ \int_{|y| < x} y^2 dF_{nk}(y) - \left(\int_{|y| < x} y dF_{nk}(y) \right)^2 \right\} + \Delta_n,$$

$$(4.4)$$

其中不妨令 $0 < x < \tau$，且

$$|\Delta_n| \leqslant \varepsilon \sum_k \int_{|y| \geqslant x} dF_{nk}(y)$$

$$+ (x + 2\varepsilon)^2 \sum_k \int_{x-\varepsilon \leqslant |y| < x+\varepsilon} dF_{nk}(y) \qquad (4.5)$$

(只要 $n \geqslant N(\varepsilon, x, \tau)$).

证

$$\sum_k \int_{|y|<x} y^2 dF_{nk}(y + a_{nk}(\tau))$$

$$= \sum_k \int_{|y-a_{nk}(\tau)|<x} (y - a_{nk}(\tau))^2 dF_{nk}(y)$$

$$\overset{\text{记作}}{=} \sum_k \int_{|y|<x} (y - a_{nk}(\tau))^2 dF_{nk}(y) + \Delta_n^{(1)}$$

$$\overset{\text{记作}}{=} \sum_k \int_{|y|<x} (y - a_{nk}(x))^2 dF_{nk}(y) + \Delta_n^{(2)} + \Delta_n^{(1)}$$

$$= \sum_k \left[\int_{|y|<x} y^2 dF_{nk}(y) - 2a_{nk}(x)^2 \right.$$

$$\left. + \int_{|y|<x} a_{nk}(x)^2 dF_{nk}(y) \right] + \Delta_n^{(2)} + \Delta_n^{(1)}$$

$$\overset{\text{记作}}{=} \sum_k \left[\int_{|y|<x} y^2 dF_{nk}(y) - \left(\int_{|y|<x} y dF_{nk}(y) \right)^2 \right]$$

$$+ \Delta_n^{(3)} + \Delta_n^{(2)} + \Delta_n^{(1)}. \qquad (4.6)$$

而

$$|\Delta_n^{(3)}| \leqslant \sum_k \left| a_{nk}(x)^2 - a_{nk}(x)^2 \int_{|y|<x} dF_{nk}(y) \right|$$

$$= \sum_k a_{nk}(x)^2 \int_{|y|>x} dF_{nk}(y)$$

$$\leqslant a_n(x)^2 \sum_k \int_{|y|>x} dF_{nk}(y) \quad (a_n = \max_k |a_{nk}|),$$

$$\Delta_n^{(2)} = \sum_k \int_{|y|<x} (a_{nk}(x) - a_{nk}(\tau))(2y - a_{nk}(x)$$

$$- a_{nk}(\tau)) dF_{nk}(y)$$

$$= \sum_k (a_{nk}(x) - a_{nk}(\tau)) \int_{|y|<x} [2(y - a_{nk}(x))$$

$$+ (a_{nk}(x) - a_{nk}(\tau))] dF_{nk}(y)$$

$$
- \sum_k \left[2(a_{nk}(x) - a_{nk}(\tau)) a_{nk}(x) \int_{|y|>x} dF_{nk}(y) \right.
$$

$$
\left. + (a_{nk}(x) - a_{nk}(\tau))^2 \int_{|y|<x} dF_{nk}(y) \right],
$$

所以若注意 $a_n = \max_k |a_{nk}|$ 则得

$$
|\Delta_n^{(2)}| \leqslant 2(a_n(x) + a_n(\tau)) a_n(x) \sum_k \int_{|y|>x} dF_{nk}(y)
$$

$$
+ \sum_k \left(\int_{x<|y|<\tau} y \, dF_{nk}(y) \right)^2
$$

$$
\leqslant 2(a_n(x) + a_n(\tau)) a_n(x) \sum_k \int_{|y|>x} dF_{nk}(y)
$$

$$
+ \sum_k \tau^2 \left(\int_{|y|>x} dF_{nk}(y) \right)^2
$$

$$
\leqslant 2(a_n(x) + a_n(\tau)) a_n(x) \sum_k \int_{|y|>x} dF_{nk}(y)
$$

$$
+ \tau^2 \left(\max_k \int_{|y|>x} dF_{nk}(y) \right) \sum_k \int_{|y|>x} dF_{nk}(y)
$$

$$
\leqslant \left[2(a_n(x) + a_n(\tau)) a_n(x) + \tau^2 \max_k \int_{|y|>x} dF_{nk}(y) \right]
$$

$$
\cdot \left[\sum_k \int_{|y|>x} dF_{nk}(y) \right].
$$

因为在 u. a. n. 条件下有

$$
\lim_{n \to \infty} a_n(x) = 0, \ \lim_{n \to \infty} \max_k \int_{|y|>x} dF_{nk}(y) = 0,
$$

所以，对任何 $\varepsilon > 0$，都存在 $N(\varepsilon, x, \tau)$，使 $n \geqslant N(\varepsilon, x, \tau)$
时有

$$
|\Delta_n^{(3)}| + |\Delta_n^{(2)}| \leqslant \varepsilon \sum_k \int_{|y|>x} dF_{nk}(y). \tag{4.7}
$$

又

$$
\Delta_n^{(1)} = \sum_k \left[\int_{|y-a_{nk}(\tau)|<x} (y - a_{nk}(\tau))^2 dF_{nk}(y) \right.
$$

$$
\left. - \int_{|y|<x} (y - a_{nk}(\tau))^2 dF_{nk}(y) \right],
$$

所以
$$|\Delta_n^{(1)}| \leqslant \sum_k \int_V (y - a_{nk}(\tau))^2 dF_{nk}(y),$$

其中 $V = \{y \mid x - |a_{nk}(\tau)| \leqslant |y| \leqslant x + |a_{nk}(\tau)|\}$. 因此,当
n 充分大后有

$$|\Delta_n^{(1)}| \leqslant \sum_k \int_{x-\varepsilon < |y| < x+\varepsilon} \{|y| + \varepsilon\}^2 dF_{nk}(y)$$

$$\leqslant (x + 2\varepsilon)^2 \sum_k \int_{x-\varepsilon < |y| < x+\varepsilon} dF_{nk}(y). \tag{4.8}$$

由 (4.6), (4.7), (4.8) 即得证本不等式.

(ii) $$\left| \sum_k \int_{|y| < \tau} y \, dF_{nk}(y + a_{nk}(\tau)) \right|$$

$$\leqslant (\tau + 2\varepsilon) \sum_k \int_{\tau-\varepsilon < |y| < \tau+\varepsilon} dF_{nk}(y)$$

$$+ \varepsilon \sum_k \int_{|y| > \tau} dF_{nk}(y) \tag{4.9}$$

(只要 $n \geqslant N(\varepsilon, \tau)$).

证 $$\left| \sum_k \int_{|y| < \tau} y \, dF_{nk}(y + a_{nk}(\tau)) \right|$$

$$= \left| \sum_k \int_{|y - a_{nk}(\tau)| < \tau} (y - a_{nk}(\tau)) dF_{nk}(y) \right|$$

$$\leqslant \left| \sum_k \left(\int_{|y - a_{nk}(\tau)| < \tau} (y - a_{nk}(\tau)) dF_{nk}(y) \right. \right.$$

$$\left. - \int_{|y| < \tau} (y - a_{nk}(\tau)) dF_{nk}(y) \right) \Bigg|$$

$$+ \left| \sum_k \int_{|y| < \tau} (y - a_{nk}(\tau)) dF_{nk}(y) \right|$$

$$\leqslant \sum_k \int_U (|y| + |a_{nk}(\tau)|) dF_{nk}(y)$$

$$+ \left| \sum_k a_{nk}(\tau) \int_{|y| > \tau} dF_{nk}(y) \right|, \tag{4.10}$$

其中 $U = \{y \mid \tau - |a_{nk}(\tau)| \leqslant |y| \leqslant \tau + |a_{nk}(\tau)|\}$.   由于
$\{F_{nk}(x)\}$ 是 u. a. n. 体系,所以

$$\lim_{n\to\infty}\max_k |a_{nk}(\tau)| = 0,$$

因此,当 $n \geqslant N(\varepsilon, \tau)$ 时有

$$\max_k |a_{nk}(\tau)| \leqslant \varepsilon. \tag{4.11}$$

以 (4.11) 代入 (4.10) 得

$$\left| \sum_k \int_{|y-a_{nk}(\tau)|<\tau} (y - a_{nk}(\tau)) dF_{nk}(y) \right|$$

$$\leqslant \sum_k \int_{\tau-\varepsilon\leqslant|y|<\tau+\varepsilon} (|y| + \varepsilon) dF_{nk}(y)$$

$$+ \varepsilon \sum_k \int_{|y|>\tau} dF_{nk}(y)$$

$$\leqslant (\tau + 2\varepsilon) \sum_k \int_{\tau-\varepsilon\leqslant|y|<\tau+\varepsilon} dF_{nk}(y)$$

$$+ \varepsilon \sum_k \int_{|y|>\tau} dF_{nk}(y). \tag{4.12}$$

引理 4.2 令 Ψ_1, Ψ_2 为 $\mathscr{B}^1$ 上的两个有限测度,若

(i) $\displaystyle\int_{(-\infty,x)} \frac{1+y^2}{y^2} d\Psi_1(y) = \int_{(-\infty,x)} \frac{1+y^2}{y^2} d\Psi_2(y),$

$\qquad (x < 0,\ x \in c(\Psi_1) \cap c(\Psi_2));$

(ii) $\displaystyle\int_{[x,\infty)} \frac{1+y^2}{y^2} d\Psi_1(y) = \int_{[x,\infty)} \frac{1+y^2}{y^2} d\Psi_2(y),$

$\qquad (x > 0,\ x \in c(\Psi_1) \cap c(\Psi_2));$

(iii) $\Psi_1(\{0\}) = \Psi_2(\{0\}),$

则 $\Psi_1 \equiv \Psi_2$.

证(1) 先考虑负半轴. 令

$$\Phi_i(x) = \int_{(-\infty,x)} \frac{1+y^2}{y^2} d\Psi_i(y) \quad (x < 0),\ i = 1, 2,$$

则由 (i) 知 $\Phi_1(x) = \Phi_2(x)$, $x < 0$, $x \in c(\Psi_1) \cap c(\Psi_2)$. 而 $c(\Psi_1) \cap c(\Psi_2)$ 在 R^1 中处处稠密,且 $\Phi_i(x)$ 是 x 的单调非降左连续的函数,所以

$$\Phi_1(x) \equiv \Phi_2(x), \quad x < 0.$$

因此任取 $a < b < 0$, 有

$$\Psi_1([a, b)) = \int_{[a,b)} \frac{x^2}{1+x^2} d\Phi_1(x)$$

$$= \int_{[a,b)} \frac{x^2}{1+x^2} d\Phi_2(x) = \Psi_2([a, b)).$$

而一切区间(包括空集)成半环,故由测度扩张的唯一性定理得

$$\Psi_1(A) = \Psi_2(A), \quad A \in \mathscr{B}^1(-\infty, 0),$$

$\mathscr{B}^1(-\infty, 0)$ 表示负半轴上的全体波勒尔集合.

(2) 仿 (1) 可证: $\Psi_1(A) = \Psi_2(A)$, $A \in \mathscr{B}^1(0, \infty)$.

最后,由 (iii) 有 $\Psi_1(\{0\}) = \Psi_2(\{0\})$,所以 $\Psi_1 = \Psi_2$.

引理 4.3 在引理 4.2 中,把 (iii) 改成

(iii)′ 存在 $x_0 > 0$, $\pm x_0 \in c(\Psi_1) \bigcap c(\Psi_2)$ 使

$$\int_{[-x_0, x_0)} (1 + y^2) d\Psi_1(y) = \int_{[-x_0, x_0)} (1 + y^2) d\Psi_2(y),$$

也有同样的结论: $\Psi_1 = \Psi_2$.

证 为证引理 4.3,只需证明: (i), (ii), (iii)′ ⟹ (iii). 事实上,由 (i) 与 (ii) 可推出 $\Psi_1(A) = \Psi_2(A)$(当 $0 \bar{\in} A$, $A \in \mathscr{B}^1$). 再用 (iii)′ 知:对任何 $x > 0$,都有

$$\int_{[-x, x)} (1 + y^2) d\Psi_1(y) = \int_{[-x, x)} (1 + y^2) d\Psi_2(y),$$

令 $x \downarrow 0$ 即得 $\Psi_1(\{0\}) = \Psi_2(\{0\})$.

引理 4.4 设 Ψ_n, Ψ 皆为 $\mathscr{B}^1$ 上的有限测度 $(n \geqslant 1)$,则 $\Psi_n \xrightarrow{\ c\ } \Psi$ 的充要条件是

(i) $\displaystyle \lim_{n \to \infty} \int_{(-\infty, x)} \frac{1 + y^2}{y^2} d\Psi_n(y) = \int_{(-\infty, x)} \frac{1 + y^2}{y^2} d\Psi(y)$

$$(x < 0, x \in c(\Psi));$$

(ii) $\displaystyle \lim_{n \to \infty} \int_{[x, \infty)} \frac{1 + y^2}{y^2} d\Psi_n(y) = \int_{[x, \infty)} \frac{1 + y^2}{y^2} d\Psi(y)$

$$(x > 0, x \in c(\Psi));$$

(iii) $\displaystyle \lim_{n \to \infty} \int_{[-x, x)} (1 + y^2) d\Psi_n(y) = \int_{[-x, x)} (1 + y^2) d\Psi(y)$

(对一切 $x > 0$, $x \in c(\Psi)$ 或一个这样的 x).

证 必要性由第一章定理 3.10.1 可得.

充分性. 因为

$$\lim_{\substack{A\to\infty \\ \pm A\in c(\Psi)}} \left(\sup_{n\geqslant 1} \int_{|x|>A} d\Psi_n(x) \right)$$

$$\leqslant \lim_{\substack{A\to\infty \\ \pm A\in c(\Psi)}} \left(\sup_{n\geqslant 1} \int_{|x|>A} \frac{1+x^2}{x^2} d\Psi_n(x) \right)$$

$$\leqslant \lim_{\substack{A\to\infty \\ \pm A\in c(\Psi)}} \left(\sup_{1\leqslant n\leqslant N} \int_{|x|>A} \frac{1+x^2}{x^2} d\Psi_n(x) \right.$$

$$\left. + \sup_{n>N} \int_{|x|>A} \frac{1+x^2}{x^2} d\Psi_n(x) \right),$$

但是, 由 (i) 和 (ii) 知: 对任何 $\varepsilon>0$, 可选充分大的 N 和 A_0, 使

$$\sup_{n>N} \int_{|x|>A_0} \frac{1+x^2}{x^2} d\Psi_n(x) < \varepsilon,$$

因此

$$\lim_{\substack{A\to\infty \\ \pm A\in c(\Psi)}} \left(\sup_{n\geqslant 1} \int_{|x|>A} d\Psi_n(x) \right)$$

$$\leqslant \lim_{\substack{A\to\infty \\ \pm A\in c(\Psi)}} \left(\sup_{1\leqslant n\leqslant N} \int_{|x|>A} \frac{1+x^2}{x^2} d\Psi_n(x) + \varepsilon \right) = \varepsilon.$$

由 $\varepsilon>0$ 可任意小, 得

$$\lim_{\substack{A\to\infty \\ \pm A\in c(\Psi)}} \left(\sup_{n\geqslant 1} \int_{|x|>A} d\Psi_n(x) \right) = 0. \tag{4.13}$$

因此, 为证 $\Psi_n \xrightarrow{c} \Psi$, 只需证明 $\Psi_n \xrightarrow{w} \Psi$. 又因为

$$\Psi_n(\infty) = \int_{(-\infty,\infty)} d\Psi_n(y)$$

$$\leqslant \int_{(-\infty,-x)} \frac{1+y^2}{y^2} d\Psi_n(y) + \int_{[x,\infty)} \frac{1+y^2}{y^2} d\Psi_n(y)$$

$$+ \int_{[-x,x)} (1+y^2) d\Psi_n(y)$$

$$\to \left[\int_{(-\infty,-x)} \frac{1+y^2}{y^2} d\Psi(y) + \int_{[x,\infty)} \frac{1+y^2}{y^2} d\Psi(y) \right.$$

$$\left. + \int_{[-x,x)} (1+y^2) d\Psi(y) \right],$$

其中 $x > 0$，$\pm x \in c(\Psi)$，且使(i)(ii)(iii)成立. 所以，$\{\Psi_n(x)\}$ 是一致有界函数列，从而 $\{\Psi_n\}$ 一定有弱收敛子序列. 因此，为证 $\{\Psi_n\}$ 弱收敛，只需证明其任一弱收敛子序列的极限都是 Ψ. 令

$$\Psi_{n_k} \xrightarrow{\ \mathbf{W}\ } \Phi \quad (k \to \infty),$$

则由 (4.13) 得

$$\Psi_{n_k} \xrightarrow{\ c\ } \Phi \quad (k \to \infty).$$

所以，由第一章定理 3.10.1 得

$$\lim_{k \to \infty} \int_{(-\infty, x)} \frac{1 + y^2}{y^2} d\Psi_{n_k}(y)$$

$$= \int_{(-\infty, x)} \frac{1 + y^2}{y^2} d\Phi(y) \quad (x < 0,\ x \in c(\Phi));$$

$$\lim_{k \to \infty} \int_{[x, \infty)} \frac{1 + y^2}{y^2} d\Psi_{n_k}(y)$$

$$= \int_{[x, \infty)} \frac{1 + y^2}{y^2} d\Phi(y) \quad (x > 0,\ x \in c(\Phi));$$

$$\lim_{k \to \infty} \int_{[-x, x)} (1 + y^2) d\Psi_{n_k}(y)$$

$$= \int_{[-x, x)} (1 + y^2) d\Phi(y) \quad (x > 0,\ \pm x \in c(\Phi)).$$

把此三式与此引理中三条件 (i) (ii) (iii) 比较，即可发现 Φ 与 Ψ 满足引理 4.3 中条件，故 $\Psi = \Phi$.

引理 4.5　把引理 4.4 中的 (iii) 换成

(iii)*　$\displaystyle \lim_{x \to 0+} \overline{\lim_{n \to \infty}} \int_{[-x, x)} (1 + y^2) d\Psi_n(y)$

$$= \lim_{x \to 0+} \underline{\lim_{n \to \infty}} \int_{[-x, x)} (1 + y^2) d\Psi_n(y) - \Psi(\{0\}),$$

引理 4.4 的结论仍然成立.

证　必要性. 若 $\Psi_n \xrightarrow{\ c\ } \Psi$，取 $x_m \in c(\Psi)$，$x_m \downarrow 0$，则

$$\lim_{x_m \downarrow 0} \overline{\lim_{n \to \infty}} \int_{[-x_m, x_m)} (1 + y^2) d\Psi_n(y)$$

$$= \lim_{x_m \downarrow 0} \int_{[-x_m, x_m)} (1 + y^2) d\Psi(y) - \Psi(\{0\}).$$

而 $\overline{\lim\limits_{n\to\infty}} \int_{[-x,x)} (1 + y^2)d\Psi_n(y)$ 是 x 的单调函数,故

$$\lim_{x\to 0+} \overline{\lim_{n\to\infty}} \int_{[-x,x)} (1 + y^2)d\Psi_n(y) = \Psi(\{0\}).$$

仿之可证

$$\lim_{x\to 0+} \varliminf_{n\to\infty} \int_{[-x,x)} (1 + y^2)d\Psi_n(y) = \Psi(\{0\}).$$

充分性. 仿引理 4.4, 为证 $\Psi_n \overset{c}{\longrightarrow} \Psi$, 只需证明 $\{\Psi_n\}$ 的任何一个弱收敛子列的极限都是 Ψ. 令 $\{\Psi_{n_k}\}$ 是 $\{\Psi_n\}$ 的一个弱收敛子列,其极限为 Φ, 则必有

$$\Psi_{n_k} \overset{c}{\longrightarrow} \Phi \quad (k\to\infty).$$

因此

$$\lim_{k\to\infty} \int_{(-\infty,x)} \frac{1 + y^2}{y^2} d\Psi_{n_k}(y)$$
$$- \int_{(-\infty,x)} \frac{1 + y^2}{y^2} d\Phi(y) \quad (x < 0, \ x \in c(\Phi));$$

$$\lim_{k\to\infty} \int_{[x,\infty)} \frac{1 + y^2}{y^2} d\Psi_{n_k}(y)$$
$$- \int_{[x,\infty)} \frac{1 + y^2}{y^2} d\Phi(y) \quad (x > 0, \ x \in c(\Phi));$$

$$\lim_{k\to\infty} \int_{[-x,x)} (1 + y^2)d\Psi_{n_k}(y)$$
$$- \int_{[-x,x)} (1 + y^2)d\Phi(y) \quad (x > 0, \ \pm x \in c(\Phi)).$$

把最后一式令 $x \downarrow 0$ 得

$$\lim_{x\downarrow 0} \lim_{k\to\infty} \int_{[-x,x)} (1 + y^2)d\Psi_{n_k}(y) = \Phi(\{0\}).$$

把此式与 (iii)* 比较,得 $\Phi(\{0\}) = \Psi(\{0\})$. 总之,我们证明了对 Ψ 与 Φ 而言,满足引理 4.2 中的三个条件,所以 $\Phi = \Psi$. 引理证毕.

定理 4.3 设 $\{f_{nk}(t)\}$ 为 u.a.n. 体系,则

$$\lim_{s\to\infty} e^{-iA_nt} \prod_k f_{nk}(t) - \{\alpha, \Psi(x)\} \tag{4.14}$$

的充要条件是:

(I) (a) $\lim\limits_{n\to\infty} \sum\limits_k F_{nk}(x)$

$$= \int_{(-\infty, x)} \frac{1+y^2}{y^2} d\Psi(x) \quad (x < 0,\ x \in c(\Psi)),$$

(b) $\lim\limits_{n\to\infty} \sum\limits_k (1 - F_{nk}(x))$

$$= \int_{[x,\infty)} \frac{1+y^2}{y^2} d\Psi(x) \quad (x > 0,\ x \in c(\Psi));$$

(II) $\lim\limits_{n\to\infty} \sum\limits_k \left\{ \int_{|y|<x} y^2 dF_{nk}(y) - \left(\int_{|y|<x} y dF_{nk}(y) \right)^2 \right\}$

$$= \int_{|y|<x} (1+y^2) d\Psi(y) \begin{pmatrix} \text{对一切} \ x > 0,\ \pm x \in \\ c(\Psi) \ \text{或一个这样的} \ x \end{pmatrix};$$

(III) $\lim\limits_{n\to\infty} \left[-A_n + \sum\limits_k a_{nk}(\tau) - \int_{|y|<\tau} y d\Psi(y) \right.$

$$\left. + \int_{|y|>\tau} \frac{1}{y} d\Psi(y) \right]$$

$$= \alpha \begin{pmatrix} \text{对一切} \ \tau > 0,\ \pm\tau \in c(\Psi), \\ \text{或一个这样的} \ \tau \end{pmatrix},$$

其中 $F_{nk}(x)$ 是 c.f. $f_{nk}(t)$ 的 d.f., $a_{nk}(\tau)$ 如 §3 定义.

证　令

$$\Psi_n(x) = \sum\limits_k \int_{(-\infty, x)} \frac{y^2}{1+y^2} dF_{nk}(y + a_{nk}(\tau)),$$

$$\alpha_n = -A_n + \sum\limits_k a_{nk}(\tau) + \sum\limits_k \int_{R^1} \frac{x}{1+x^2} dF_{nk}(x + a_{nk}(\tau)),$$

则由定理 4.2 得知 (4.14) 与

$$\begin{cases} \Psi_n(x) \xrightarrow{c} \Psi(x), & (c_1) \\ \alpha_n \to \alpha, & (c_2) \end{cases}$$

等价. 因此, 为证定理 4.3, 只需证明 (c_1) 及 (c_2) 与 (I), (II),
(III) 等价. 但是, 由引理 4.4 得知 (c_1) 与下列三个条件等价:

$$\sum\limits_k F_{nk}(x + a_{nk}(\tau)) - \int_{(-\infty, x)} \frac{1+y^2}{y^2} d\Psi_n(y)$$

$$\to \int_{(-\infty,x)} \frac{1+y^2}{y^2} d\Psi(y) \quad (\dot{x} < 0, x \in c(\Psi)), \qquad (1°)$$

$$\sum_k (1 - F_{nk}(x + a_{nk}(\tau))) = \int_{[x,\infty)} \frac{1+y^2}{y^2} d\Psi_n(y)$$

$$\to \int_{[x,\infty)} \frac{1+y^2}{y^2} d\Psi(y) \quad (x > 0, \ x \in c(\Psi)), \qquad (2°)$$

$$\sum_k \int_{|y|<x} y^2 dF_{nk}(y + a_{nk}(\tau)) = \int_{|y|<x} (1+y^2) d\Psi_n(y)$$

$$\to \int_{|y|<x} (1+y^2) d\Psi(y), \quad \text{对一切 } x > 0, \ \pm x \in c(\Psi),$$

$$\text{或一个这样的 } x. \qquad (3°)$$

简记 $a_{nk}(\tau)$ 为 a_{nk}。由于 $\max_k |a_{nk}| \to 0$，所以对任何正整数 m，都存在 $b_m \in \left(0, \frac{1}{m}\right)$，$b_m \downarrow 0$，$(x \pm b_m) \in c(\Psi)$，而且存在正整数 $N(m)$，当 $n \geq N(m)$ 时有 $\max_k |a_{nk}| < b_m$。所以

$$\varlimsup_{n\to\infty} \sum_k F_{nk}(x) \leqslant \varlimsup_{n\to\infty} \sum_k F_{nk}(x + a_{nk} + b_m) \quad (m \geqslant 1),$$

$$\varliminf_{n\to\infty} \sum_k F_{nk}(x) \geqslant \varliminf_{n\to\infty} \sum_k F_{nk}(x + a_{nk} - b_m) \quad (m \geqslant 1).$$

因此，若 $(1°)$ 成立，则得

$$\varlimsup_{n\to\infty} \sum_k F_{nk}(x) \leqslant \lim_{b_m \downarrow 0} \int_{(-\infty,x+b_m)} \frac{1+y^2}{y^2} d\Psi(y)$$

$$= \int_{(-\infty,x)} \frac{1+y^2}{y^2} d\Psi(y) \quad (x < 0, \ x \in c(\Psi)),$$

$$\varliminf_{n\to\infty} \sum_k F_{nk}(x) \geqslant \lim_{b_m \downarrow 0} \int_{(-\infty,x-b_m)} \frac{1+y^2}{y^2} d\Psi(y)$$

$$= \int_{(-\infty,x)} \frac{1+y^2}{y^2} d\Psi(y) \quad (x < 0, \ x \in c(\Psi)).$$

所以

$$\lim_{n\to\infty} \sum_k F_{nk}(x) = \int_{(-\infty,x)} \frac{1+y^2}{y^2} d\Psi(y)$$

$$(x < 0, \ x \in c(\Psi)).$$

此即 (I)(a) 成立. 仿之可证 (2°) $\Rightarrow$ (I)(b). 类似地，可证 (I)(a) 及 (b) $\Rightarrow$ (1°) 及 (2°). 总之我们证明了: (I) $\Longleftrightarrow$ (1°) 及 (2°)，从而我们证明了

$$(c_1) \Longleftrightarrow (I), (3°).$$

所以为证定理，又只需证

$$(I), (3°), (c_2) \Longleftrightarrow (I), (II), (III).$$

为此，我们分几步.

1. $\qquad\qquad\qquad$ (I) $\Rightarrow$ "(3°) $\Longleftrightarrow$ (II)".

设 (I) 成立. 由不等式 (4.4) 得

$$\sum_k \int_{|y|<x} y^2 dF_{nk}(y + a_{nk})$$

$$= \sum_k \left\{ \int_{|y|<x} y^2 dF_{nk}(y) - \left(\int_{|y|<x} y dF_{nk}(y) \right)^2 \right\} + \Delta_n, \quad (4.4)$$

$$|\Delta_n| \leqslant \varepsilon \sum_k \int_{|y|<x} dF_{nk}(y)$$

$$+ (x + 2\varepsilon)^2 \sum_k \int_{x-\varepsilon \leqslant |y| < x+\varepsilon} dF_{nk}(y).$$

而当 (I) 成立时

$$\lim_{n \to \infty} \left[\varepsilon \sum_k \int_{|y|<x} dF_{nk}(y) + (x+2\varepsilon)^2 \sum_k \int_{x-\varepsilon \leqslant |y| < x+\varepsilon} dF_{nk}(y) \right]$$

$$= \varepsilon \int_{|y|<x} \frac{1+y^2}{y^2} d\Psi(y) + (x+2\varepsilon)^2 \int_{x-\varepsilon \leqslant |y| < x+\varepsilon} \frac{1+y^2}{y^2} d\Psi(y)$$

$(x > 0,\ x,\ x \pm \varepsilon \in c(\Psi))$. 所以，由 $\varepsilon > 0$ 可以任意小知，当 (I) 成立时

$$\lim_{n \to \infty} \Delta_n = 0.$$

因此，当 (I) 成立时有

$$(II) \Longleftrightarrow (3°).$$

2. (c_1) (等价地 (I) 及 (II)) $\Rightarrow$ "$(c_2) \Longleftrightarrow (III)$". 即在条件 (c_1) (或 (I) 和 (II)，或 (I) 和 (3°)) 下，有

$$\sum_k \int_{R^1} \frac{y}{1+y^2} dF_{nk}(y + a_{nk})$$

$$= \int_{|y|>\tau} \frac{1}{y} d\Psi(y) - \int_{|y|<\tau} y d\Psi(y) + o(1) \quad (n \to \infty).$$
$$\tag{4.15}$$

事实上,

$$\sum_k \int_{R^1} \frac{y}{1+y^2} dF_{nk}(y + a_{nk})$$

$$= \sum_k \int_{|y|<\tau} y dF_{nk}(y + a_{nk})$$

$$- \sum_k \int_{|y|<\tau} \frac{y^3}{1+y^2} dF_{nk}(y + a_{nk})$$

$$+ \sum_k \int_{|y|>\tau} \frac{y}{1+y^2} dF_{nk}(y + a_{nk})$$

$$= \sum_k \int_{|y|<\tau} y dF_{nk}(y + a_{nk}) - \int_{|y|<\tau} y d\Psi_n(y)$$

$$+ \int_{|y|>\tau} \frac{1}{y} d\Psi_n(y), \tag{4.16}$$

利用不等式 (4.9) 及 (c_1) 可得

$$\left| \sum_k \int_{|y|<\tau} y dF_{nk}(y + a_{nk}) \right|$$

$$\leqslant (\tau + 2\varepsilon) \sum_k \int_{\tau-\varepsilon \leqslant |y| < \tau+\varepsilon} dF_{nk}(y)$$

$$+ \varepsilon \sum_k \int_{|y|>\tau} dF_{nk}(y).$$

再用 (c_1) 得

$$\lim_{n \to \infty} \left[(\tau + 2\varepsilon) \sum_k \int_{\tau-\varepsilon \leqslant |y| < \tau+\varepsilon} dF_{nk}(y) + \varepsilon \sum_k \int_{|y|>\tau} dF_{nk}(y) \right]$$

$$= \lim_{n \to \infty} \left[(\tau + 2\varepsilon) \int_{\tau-\varepsilon \leqslant |y| < \tau+\varepsilon} \frac{1+y^2}{y^2} d\Psi_n(y) \right.$$

$$\left. + \varepsilon \int_{|y|>\tau} \frac{1+y^2}{y^2} d\Psi_n(y) \right]$$

$$= (\tau + 2\varepsilon) \int_{\tau-\varepsilon \leqslant |y| < \tau+\varepsilon} \frac{1+y^2}{y^2} d\Psi(y)$$

$$+ \varepsilon \int_{|y|>\tau} \frac{1+y^2}{y^2} d\Psi(y). \tag{4.17}$$

由 (4.17) 及 $\varepsilon > 0$ 可任意小得知

$$\sum_k \int_{|y|<\tau} y dF_{nk}(y + a_{nk}) = o(1) \quad (n \to \infty). \quad (4.18)$$

显然，由 (c_1) 可知，当 $n \to \infty$ 时有

$$\int_{|y|>\tau} \frac{1}{y} d\Psi_n(y) = \int_{|y|>\tau} \frac{1}{y} d\Psi(y) + o(1)$$
$$(\tau > 0, \ \pm \tau \in c(\Psi)), \quad (4.19)$$

$$\int_{|y|<\tau} y d\Psi_n(y) = \int_{|y|<\tau} y d\Psi(y) + o(1)$$
$$(\tau > 0, \ \pm \tau \in c(\Psi)). \quad (4.20)$$

由 (4.18)，(4.19)，(4.20)，(4.16) 得知 (4.15) 成立．定理证毕．

定理 4.4 若 $\{f_{nk}(t)\}$ 是 u. a. n. 体系，则

$$\lim_{n \to \infty} e^{-iA_n t} \prod_k f_{nk}(t) = \{\alpha, \Psi(x)\}$$

的充要条件是定理 4.3 中的 (I)，(III) 及

$$(\text{II}_0) \quad \lim_{x \to 0+} \varlimsup_{n \to \infty} \sum_k \left\{ \int_{|y|<x} y^2 dF_{nk}(y) - \left(\int_{|y|<x} y dF_{nk}(y) \right)^2 \right\}$$
$$= \lim_{x \to 0+} \varliminf_{n \to \infty} \sum_k \left\{ \int_{|y|<x} y^2 dF_{nk}(y) - \left(\int_{|y|<x} y dF_{nk}(y) \right)^2 \right\}$$
$$= \Psi(\{0\}).$$

证 为证定理 4.4，只需把定理 4.3 的证明中最初应用引理 4.4 的地方改为应用引理 4.5 即可．

上述两个定理中，$\{A_n\}$ 都是事先给定的实数列，所以 $\{A_n\}$ 在充要条件中出现．

定理 4.5 若 $\{f_{nk}(t)\}$ 为 u. a. n. 体系，欲有实数列 $\{A_n\}$ 使

$$\lim_{n \to \infty} e^{-iA_n t} \prod_k f_{nk}(t) = \{\alpha, \Psi(x)\}$$

的充要条件是 (I)，(II)（或者 (I)，(II_0)）．这时只需取

$$A_n = \sum_k a_{nk}(\tau) - \alpha - \int_{|y|<\tau} y d\Psi(y)$$
$$+ \int_{|y|>\tau} \frac{1}{y} d\Psi(y) + o(1) \quad (n \to \infty),$$

$(\tau > 0, \pm \tau \in c(\Psi))$.

定理 4.6 若 $\{f_{nk}(t)\}$ 是 u.a n. 体系，$f_{nk}(t)$ 是 X_{nk} 的 c. f.，欲有实数列 $\{A_n\}$ 使

$$\lim_{n\to\infty} e^{-iA_n t} \prod_k f_{nk}(t) = \{\alpha, \Psi(x)\}$$

的充要条件是定理 4.4 中的 (II) 和

(I₀) (a) $\displaystyle\lim_{n\to\infty} P(\min_k X_{nk} < x)$

$$= \begin{cases} 1 - \exp\left(-\int_{(-\infty,x)} \dfrac{1+y^2}{y^2} d\Psi(y)\right), & x < 0, x \in c(\Psi); \\ 1, & x > 0, \end{cases}$$

(b) $\displaystyle\lim_{n\to\infty} P(\max_k X_{nk} < x)$

$$= \begin{cases} 0, & x < 0; \\ \exp\left(-\int_{[x,\infty)} \dfrac{1+y^2}{y^2} d\Psi(y)\right), & x > 0, x \in c(\Psi). \end{cases}$$

证 由定理 4.5，为证定理 4.6，只需证明

$$(\text{II}) \Longrightarrow \text{``}(\text{I}) \Longleftrightarrow (\text{I}_0)\text{''}.$$

只证：$(\text{II}) \Longrightarrow \text{``}(\text{I})(a) \Longleftrightarrow (\text{I}_0)(a)\text{''}$. 余者类似.

又因为 $x > 0$ 时，由 u.a.n. 条件总有

$$0 \leqslant 1 - P(\min_k X_{nk} < x) = P(X_{nk} \geqslant x, k=1,2,\cdots,k_n)$$

$$= \prod_k P(X_{nk} \geqslant x) \leqslant \max_k P(|X_{nk}| \geqslant x) \to 0 \quad (n\to\infty),$$

所以

$$\lim_{n\to\infty} P(\min_k X_{nk} < x) = 1 \quad (x > 0).$$

因此，欲证在 (II) 成立下有 "(I)(a) $\Longleftrightarrow$ (I₀)(a)"，又只需证在条件 (II) 下有

$$\text{``}\lim_{n\to\infty} P(\min_k X_{nk} < x) = 1 - \exp\left(-\int_{(-\infty,x)} \dfrac{1+y^2}{y^2} d\Psi(y)\right)$$

$$(x < 0, x \in c(\Psi))$$

$$\Leftrightarrow \lim_{n\to\infty} \sum_k F_{nk}(x) = \int_{(-\infty,x)} \frac{1+y^2}{y^2} d\Psi(y)$$

$$(x < 0, x \in c(\Psi))". \qquad (4.21)$$

事实上,由 u.a.n. 条件有 $\lim_{n\to\infty} \max_k F_{nk}(x) = 0$(当 $x < 0$),故

$$P(\min_k X_{nk} < x) = 1 - \prod_k (1 - F_{nk}(x))$$

$$= 1 - \exp\Big(\sum_k \log(1 - F_{nk}(x)\Big), \qquad (4.22)$$

$$\sum_k F_{nk}(x) \leqslant -\sum_k \log(1 - F_{nk}(x))$$

$$\leqslant \sum_k F_{nk}(x) + \sum_k F_{nk}(x)^2$$

$$\leqslant \sum_k F_{nk}(x)(1 + o(1)) \quad (n \to \infty).$$

因此,当 $n \to \infty$ 时,$\sum_k F_{nk}(x)$ 与 $-\sum_k \log(1 - F_{nk}(x))$ 有相同的极限(只要其中有一个极限存在),因此,由(4.22)得(4.21)。定理证毕.

上面我们讨论了 u.a.n. 体系的极限定理,下面我们类似地给出 u.a.c. 体系的极限定理.

由于 $\{f_{nk}(t)\}$ 是 u.a.c. 体系的充要条件是 $\{e^{-i\mu_{nk}t}f_{nk}(t)\}$ 是 u.a.n. 体系(其中 μ_{nk} 是 X_{nk} 的中位数),所以,在 u.a.c. 条件下的极限定理本质上不会有新内容. 如果进行下述变换:

$F_{nk}(x)$ 换为 $F_{nk}^{\mu}(x) = F_{nk}(x + \mu_{nk})$;

$a_{nk}(\tau)$ 换为 $\int_{|x|<\tau} x dF_{nk}^{\mu}(x) = b_{nk}(\tau) - \mu_{nk}$;

$F_{nk}(x + a_{nk}(\tau))$ 换为 $F_{nk}^{\mu}(x + b_{nk}(\tau) - \mu_{nk})$
$$= F_{nk}(x + b_{nk}(\tau));$$

$-A_n$ 换为 $-A_n + \sum_k \mu_{nk}$,

则定理 4.1—定理 4.5 完全可以平行地搬过来.

定理 4.1'　若 $\{f_{nk}(t)\}$ 是 u. a. c. 体系, 且

$$\lim_{n\to\infty} e^{-iA_n t} \prod_k f_{nk}(t) = f(t) \text{ 是 c.f.,}$$

则 $f(t)$ 是 i. d. c. f..

定理 4.2'　若 $\{f_{nk}(t)\}$ 是 u. a. c. 体系, 则

$$\lim_{n\to\infty} e^{-iA_n t} \prod_k f_{nk}(t) = \{\alpha, \Psi(x)\}$$

的充要条件是

$$
\begin{cases}
\Psi_n(x) \equiv \sum_k \int_{(-\infty,x)} \frac{y^2}{1+y^2} dF_{nk}(y + b_{nk}(\tau)) \\
\qquad \xrightarrow{c} \Psi(x), & (c_1)' \\
\alpha_n \equiv -A_n + \sum_k b_{nk}(\tau) + \sum_k \int_{R^1} \frac{y}{1+y^2} dF_{nk}(y \\
\qquad + b_{nk}(\tau)) \to \alpha, & (c_2)'
\end{cases}
$$

定理 4.3'　若 $\{f_{nk}(t)\}$ 是 u. a. c. 体系, 则

$$\lim_{n\to\infty} e^{-iA_n t} \prod_k f_{nk}(t) = \{\alpha, \Psi(x)\}$$

的充要条件是:

(I)' (a) $\displaystyle \lim_{n\to\infty} \sum_k F_{nk}''(x) = \int_{(-\infty,x)} \frac{1+y^2}{y^2} d\Psi(y)$

$$(x < 0, \ x \in c(\Psi)),$$

(b) $\displaystyle \lim_{n\to\infty} \sum_k (1 - F_{nk}''(x)) = \int_{[x,\infty)} \frac{1+y^2}{y^2} d\Psi(y)$

$$(x > 0, \ x \in c(\Psi));$$

(II)' $\displaystyle \lim_{n\to\infty} \sum_k \left\{ \int_{|y|<x} y^2 dF_{nk}''(y) - \left(\int_{|y|<x} y dF_{nk}''(y) \right)^2 \right\}$

$$= \int_{|y|<x} (1+y^2) \, d\Psi(y) \quad \left(\begin{matrix} x > 0, \ \pm x \in c(\Psi), \text{ 或} \\ \text{对一个这样的 } x \end{matrix} \right);$$

(III)' $\displaystyle \lim_{n\to\infty} \left(-A_n + \sum_k b_{nk}(\tau) \right)$

$$= \alpha + \int_{|y|<\tau} y d\Psi(y) - \int_{|y|>\tau} \frac{1}{y} d\Psi(y)$$

$(\tau > 0, \ \pm\tau \in c(\Psi)$, 或对一个这样的 τ).

定理 4.4′ 若 $\{f_{nk}(t)\}$ 是 u.a.c. 体系,则

$$\lim_{n \to \infty} e^{-iA_n t} \prod_k f_{nk}(t) = \{\alpha, \Psi(x)\}$$

的充要条件是: (I)′, (III)′ 和

$(\mathrm{II}_0)'$ $\displaystyle \lim_{x \to 0+} \overline{\lim_{n \to \infty}} \sum_k \left\{ \iint_{|y| < x} y^2 dF^n_{nk}(y) - \left(\iint_{|y| < x} y dF^n_{nk}(y) \right)^2 \right\}$

$$= \lim_{x \to 0+} \underline{\lim_{n \to \infty}} \sum_k \left\{ \iint_{|y| < x} y^2 dF^n_{nk}(y) \right.$$

$$\left. - \left(\iint_{|y| < x} y dF^n_{nk}(y) \right)^2 \right\} = \Psi(\{0\}).$$

定理 4.5′ 若 $\{f_{nk}(t)\}$ 为 u.a.c. 体系,则欲存在实数列 $\{A_n\}$ 使

$$\lim_{n \to \infty} e^{-iA_n t} \prod_k f_{nk}(t) = \{\alpha, \Psi(x)\}$$

的充要条件是: (I)′ 和 (II)′(或 (I)′ 和 $(\mathrm{II}_0)′$). 而且这时只需取

$$A_n = \sum_k b_{nk}(\tau) - \alpha - \int_{|y| < \tau} y d\Psi(y)$$

$$+ \int_{|y| > \tau} \frac{1}{y} d\Psi(y) + o(1) \quad (n \to \infty),$$

$(\tau > 0, \ \pm\tau \in c(\Psi)$, 或对一个这样的 τ).

§5. 应 用

在前两节里,我们研究了 u.a.n. 体系 $\{X_{nk}\}$ (或 $\{f_{nk}\}$, $\{F_{nk}\}$),解决了两个问题

(1) 证明了一切 u.a.n. 体系 $\{f_{nk}\}$ 的极限特征函数族与无穷可分特征函数族 $\mathscr{D}$ 重合,其范式为

$$\{\alpha, \Psi(x)\} = \exp\left(i\alpha t + \int_{R^1} \left(e^{itx} - 1 - \frac{itx}{1 + x^2} \right) \frac{1 + x^2}{x^2} d\Psi(x) \right)$$

(定理 4.1).

(2) 找出了某一个 u.a.n. 体系 $\{f_{nk}\}$ 的极限特征函数为

$\{\alpha, \Psi(x)\}$ 的充要条件(定理 4.2—4.5).

我们知道,零一律,泊松分布、正态分布都是无穷可分的,因而,自然地,我们要利用定理 4.2—4.5 的普遍结论,导出某一个 u. a. n. 体系 $\{f_{nk}\}$ 以零一律、正态分布、泊松分布的特征函数为极限的充要条件.

1. 向泊松分布收敛

定理 5.1 若$\{f_{nk}(t)\}$是 u. a. n. 体系,$\{\alpha, \Psi(x)\} = e^{\lambda(e^{it}-1)}$,则

$$\lim_{n \to \infty} \prod_k f_{nk}(t) = \{\alpha, \Psi(x)\}$$

的充要条件是:

(I) (a) $\lim_{n \to \infty} \sum_k F_{nk}(x) = 0 \quad (x < 0),$

   (b) $\lim_{n \to \infty} \sum_k (1 - F_{nk}(x)) = \begin{cases} \lambda, & 0 < x < 1; \\ 0, & 1 < x < \infty; \end{cases}$

(II) $\lim_{n \to \infty} \sum_k \left\{ \iint_{|y| < x} y^2 dF_{nk}(y) - \left(\iint_{|y| < x} y dF_{nk}(y) \right)^2 \right\} = 0$
$$(0 < x < 1);$$

(III) $\lim_{n \to \infty} \sum_k \int_{|y| < x} y dF_{nk}(y) = 0 \quad (0 < x < 1).$

证 因为 $\{\alpha, \Psi(x)\} = e^{\lambda(e^{it}-1)}$,所以 $\alpha = \dfrac{\lambda}{2}$, $\Psi(\{1\}) = \dfrac{\lambda}{2}$, $\Psi(R^1 \setminus \{1\}) = 0$. 再利用定理 4.3 得定理 5.1.

2. 向正态分布收敛

定理 5.2 $\{f_{nk}(t)\}$ 是 u. a. n. 体系且

$$\lim_{n \to \infty} e^{-iA_n t} \prod_k f_{nk}(t) = e^{-\frac{1}{2}t^2}$$

的充要条件是

（I）$\lim_{n \to \infty} \sum_k \int_{|y| > x} dF_{nk}(y) = 0 \quad (x > 0);$

（II）$\lim_{n \to \infty} \sum_k \left\{ \iint_{|y| < x} y^2 dF_{nk}(y) - \left(\iint_{|y| < x} y dF_{nk}(y) \right)^2 \right\} = 1$
$$(x > 0);$$

(III) $\lim\limits_{n\to\infty}\left(-A_n+\sum\limits_k\int_{|y|<x}dF_{nk}(y)\right)=0 \quad (x>0).$

证 记 $e^{-\frac{1}{2}t^2}=\{\alpha,\Psi(x)\}$，则 $\alpha=0,\ \Psi(\{0\})=1,\ \Psi(R^1\setminus\{0\})=0.$ 若再注意 (I) 蕴含了 $\{f_{nk}(t)\}$ 是 u. a. n. 体系，则由定理 4.3 即得定理 5.2.

定理 5.3 $\{f_{nk}(t)\}$ 是 u. a. c. 体系且

$$\lim\limits_{n\to\infty}e^{-iA_nt}\prod\limits_k f_{nk}(t)=e^{-\frac{1}{2}t^2}$$

的充要条件是:

(I) $\lim\limits_{n\to\infty}\sum\limits_k\int_{|y|>x}dF^\mu_{nk}(y)=0 \quad (x>0);$

(II) $\lim\limits_{n\to\infty}\sum\limits_k\left\{\int_{|y|<x}y^2dF^\mu_{nk}(y)-\left(\int_{|y|<x}ydF^\mu_{nk}(y)\right)^2\right\}=1$

$$(x>0);$$

(III) $\lim\limits_{n\to\infty}\left(-A_n+\sum\limits_k\int_{|y|<x}dF^\mu_{nk}(y)\right)=0 \quad (x>0).$

证 只需注意 (I) 蕴含了 $\{f_{nk}(t)\}$ 是 u. a. c. 体系，再用定理 4.3′ 即得定理 5.3.

定理 5.4 设 $\{X_{nk}\}$ 仅满足: 每一行 $X_{n1},\cdots,X_{nk_n}$ 内部是相互独立的随机变量，且

$$\mathscr{L}\left(\sum\limits_k X_{nk}\right)\xrightarrow{c}F(x),$$

$F(x)$ 是 d. f.，则 $\{X_{nk}\}$ 是 u. a. n. 体系且 $F(x)$ 是正态分布的充要条件是

(I)* $\qquad\qquad \lim\limits_{n\to\infty}\max\limits_k|X_{nk}|=0. \qquad [P]$

证 因为

$$P\left(\max\limits_k|X_{nk}|\geqslant\varepsilon\right)=1-\prod\limits_k P(|X_{nk}|<\varepsilon)$$

$$=1-\prod\limits_k\left(1-\int_{|y|>\varepsilon}dF_{nk}(y)\right),$$

所以

$$1 - e^{-\sum_k \int_{|y|>\epsilon} dF_{nk}(y)} \leqslant P(\max_k |X_{nk}| \geqslant \epsilon)$$

$$\leqslant \sum_k \int_{|y|>\epsilon} dF_{nk}(y). \tag{5.1}$$

上述不等式说明 $(\mathrm{I})^*$ 与定理 5.2 中的 (I) 等价. 故定理的必要性部分得证.

再证充分性. 设 $(\mathrm{I})^*$ 成立. 则由 (5.1) 得知

$$\lim_{n\to\infty} \sum_k \int_{|y|>\epsilon} dF_{nk}(y) = 0 \quad (\epsilon > 0),$$

所以 $\{f_{nk}(t)\}$ 为 u. a. n. 体系. 而

$$\lim_{n\to\infty} \prod_k f_{nk}(t) = f(t)$$

是特征函数,所以由定理 4.1 得 $f(t) = \{\alpha, \Psi(x)\} \in \mathscr{D}$. 因此,由定理 4.3 (II) 知: 当 $x > 0$, $x \in c(\Psi)$ 时有

$$H_n(x) = \sum_k \left\{ \int_{|y|<x} y^2 dF_{nk}(y) - \left(\int_{|y|<x} y dF_{nk}(y) \right)^2 \right\}$$

$$\to \int_{|y|<x} (1+y^2) d\Psi(y) \quad (n \to \infty).$$

若能证 $\int_{|y|<x} (1+y^2) d\Psi(y)$ 在 $x > 0$, $x \in c(\Psi)$ 时为常数,则 Ψ 只有在 $\{0\}$ 上有正测度,故 $\{\alpha, \Psi(x)\}$ 是正态特征函数,即充分性得证.

事实上,任取 $x_1 > x_2 > 0$, $x_1, x_2 \in c(\Psi)$, 则

$$\left| \int_{|y|<x_1} (1+y^2) d\Psi(y) - \int_{|y|<x_2} (1+y^2) d\Psi(y) \right|$$

$$= \lim_{n\to\infty} |H_n(x_1) - H_n(x_2)|$$

$$= \lim_{n\to\infty} \left| \sum_k \int_{x_2<|y|<x_1} y^2 dF_{nk}(y) - 2\sum_k \int_{x_2<|y|<x_1} y dF_{nk}(y) \right.$$

$$\left. \cdot \int_{|y|<x_2} y dF_{nk}(y) - \sum_k \left(\int_{x_2<|y|<x_1} y dF_{nk}(y) \right)^2 \right|$$

$$\leqslant x_1^2 \lim_{n \to \infty} \left[4 \sum_k \int_{x_2 \leqslant |y| < x_1} dF_{nk}(y) \right] = 0.$$

3. 向零一律收敛

定理 5.5 $\{f_{nk}(t)\}$ 是 u. a. n. 体系且

$$\lim_{n \to \infty} e^{-iA_n t} \prod_k f_{nk}(t) = 1$$

的充要条件是:

（I）$\lim\limits_{n \to \infty} \sum\limits_k \int_{|y| > x} dF_{nk}(y) = 0$ （一切或一个 $x > 0$）;

（II）$\lim\limits_{n \to \infty} \sum\limits_k \left\{ \int_{|y| < x} y^2 dF_{nk}(y) - \left(\int_{|y| < x} y dF_{nk}(y) \right)^2 \right\} = 0$

$$\text{（一切 } x > 0\text{）;}$$

（III）$\lim\limits_{n \to \infty} \left(-A_n + \sum\limits_k \int_{|y| < \tau} y dF_{nk}(y) \right) = 0,$

$$\text{（一切或一个 } \tau > 0\text{）.}$$

证 为证定理 5.5，只需注意: 零一律的特征函数 $1 = \{a, \Psi(x)\}$，$a = 0$，$\Psi(x) \equiv 0$，且(I)蕴含了 $\{f_{nk}(t)\}$ 是 u. a. n. 体系，则由定理 4.3 即得定理 5.5.

定理 5.6 $\lim\limits_{n \to \infty} e^{-iA_n t} \prod\limits_k f_{nk}(t) = 1$ 的充要条件是

$$\begin{cases} \lim\limits_{n \to \infty} \sum\limits_k E\left(\dfrac{(X_{nk} - \mu_{nk})^2}{1 + (X_{nk} - \mu_{nk})^2} \right) = 0, & (5.2) \\ \lim\limits_{n \to \infty} (-A_n + b_{nk}(\tau)) = 0. & (5.3) \end{cases}$$

其中 μ_{nk}，$b_{nk}(\tau)$ 的意义如定理 4.1'.

先证

引理 5.1 若 d. f. $F(x)$ 的中位数为 0，则

$$\left(\int_{|y| < x} y dF(y) \right)^2 \leqslant \frac{1}{2} \int_{|y| < x} y^2 dF(y) \quad (x > 0).$$

证 $\left(\int_{|y| < x} y dF(y) \right)^2$

$$\leqslant \max \left\{ \left(\int_{0 < y < x} y dF(y) \right)^2, \left(\int_{-x < y < 0} y dF(y) \right)^2 \right\}$$

$$\leqslant \max \left\{ \iint_{0<y<x} y^2 dF(y) \cdot \int_{0<y<x} dF(y), \right.$$

$$\left. \int_{-x<y<0} y^2 dF(y) \cdot \int_{-x<y<0} dF(y) \right\}$$

$$\leqslant \max \left\{ \frac{1}{2} \int_{0<y<x} y^2 dF(y), \ \frac{1}{2} \int_{-x<y<0} y^2 dF(y) \right\}$$

$$\leqslant \frac{1}{2} \int_{|y|<x} y^2 dF(y).$$

现在用引理 5.1 来证明定理 5.6.

必要性. 若 $\lim\limits_{n\to\infty} e^{-iA_n t} \prod\limits_k f_{nk}(t) = 1$, 则由

$$\max_k (1 - |f_{nk}(t)|^2) \leqslant \sum_k (1 - |f_{nk}(t)|^2)$$

$$\leqslant -\log \prod_k |f_{nk}(t)|^2 \to 0$$

知 $\{f_{nk}(t)\}$ 是 u. a. c. 体系. 故从定理 4.3' 得:

(I)' (a) $\lim\limits_{n\to\infty} \sum\limits_k F_{nk}(x + \mu_{nk}) = 0 \quad (x < 0)$,

 (b) $\lim\limits_{n\to\infty} \sum\limits_k (1 - F_{nk}(x + \mu_{nk})) = 0 \quad (x > 0)$;

(II)' $\lim\limits_{n\to\infty} \sum\limits_k \left\{ \iint_{|y|<x} y^2 dF_{nk}(y + \mu_{nk}) \right.$

$$\left. - \left(\int_{|y|<x} y \, dF_{nk}(y + \mu_{nk}) \right)^2 \right\} = 0 \quad (x > 0);$$

(III)' $\lim\limits_{n\to\infty} \left(-A_n + \sum\limits_k b_{nk}(\tau) \right) = 0 \quad (\tau > 0)$.

由引理 5.1 得 (II)' 等价于

$$\lim_{n\to\infty} \sum_k \int_{|y|<x} y^2 dF_{nk}(y + \mu_{nk}) = 0 \quad (x > 0). \tag{5.4}$$

(I)' 等价于

$$\lim_{n\to\infty} \sum_k \int_{|y|>x} dF(y + \mu_{nk}) = 0 \quad (x > 0). \tag{5.5}$$

而 (5.2) 等价于 (5.4) 和 (5.5). 必要性得证.

充分性. 设 (5.2) 和 (5.3) 成立. 用引理 5.1 可推得 (I)′, (II)′, (III)′ 成立且 $\{f_{nk}(t)\}$ 是 u. a. c. 体系, 故

$$\lim_{n \to \infty} e^{-iA_n t} \prod_k f_{nk}(t) = 1.$$

定理 5.7 $\lim_{n \to \infty} e^{-iA_n t} \prod_{k=1}^{n} f_k\left(\frac{t}{B_n}\right) = 1$ $(B_n > 0)$ 的充要条件是

$$\lim_{n \to \infty} \sum_{k=1}^{n} E\left(\frac{(X_k - \mu_k)^2}{B_n^2 + (X_k - \mu_k)^2}\right) = 0, \tag{5.6}$$

$$\lim_{n \to \infty} \left[-A_n + \frac{1}{B_n} \sum_{k=1}^{n} \left(\mu_k + \int_{|y| < B_n \tau} y \, dF_k(y + \mu_k)\right)\right] = 0$$

$$(\tau > 0), \tag{5.7}$$

其中 $f_k(t)$, $F_k(x)$、μ_k 分别为 R. V. X_k 的 c. f. 和 d. f. 和中位数.

证 取 $k_n \equiv n$, $f_{nk}(t) = f_k\left(\frac{t}{B_n}\right)$, 由定理 5.6 立即得定理 5.7.

定理 5.8 $\lim_{n \to \infty} e^{-iA_n t} \left(f\left(\frac{t}{B_n}\right)\right)^n = 1$ $(B_n > 0)$ 的充要条件是

$$\lim_{n \to \infty} n E\left(\frac{(X - \mu)^2}{B_n^2 + (X - \mu)^2}\right) = 0, \tag{5.8}$$

$$\lim_{n \to \infty} \left[-A_n + \frac{n}{B_n}\left(\mu + \int_{|y| < B_n \tau} y \, dF(y + \mu)\right)\right] = 0$$

$$(\tau > 0), \tag{5.9}$$

其中 $f(t)$, $F(x)$, μ 分别为 R. V. X 的 c. f. 和 d. f. 和中位数.

证 定理 5.8 是定理 5.7 的特款.

定理 5.9 设 $f(t)$ 是非退化的特征函数, $B_n > 0$ 且

$$\lim_{n \to \infty} e^{-iA_n t}\left(f\left(\frac{t}{B_n}\right)\right)^n = 1,$$

则 $\lim_{n \to \infty} (n/B_n^2) = 0.$

证　(i)先证 $\lim\limits_{n \to \infty} B_n = \infty$．　如果不然，则有 $B_{n_k} \leqslant B$ $(k = 1, 2, \cdots)$，B 是有限数．而由定理 5.8 有

$$\lim_{k \to \infty} n_k \int_{R^1} \frac{(x - \mu)^2}{B_{n_k}^2 + (x - \mu)^2} dF(x) = 0.$$

由 $B_{n_k} \leqslant B$，更有

$$\lim_{k \to \infty} n_k \int_{R^1} \frac{(x - \mu)^2}{B^2 + (x - \mu)^2} dF(x) = 0. \qquad (5.10)$$

因为对任何正数 A 有

$$0 \leqslant \int_{|x - \mu| < A} (x - \mu)^2 dF(x)$$

$$\leqslant \frac{B^2 + A^2}{n_k} \left(n_k \int_{|x - \mu| < A} \frac{(x - \mu)^2}{B^2 + (x - \mu)^2} dF(x) \right),$$

所以，在上式中令 $k \to \infty$，由 (5.10) 得

$$\int_{|x - \mu| < A} (x - \mu)^2 dF(x) = 0 \quad (\text{对任何 } A > 0),$$

此即 $P(X = \mu) = 1$，也即 $f(t)$ 是退化的，与定理假设矛盾．

(ii) 再证 $\lim\limits_{n \to \infty} (n / B_n^2) = 0$．如果不然，则

$$\overline{\lim_{n \to \infty}} \frac{n}{B_n^2} = a > 0 \quad (a \text{ 为有限数或无穷大}).$$

但是，由定理 5.8 知

$$\lim_{n \to \infty} n \int_{R^1} \frac{(x - \mu)^2}{B_n^2 + (x - \mu)^2} dF(x) = 0,$$

所以，任给 $\varepsilon > 0$，存在 $N(\varepsilon)$，为 $n \geqslant N(\varepsilon)$ 时，对任何正数 A，有

$$n \int_{|x - \mu| < A} \frac{(x - \mu)^2}{B_n^2 + (x - \mu)^2} \cdot dF(x) < \varepsilon,$$

更有

$$\frac{n}{B_n^2 + A^2} \int_{|x - \mu| < A} (x - \mu)^2 dF(x) < \varepsilon.$$

由 $B_n \to \infty$ 可取 $M(A)$，当 $n \geqslant M(A)$ 时有 $B_n > A$．所以 $n \geqslant \max\{N(\varepsilon), M(A)\}$ 时有

$$\frac{n}{B_n^2 + B_n^2} \int_{|x-\mu|<A} (x-\mu)^2 dF(x) < \varepsilon.$$

把上式对 $n \to \infty$ 取上极限并注意 $a > 0$ 且 $\varepsilon > 0$ 可任意小得

$$\int_{|x-\mu|<A} (x-\mu)^2 dF(x) = 0 \quad (对任何正数 A).$$

所以 $P(X = \mu) = 1$ 与 X 的非退化性矛盾. 定理证毕.

定理 5.10 若 $\lim_{n\to\infty} \dfrac{n}{B_n^2} = 0 \ (B_n > 0)$, $f(t)$ 是 c.f., 则

$$\lim_{n\to\infty} e^{-iA_n t} \left(f\left(\frac{t}{B_n}\right) \right)^n = 1$$

的充要条件是

$$\left\{ \begin{array}{ll} \lim_{n\to\infty} n \int_{R^1} \dfrac{x^2}{B_n^2 + x^2} dF(x) = 0, & (5.11) \\[3mm] \lim_{n\to\infty} \left(-A_n + \dfrac{n}{B_n} \int_{|x|<B_n^{\tau}} x dF(x) \right) = 0. & (5.12) \end{array} \right.$$

证 为证定理 5.10, 用定理 5.8, 只需证明在条件

$$\lim_{n\to\infty} \frac{n}{B_n^2} = 0$$

下, $(5.8), (5.9)$ 与 $(5.11), (5.12)$ 等价. 先证

$$\lim_{n\to\infty} \frac{n}{B_n^2} = 0 \Longrightarrow ``(5.8) \Longleftrightarrow (5.11)".$$

事实上, 由于

$$n \int_{R^1} \frac{x^2}{B_n^2 + x^2} dF(x) \leqslant n \int_{R^1} \frac{x^2 + (x-2\mu)^2}{B_n^2 + x^2 + (x-2\mu)^2} dF(x)$$

$$= n \int_{R^1} \frac{2(x-\mu)^2 + 2\mu^2}{B_n^2 + 2(x-\mu)^2 + 2\mu^2} dF(x)$$

$$\leqslant 2n \int_{R^1} \frac{(x-\mu)^2}{B_n^2 + (x-\mu)^2} dF(x) + \frac{2n\mu^2}{B_n^2} \int_{R^1} dF(x), \quad (5.13)$$

所以, 在条件 $\lim_{n\to\infty} \dfrac{n}{B_n^2} = 0$ 下, $(5.8) \Rightarrow (5.11)$.

又因为

$$n \int_{R^1} \frac{(x-\mu)^2}{B_n^2 + (x-\mu)^2} dF(x) \leqslant n \int_{R^1} \frac{2x^2 + 2\mu^2}{B_n^2 + 2x^2 + 2\mu^2} dF(x)$$

$$\leqslant 2n \int_{R^1} \frac{x^2}{B_n^2 + x^2} dF(x) + \frac{2n\mu^2}{B_n^2} \int_{R^1} dF(x),$$

所以, 由 $\lim_{n\to\infty} \frac{n}{B_n^2} = 0$ 及 (5.11) 可推得 (5.8).

下面证明 (5.9) $\Longleftrightarrow$ (5.12). 这时可用 (5.8) 和 (5.11) 及

$$\lim_{n\to\infty} \frac{n}{B_n^2} = 0.$$

令

$$
\begin{aligned}
J^{(n)} &= \frac{n}{B_n} \left\{ \mu + \int_{|x-\mu|<B_n\tau} (x-\mu)dF(x) - \int_{|x|<B_n\tau} x dF(x) \right\} \\
&= \frac{n}{B_n} \left\{ \int_{|x-\mu|<B_n\tau} (x-\mu)dF(x) - \int_{|x|<B_n\tau} (x-\mu)dF(x) \right. \\
&\qquad \left. + \int_{|x|>B_n\tau} \mu dF(x) \right\} \\
&= \frac{n}{B_n} \left\{ \int_{\substack{|x-\mu|<B_n\tau \\ |x|>B_n\tau}} (x-\mu)dF(x) - \int_{\substack{|x|<B_n\tau \\ |x-\mu|>B_n\tau}} (x-\mu)dF(x) \right. \\
&\qquad \left. + \mu \int_{|x|>B_n\tau} dF(x) \right\},
\end{aligned}
$$

则

$$
\begin{aligned}
|J^{(n)}| &\leqslant n\tau \int_{|x|>B_n\tau} dF(x) + \frac{n}{B_n}(B_n\tau + |\mu|) \int_{|x-\mu|>B_n\tau} dF(x) \\
&\quad + \frac{n|\mu|}{B_n} \int_{|x|>B_n\tau} dF(x) \\
&\xlongequal{\text{记作}} I_1^{(n)} + I_2^{(n)} + I_3^{(n)}.
\end{aligned}
$$

而

$$
\begin{aligned}
|I_1^{(n)}| &\leqslant n\tau \int_{|x|>B_n\tau} \frac{1+\tau^2}{\tau^2} \frac{x^2}{B_n^2 + x^2} dF(x) \\
&\leqslant n\tau \int_{R^1} \frac{1+\tau^2}{\tau^2} \cdot \frac{x^2}{B_n^2 + x^2} dF(x),
\end{aligned}
$$

由 (5.11) 得 $\lim_{n\to\infty} I_1^{(n)} = 0$.

$$|I_2^{(n)}| \leqslant \frac{n}{B_n}(B_n\tau + |\mu|) \int_{|x-\mu|>B_n\tau} \frac{(x-\mu)^2}{B_n^2 + (x-\mu)^2} \frac{1+\tau^2}{\tau^2} dF(x)$$

$$\leqslant \frac{1+\tau^2}{\tau^2} \frac{B_n\tau+|\mu|}{B_n} n \int_{|x-\mu|>B_n\tau} \frac{(x-\mu)^2}{B_n^2+(x-\mu)^2} dF(x),$$

由 (5.8) 得

$$\lim_{n\to\infty} I_2^{(n)} = 0.$$

因为 $n/B_n^2 \to 0$, 所以由 $\lim_{n\to\infty} I_1^{(n)} = 0$ 推得

$$\lim_{n\to\infty} I_3^{(n)} = 0.$$

总之, 有

$$\lim_{n\to\infty} J^{(n)} = 0.$$

此即 (5.9) 与 (5.12) 等价. 定理证毕.

定理 5.11 $\lim_{n\to\infty} e^{-iA_n t} \left(f\left(\frac{t}{n^\alpha}\right) \right)^n = 1 \left(\alpha > \frac{1}{2} \right)$ 的充要条件是

$$\begin{cases} \lim_{z\to\infty} z^{\frac{1}{\alpha}} \int_{|x|\geqslant z} dF(x) = 0, & (5.14) \\ \lim_{n\to\infty} \left[-A_n + n^{1-\alpha} \int_{|x|<n^\alpha} x\,dF(x) \right] = 0. & (5.15) \end{cases}$$

证 由定理 5.10 知

$$\lim_{n\to\infty} e^{-iA_n t} \left(f\left(\frac{t}{n^\alpha}\right) \right)^n = 1$$

的充要条件是

$$\begin{cases} \lim_{n\to\infty} n \int_{R^1} \frac{x^2}{n^{2\alpha}+x^2} dF(x) = 0, & (5.16) \\ \lim_{n\to\infty} \left(-A_n + n^{1-\alpha} \int_{|x|<n^\alpha} x\,dF(x) \right) = 0. & (5.17) \end{cases}$$

所以为证定理, 只需证明 (5.16) ⟺ (5.14). 又因为 (5.16) 等价于

$$\begin{cases} \lim_{n\to\infty} n \int_{|x|>n^\alpha} dF(x) = 0, & (5.18) \\ \lim_{n\to\infty} \frac{1}{n^{2\alpha-1}} \int_{|x|<n^\alpha} x^2 dF(x) = 0, & (5.19) \end{cases}$$

所以下面只证 (5.14) ⟺ (5.18) 及 (5.19).

设 (5.14) 成立, 令

$$G(z) = \int_{|x|>z} dF(x) = 1 - F(z) + F(-z+0),$$

则

$$\frac{1}{n^{2\alpha-1}} \int_{|x|<n^{\alpha}} x^2 dF(x) = \frac{1}{n^{2\alpha-1}} \int_{[0,n^{\alpha})} x^2 d(-G(x))$$

$$= -\frac{1}{n^{2\alpha-1}} G(n^{\alpha}) + \frac{2}{n^{2\alpha-1}} \int_{[0,n^{\alpha})} x G(x) dx.$$

而

$$\lim_{z \to \infty} z^{\frac{1}{\alpha}} G(z) = 0,$$

所以,任给 $\varepsilon > 0$, 存在 $A > 0$, 使 $z \geqslant A$ 时有 $z^{\frac{1}{\alpha}} G(z) < \varepsilon$, 故

$$\frac{1}{n^{2\alpha-1}} \int_{|x|<n^{\alpha}} x^2 dF(x) \leqslant \frac{2}{n^{2\alpha-1}} \int_{[0,n^{\alpha})} x G(x) dx$$

$$\leqslant \frac{2}{n^{2\alpha-1}} \left[\int_{[0,A)} x G(x) dx + \int_{[A,n^{\alpha})} \varepsilon x^{1-\frac{1}{\alpha}} dx \right]$$

$$\leqslant \frac{2}{n^{2\alpha-1}} \int_{[0,A)} x G(x) dx + \frac{2\varepsilon}{2-\frac{1}{\alpha}} \left(1 - \frac{A^{2-\frac{1}{\alpha}}}{n^{2\alpha-1}} \right),$$

因此,由 $\alpha > \frac{1}{2}$ 得

$$\lim_{n \to \infty} \frac{1}{n^{2\alpha-1}} \int_{|x|<n^{\alpha}} x^2 dF(x) = 0.$$

而在 (5.14) 中取 $z = n^{\alpha}$, (5.14) 即变为 (5.18).

再设 (5.18), (5.19) 成立, 往证 (5.14) 成立. 事实上,

$$z^{\frac{1}{\alpha}} \int_{|x|>z} dF(x) \leqslant ([z^{\frac{1}{\alpha}}] + 1) \int_{|x|>([z^{\frac{1}{\alpha}}])^{\alpha}} dF(x),$$

其中 $[z^{\frac{1}{\alpha}}]$ 表示不大于 $z^{\frac{1}{\alpha}}$ 的最大整数. 所以, 由 (5.18) 立即得 (5.14). 定理证毕.

第五章 *L* 族

§1 预备知识

在第四章中，我们讨论了一般的 u. a. n. 体系，得出了两个主要的结论．其中之一是第四章定理 3.3 所给出的，它说明全部 u. a. n. 体系的极限特征函数族就是无穷可分特征函数族，其范式为

$$\{\alpha, \Psi(x)\} = e^{iat + \int_{R^1} \left(e^{itx} - 1 - \frac{itx}{1+x^2}\right)\frac{1+x^2}{x^2} d\Psi(x)},$$

其中 α 为实常数，$\Psi(x) = \sigma^2 F(x)$，$\infty > \sigma^2 \geq 0$，$F(x)$ 是分布函数．其中之二是第四章定理 4.3，它给出了一个特定的 u. a. n. 体系 $\{f_{nk}\}$ 以某一个特定的 $\{\alpha, \Psi(x)\}$ 为极限特征函数的充要条件．

在这一章里，我们要考虑一类特殊的 u. a. n. 体系，它是由一个随机变量序列派生的，即考虑下述一类特殊的 u. a. n. 体系

设 $X_1, X_2, \cdots$ 是一串相互独立的随机变量，作

$$X_{nk} = X_k/B_n, \quad 1 \leq k \leq n,$$

适当取 B_n，使 $\{X_{nk}\}$ 成一个 u. a. n. 体系．如果用特征函数的语言来说，就是考虑一串特征函数 $f_1(t), f_2(t), \cdots$，作

$$f_{nk}(t) = f_k\left(\frac{t}{B_n}\right), \quad 1 \leq k \leq n,$$

适当取 B_n，使 $\{f_{nk}\}$ 成一个 u. a. n. 体系．如果令

$$C_2 = \left\{ f(t) \middle| \begin{array}{l} f(t) \text{ 是 c. f.，且存在一个 u. a. n. 体系} \\ \left\{f_{nk}(t) = f_k\left(\frac{t}{B_n}\right)\right\}, \text{ 使 } f(t) = \lim_{n \to \infty} \prod_{k=1}^{n} f_k\left(\frac{t}{B_n}\right). \end{array} \right\},$$

和第四章一样，我们提出类似的两个问题

(A) C_2 是什么？

(B) 设 $\left\{f_k\left(\frac{t}{B_n}\right)\right\}$ 是 u. a. n. 体系，$f(t) \in C_2$, 问

$$\lim_{n \to \infty} \prod_{k=1}^{n} f_k \left(\frac{t}{B_n} \right) = f(t)$$

的充要条件是什么？

显然，C_2 是无穷可分特征函数族 $\mathscr{D}$ 的一个子族，而无穷可分特征函数族的范式为 $\{\alpha, \Psi(x)\}$，α 为实数，$\Psi(x) = \sigma^2 F(x)$，$\infty > \sigma^2 \geqslant 0$，$F(x)$ 是 d.f.. 问题（A）实际上就是问：作为 $\mathscr{D}$ 的子族 C_2 的范式 $\{\alpha, \Psi(x)\}$ 有何特征？ 也就是 $F(x)$ 有何特征？ 这是本章所要解决的中心问题之一。而问题（B）则是第四章对应的问题（B）的特殊化。不过在这一章中还有第四章所不能产生的问题，那就是：现在是从一串特征函数出发。因此，对任意一串正实数 $\{B_n\}$ 来说，我们还要问 $\left\{ f_k \left(\frac{t}{B_n} \right) \right\}$ 是否为一个 u.a.n. 体系。所以我们把问题（B）改为

（B）* $\lim_{n \to \infty} \prod_{k=1}^{n} f_k \left(\frac{t}{B_n} \right) = f(t)$，$\left\{ f_k \left(\frac{t}{B_n} \right) \right\}$ 为 u.a.n. 体系

的充要条件是什么？

为了今后的需要，我们先证明几个引理。

引理 1.1 设 $\{B_n\}$ 为正实数序列，则下列陈述等价：

(1°) (a) $B_n \to B$，$0 < B < \infty$，或者

    (b) 存在 B_n'，使 $B_n' \uparrow \infty$，$B_n' / B_n \to 1$.

(2°) 对任何两个自然数的子列 $\{m_k\}$ 和 $\{n_k\}$，只要 $m_k \leqslant n_k$ $(k = 1, 2, \cdots)$，则

$$\overline{\lim_{k \to \infty}} \frac{B_{m_k}}{B_{n_k}} \leqslant 1.$$

证 (1°) $\Rightarrow$ (2°).

若 (a) 成立，则 (2°) 显然也成立. 若 (b) 成立，则

$$\frac{B_{m_k}}{B_{n_k}} = \frac{B_{m_k} / B_{m_k}'}{B_{n_k} / B_{n_k}'} \cdot \frac{B_{m_k}'}{B_{n_k}'} \leqslant \frac{B_{m_k} / B_{m_k}'}{B_{n_k} / B_{n_k}'},$$

故

$$\varlimsup_{k \to \infty} \frac{B_{m_k}}{B_{n_k}} \leqslant \lim_{k \to \infty} \frac{B_{m_k}/B'_{m_k}}{B_{n_k}/B'_{n_k}} = 1.$$

$(2°) \Longrightarrow (1°)$. 设 $(2°)$ 成立. 则 $\lim_{n \to \infty} B_n = B$, $0 \leqslant B \leqslant \infty$, (反之, 定有 $B_{l_k} \to l$, $B_{s_k} \to s$, $s \neq l$, 则 $(2°)$ 不可能成立.) 而 B 不可能为 0 (反之, 定有 B_{l_k}, 使 $\lim_{k \to \infty} B_{l_k}/B_{l_{k+1}} = \infty$).

若 $0 < B < \infty$, 则 $(1°)(a)$ 成立.

若 $B = \infty$, 则取 $\{m_k\}$ 如下:

$m_1 = 1$, $m_k = \inf\{l | B_l > B_{m_{k-1}}\}$, $k \geqslant 2$.

再定义 $B'_n = B_{m_k}$ (当 $m_k \leqslant n < m_{k+1}$ 时), $k = 1, 2, \cdots$, 则 $B'_n \uparrow \infty$, 而且当 $m_k \leqslant n < m_{k+1}$ 时有

$$1 \leqslant \frac{B'_n}{B_n} = \frac{B_{m_k}}{B_n} \leqslant \frac{B_{m_k}}{B_{n_k}} \quad (\text{其中 } B_{n_k} = \min_{m_k \leqslant j < m_{k+1}} B_j),$$

所以

$$1 \leqslant \varliminf_{n \to \infty} \frac{B'_n}{B_n} \leqslant \varlimsup_{n \to \infty} \frac{B'_n}{B_n} \leqslant \varlimsup_{k \to \infty} \frac{B_{m_k}}{B_{n_k}} \leqslant 1,$$

此即 $B'_n/B_n \to 1$. 故 $(1°)(b)$ 成立. 引理证毕.

引理 1.2 设 $f_1(t)$, $f_2(t)$, $\cdots$ 为一串特征函数, $\{A_n\}$ 为实数列, $\{B_n\}$ 为正数列. 若

$$\lim_{n \to \infty} e^{-iA_n t} \prod_{k=1}^{n} f_k \left(\frac{t}{B_n} \right) = f(t),$$

其中 $f(t)$ 为非退化特征函数, 则

$$\lim_{n \to \infty} B_n = B$$

存在, 而且 $0 < B \leqslant \infty$. 如果 $B = \infty$, 则存在 $B'_n \uparrow \infty$, 使 $B'_n/B_n \to 1$.

证 如果不然, 则由引理 1.1 可知: 存在自然数的两个子序列 $\{p_k\}$ 及 $\{q_k\}$, 使 $p_k < q_k$ ($k = 1, 2, \cdots$), $\varlimsup_{k \to \infty} B_{p_k}/B_{q_k} > 1$. 因此, $\{B_{p_k}/B_{q_k}\}$ 有一子序列, 其极限大于 1. 为书写简便计, 不妨令

$$\lim_{k\to\infty}(B_{p_k}/B_{q_k}) > 1.$$

令

$$\varphi_k(t) = \prod_{j=1}^{p_k} f_j\left(\frac{t}{B_{p_k}}\right), \quad \psi_k(t) = \prod_{j=p_k+1}^{q_k} f_j\left(\frac{t}{B_{q_k}}\right),$$

则

$$\lim_{k\to\infty} |\varphi_k(t)|^2 = |f(t)|^2, \tag{1.1}$$

$$\lim_{k\to\infty} |\varphi_k(c_k t)|^2 |\psi_k(t)|^2$$

$$= \lim_{k\to\infty} \left|\prod_{j=1}^{q_k} f_j\left(\frac{t}{B_{q_k}}\right)\right|^2 = |f(t)|^2, \tag{1.2}$$

其中 $c_k = B_{p_k}/B_{q_k}$.

(A) 若 $c_k \to c$, $1 < c < \infty$,
则由 (1.1) 得

$$\lim_{k\to\infty} |\varphi_k(c_k t)|^2 = |f(ct)|^2, \tag{1.3}$$

由 (1.2) 及 (1.3) 得

$$|f(ct)| \geq |f(t)|.$$

仿此,继续作下去得

$$|f(t)| \geq \left|f\left(\frac{t}{c^n}\right)\right| \quad (n \geq 1).$$

令 $n \to \infty$, 若注意 $c > 1$ 则得

$$|f(t)| \geq |f(0)| = 1.$$

此即 $f(t)$ 是退化特征函数,与假设矛盾.

(B) 若 $c_k \to \infty$, 作随机变量 Z, X_k, Y_k, 其特征函数分别为 $|f(t)|^2$, $|\varphi_k(t)|^2$, $|\psi_k(t)|^2$, 且 X_k 与 Y_k 相互独立,则由 (1.1) 及 (1.2) 得

$$\lim_{k\to\infty} P(|X_k| > x) = P(|Z| > x), \tag{1.4}$$

$$\lim_{k\to\infty} P(|Y_k + c_k X_k| > x) = P(|Z| > x), \tag{1.5}$$

其中 $x > 0$, $\pm x \in c(\mathscr{L}(Z))$. 但是

$$P(Y_k + c_k X_k > x) \geq P(c_k X_k > x, Y_k \geq 0)$$

$$= P(c_k X_k > x)P(Y_k \geq 0),$$

又因为 Y_k 的 c.f. $|\phi_k(t)|^2$ 是实值的,所以 Y_k 服从对称分布,因此 $P(Y_k \geqslant 0) \geqslant \frac{1}{2}$, 从而

$$P(Y_k + c_k X_k > x) \geqslant \frac{1}{2} P(c_k X_k > x).$$

仿之可证

$$P(Y_k + c_k X_k < -x) \geqslant \frac{1}{2} P(c_k X_k < -x).$$

综合上二式得

$$P(|Y_k + c_k X_k| > x) \geqslant \frac{1}{2} P\left(|X_k| > \frac{x}{c_k}\right). \tag{1.6}$$

但是 $c_k \to \infty$, 所以对任何 $x > 0, y > 0$, 当 k 充分大后总有

$$P(|Y_k + c_k X_k| > x) \geqslant \frac{1}{2} P(|X_k| > y). \tag{1.7}$$

由 (1.4),(1.5),(1.7) 得

$$P(|Z| > x) \geqslant \frac{1}{2} P(|Z| > y)$$

$$(x, y > 0, \pm x, \pm y \in c(\mathcal{L}(X))). \tag{1.8}$$

在 (1.8) 中令 $x \to \infty$, $y \to 0$, $\pm x$, $\pm y \in c(\mathcal{L}(Z))$, 得

$$0 \geqslant \frac{1}{2} P(|Z| > 0).$$

此即 $P(Z = 0) = 1$, 故 Z 的 c.f. $|f(t)|^2 \equiv 1$, 这与 $f(t)$ 的非退化性假设矛盾. 引理证毕.

引理 1.3 设 $\lambda_{nk} \geqslant 0$ $(k = 1, \cdots, n, \ n = 1, 2, \cdots)$, 而且对每一个固定的 k, $n \uparrow \infty$ 时 $\lambda_{nk} \downarrow 0$, 又 $\lim\limits_{n \to \infty} \lambda_{nn} = 0$, 则

$$\lim_{n \to \infty} \max_{1 \leqslant k \leqslant n} \lambda_{nk} = 0.$$

证 任给 $\varepsilon > 0$, 由于 $\lim\limits_{n \to \infty} \lambda_{nn} = 0$, 故存在 $N(\varepsilon)$, 使 $n \geqslant N(\varepsilon)$ 时 $0 \leqslant \lambda_{nn} \leqslant \varepsilon$. 又因为对每个固定的 k, λ_{nk} 对 n 来说单调下降,所以

$$0 \leqslant \lambda_{nk} \leqslant \lambda_{kk} \leqslant \varepsilon \quad (n \geqslant k \geqslant N(\varepsilon)). \tag{1.9}$$

取定 $N(\varepsilon)$，由于对每个 k 来说，总有 $\lim\limits_{n \to \infty} \lambda_{nk} = 0$，所以存在一个 $N_1(\varepsilon)$，使

$$0 \leqslant \lambda_{nk} \leqslant \varepsilon, \quad n \geqslant N_1(\varepsilon), \quad k = 1, 2, \cdots, N(\varepsilon), \tag{1.10}$$

由 (1.9), (1.10) 得

$$0 \leqslant \max_{1 \leqslant k \leqslant n} \lambda_{nk} \leqslant \varepsilon, \quad \text{当 } n \geqslant \max(N_1(\varepsilon), N(\varepsilon)) \text{时}.$$

此即

$$\lim_{n \to \infty} \max_{1 \leqslant k \leqslant n} \lambda_{nk} = 0.$$

引理 1.4 假设

(1) $B_n > 0$, $\lim\limits_{n \to \infty} B_n = \infty$；

(2) $\{F_n\}$ 是 $\mathscr{B}^1$ 上一串有限测度，且 $F_n \leqslant F_{n+1}$；

(3) $G(x)$ 是定义在 $(0, \infty)$ 上的单调下降的实值函数，且 $G(\infty) = 0$, $G(x)$ 不恒为 0,

$$\lim_{n \to \infty} \int_{|y| \geqslant B_n x} dF_n(x) = G(x), \quad x \in c(G),$$

则存在单调上升实数列 $\{B_n'\}$，使

$$\lim_{n \to \infty} \frac{B_n'}{B_n} = 1.$$

证 为证引理 1.4，只需证明 $\{B_n\}$ 满足引理 1.1 中的条件 (2°). 事实上，若 (2°) 不成立，则存在自然数的二个子序列 $\{m_k\}$, $\{n_k\}$，使 $m_k < n_k$ $(k = 1, 2, \cdots)$，且

$$\lim_{k \to \infty} \frac{B_{m_k}}{B_{n_k}} = c_1 > 1 \quad \left(\text{故有 } K, \text{使 } \frac{B_{m_k}}{B_{n_k}} \geqslant c > 1 \quad (k \geqslant K) \right),$$

因此，由本引理的条件 (2) 得

$$\int_{|y| \geqslant B_{m_k} x} dF_{m_k} \leqslant \int_{|y| \geqslant B_{m_k} x} dF_{n_k} \leqslant \int_{|y| \geqslant c x B_{n_k}} dF_{n_k} \quad (k \geqslant K).$$

取 $x, cx \in c(G)$, $x > 0$，在上式中令 $k \to \infty$，并用 (3) 可得

$$G(x) \leqslant G(cx) \quad (x, cx \in c(G), x > 0),$$

令

$$D = R^1 - c(G),$$

$$D_1 = \{y \mid \text{存在非负整数 } n, \text{ 使 } c^n y \in D\},$$

则 $D \subset D_1$, D 与 D_1 都是可数集。所以对 $x \in D_1$, $x > 0$ 有

$$G(x) \leqslant G(cx) \leqslant \cdots \leqslant G(c^n x) \leqslant \cdots,$$

而

$$\lim_{n \to \infty} G(c^n x) = G(\infty) = 0 \quad (x > 0, \; x \in D_1),$$

所以 $G(x) = 0$ $(x > 0, \; x \in D_1)$。 由 D_1 的可数性及 $G(x)$ 的单调下降性得 $G(x) = 0$。这与（3）矛盾。引理得证。

引理 1.5 设 $\{A_n\}$ 为实数列，且

$$\lim_{n \to \infty} e^{iA_n t} = g(t) \quad (0 < t < \delta)$$

存在，则

$$\lim_{n \to \infty} A_n = A, \quad -\infty < A < \infty.$$

证 (i) $\{A_n\}$ 必为有界序列。 如果不然，则存在子序列 $\{A_{n_k}\}$，使 $A_{n_k} \neq 0$，且

$$\lim_{k \to \infty} A_{n_k} = \infty \quad (\text{或 } -\infty).$$

而由引理假设及控制收敛定理可得：

$$\int_0^t g(u) du = \lim_{k \to \infty} \int_0^t e^{iA_{n_k} u} du$$

$$= \lim_{n \to \infty} \frac{e^{iA_{n_k} t} - 1}{iA_{n_k}} = 0 \quad (0 < t < \delta),$$

所以

$$g(t) = 0, \quad [\text{a. e.}] \; (\text{在 } (0, \delta) \text{ 内}).$$

这与 $|g(t)| \equiv 1$ $(0 < t < \delta)$ 矛盾。

(ii) $\{A_n\}$ 不含具有相异极限的二收敛子列，如果不然，则有

$$\lim_{k \to \infty} A_{n_k} = A, \; \lim_{k \to \infty} A_{m_k} = B, \; A \neq B,$$

则当 $t \in (0, \delta)$ 时有

$$e^{iAt} = \lim_{k \to \infty} e^{iA_{n_k} t} = g(t) = \lim_{k \to \infty} e^{iA_{m_k} t} = e^{iBt}.$$

此为不可能。

注 引理 1.5 的条件可减弱为

$$\lim_{n \to \infty} e^{iA_n t} = g(t) \; (t \in E),$$

E 为直线上的勒贝格正测集.

事实上,令

$$D(E) = \{x \,|\, x = x_1 - x_2, \; x_1, x_2 \in E\},$$

由于 $L(E) > 0$（$L(E)$ 表示 E 的勒贝格测度），故存在开区间 $(-\delta, \delta) \subset D(E)$（参看 [1] p.68 定理 B）. 若

$$\lim_{n \to \infty} e^{i A_n t_1}, \quad \lim_{n \to \infty} e^{i A_n t_2}$$

皆存在（极限不可能为 0），则

$$\lim_{n \to \infty} e^{i A_n (t_1 - t_2)} = \lim_{n \to \infty} \frac{e^{i A_n t_1}}{e^{i A_n t_2}}$$

也存在. 这就说明

$$\lim_{n \to \infty} e^{i A_n t} \text{ 存在 } (t \in E) \Rightarrow \lim_{n \to \infty} e^{i A_n t} \text{ 存在 } (t \in D(E)).$$

引理 1.6 设 $\{f_k(t)\}$ 为一串特征函数,$f(t)$, $g(t)$ 是非退化的特征函数,$\{A_n\}$ 是实数列,$\{B_n\}$ 是正数列,若

$$\lim_{n \to \infty} e^{-i A_n t} f_n\left(\frac{t}{B_n}\right) = g(t),$$

$$\lim_{n \to \infty} f_n(t) = f(t),$$

则 $\lim\limits_{n \to \infty} A_n = A$, $\lim\limits_{n \to \infty} B_n = B$ $(0 < B < \infty, \; -\infty < A < \infty)$

证 （1）$\{B_n\}$ 中不含以 0 为极限的子列. 谬设有

$$\lim_{k \to \infty} B_{n_k} = 0,$$

则由假设得

$$\lim_{k \to \infty} |f_{n_k}(t)|^2 = \lim_{k \to \infty} \left| f_{n_k}\left(B_{n_k} \frac{t}{B_{n_k}}\right) \right|^2 = |g(0)|^2 = 1,$$

$$\lim_{k \to \infty} |f_{n_k}(t)|^2 = |f(t)|^2,$$

所以 $|f(t)|^2 \equiv 1$, 这与 $f(t)$ 的非退化性矛盾.

（2）$\{B_n\}$ 中不含以 ∞ 为极限的子列. 谬设有

$$\lim_{k \to \infty} B_{n_k} = \infty,$$

则

$$\lim_{k \to \infty} \left| f_{n_k}\left(\frac{t}{B_{n_k}}\right) \right|^2 = |g(t)|^2,$$

$$\lim_{k \to \infty} \left| f_{n_k} \left(\frac{t}{B_{n_k}} \right) \right|^2 = |f(0)|^2 = 1,$$

所以，$|g(t)|^2 = 1$，这与 $g(t)$ 的非退化性矛盾.

(3) $\{B_n\}$ 中不含有相异极限的二子列. 谬设有

$$\lim_{k \to \infty} B_{n_k} = B > 0, \quad \lim_{k \to \infty} B_{m_k} = B' > B,$$

则

$$\lim_{k \to \infty} \left| f_{m_k} \left(\frac{t}{B_{m_k}} \right) \right|^2 = \left| f \left(\frac{t}{B'} \right) \right|^2,$$

$$\lim_{k \to \infty} \left| f_{m_k} \left(\frac{t}{B_{m_k}} \right) \right|^2 = |g(t)|^2,$$

故 $|g(t)|^2 = \left| f \left(\frac{t}{B'} \right) \right|^2$. 仿之可证 $|g(t)|^2 = \left| f \left(\frac{t}{B} \right) \right|^2$. 所以，

$$|f(t)|^2 = \left| f \left(\frac{B}{B'} t \right) \right|^2 = \cdots = \left| f \left(\left(\frac{B}{B'} \right)^n t \right) \right|^2,$$

而 $0 < \dfrac{B}{B'} < 1$，所以

$$|f(t)|^2 = \lim_{n \to \infty} \left| f \left(\left(\frac{B}{B'} \right)^n t \right) \right|^2 = |f(0)|^2 = 1,$$

这与 $f(t)$ 的非退化性矛盾.

综合上三步得 $\lim_{n \to \infty} B_n = B \ (0 < B < \infty)$.

(4) $\lim_{n \to \infty} A_n = A.$

由于 $\lim_{n \to \infty} B_n = B$, $0 < B < \infty$，所以 $\lim_{n \to \infty} f_n \left(\frac{t}{B_n} \right) = f \left(\frac{t}{B} \right)$.

取正数 δ，使 $|t| < \delta$ 时有 $\left| f \left(\frac{t}{B} \right) \right| > 0$，由

$$\lim_{n \to \infty} e^{-i A_n t} f_n \left(\frac{t}{B_n} \right) = g(t)$$

得

$$\lim_{n \to \infty} e^{-i A_n t} = h(t) \quad (|t| < \delta).$$

所以由引理 1.5 得知
$$\lim_{n \to \infty} A_n = A \quad (-\infty < A < \infty).$$

系 1 设 $\{f_n(t)\}$ 为特征函数列，$f(t)$ 为非退化特征函数，$\{A_n\}$ 为实数列，$\{B_n\}$ 为正数列，若
$$\lim_{n \to \infty} f_n(t) = \lim_{n \to \infty} e^{-i A_n t} f_n \left(\frac{t}{B_n} \right) = f(t),$$
则 $\lim_{n \to \infty} A_n = 0$，$\lim_{n \to \infty} B_n = 1$。

系 2 设 $\{f_n(t)\}$ 为特征函数列，$f(t)$ 及 $g(t)$ 为非退化特征函数，$\{A_n\}$，$\{\alpha_n\}$ 为实数列，$\{B_n\}$，$\{\beta_n\}$ 为正数列，若
$$\lim_{n \to \infty} e^{-i A_n t} f_n \left(\frac{t}{B_n} \right) = f(t), \quad \lim_{n \to \infty} e^{-i \alpha_n t} f_n \left(\frac{t}{\beta_n} \right) = g(t),$$
则有实数 A 及正数 B 使
$$\lim_{n \to \infty} \frac{B_n}{\beta_n} = B > 0, \quad \lim_{n \to \infty} \left(A_n - \frac{\beta_n \alpha_n}{B_n} \right) = A.$$

特别地，当 $f(t) \equiv g(t)$ 时，有
$$\lim_{n \to \infty} \frac{B_n}{\beta_n} = 1, \quad \lim_{n \to \infty} \left(A_n - \frac{\beta_n \alpha_n}{B_n} \right) = 0.$$

引理 1.7 设 $\{f_n(t)\}$ 为特征函数列，$\{A_n\}$ 为实数列，$\{B_n\}$ 为正数列。如果
$$\lim_{n \to \infty} e^{-i A_n t} \prod_{k=1}^{n} f_k \left(\frac{t}{B_n} \right) = f(t),$$
$f(t)$ 是非退化特征函数，则

（i） $\lim_{n \to \infty} \dfrac{B_{n+1}}{B_n} = 1 \Longleftrightarrow \lim_{n \to \infty} \left| f_n \left(\dfrac{t}{B_n} \right) \right|^2 = 1$；

（ii） $\left\{ f_k \left(\dfrac{t}{B_n} \right), \ k = 1, \cdots, n \right\}$ 为 u. a. n. 体系
$$\Longleftrightarrow \lim_{n \to \infty} B_n = \infty, \quad \lim_{n \to \infty} f_n \left(\frac{t}{B_n} \right) = 1;$$

（iii） $\left\{ f_k \left(\dfrac{t}{B_n} \right), \ k = 1, \cdots, n \right\}$ 为 u. a. c. 体系

$$\Leftrightarrow \lim_{n\to\infty} B_n = \infty, \quad \lim_{n\to\infty} \left| f_n\left(\frac{t}{B_n}\right) \right|^2 = 1 \quad \left(\frac{B_{n+1}}{B_n} \to 1\right).$$

特别地，若 $A_n = 0$，则

$$\lim_{n\to\infty} f_n\left(\frac{t}{B_n}\right) = 1 \Leftrightarrow \lim_{n\to\infty} \frac{B_{n+1}}{B_n} = 1 \Leftrightarrow \lim_{n\to\infty} \left| f_n\left(\frac{t}{B_n}\right) \right|^2 = 1.$$

证 （i）令

$$g_n(t) = \prod_{k=1}^{n} \left| f_k\left(\frac{t}{B_n}\right) \right|^2,$$

则由引理假设知

$$\lim_{n\to\infty} g_n(t) = |f(t)|^2.$$

而

$$g_{n+1}(t) = g_n\left(\frac{B_n}{B_{n+1}} t\right) \left| f_{n+1}\left(\frac{t}{B_{n+1}}\right) \right|^2 \to |f(t)|^2, \quad (1.11)$$

若

$$\lim_{n\to\infty} \left| f_n\left(\frac{t}{B_n}\right) \right|^2 = 1,$$

则由 (1.11) 有

$$\lim_{n\to\infty} g_n\left(\frac{B_n}{B_{n+1}} t\right) = |f(t)|^2.$$

因此由系 2 得 $B_n/B_{n+1} \to 1$.

设 $B_n/B_{n+1} \to 1$. 则

$$g_n\left(\frac{B_n}{B_{n+1}} t\right) \to |f(t)|^2, \quad (1.12)$$

由 (1.11)，(1.12) 得

$$\left| f_{n+1}\left(\frac{t}{B_{n+1}}\right) \right|^2 \to 1.$$

（ii）设 $\left\{ f_k\left(\frac{t}{B_n}\right), \ k = 1, \cdots, n \right\}$ 是 u. a. n. 体系，则

$$\lim_{n\to\infty} \max_{1\le k\le n} \left| f_k\left(\frac{t}{B_n}\right) - 1 \right| = 0,$$

更有

$$\lim_{n\to\infty} f_k\left(\frac{t}{B_n}\right) = 1 \quad (k=1, 2, \cdots n), \quad \lim_{n\to\infty} f_n\left(\frac{t}{B_n}\right) = 1.$$

再证 $B_n \to \infty$. 如果不然, 由引理 1.2 得知:

$$\lim_{n\to\infty} B_n = B, \quad 0 < B < \infty.$$

所以

$$f_k\left(\frac{t}{B}\right) = \lim_{n\to\infty} f_k\left(\frac{t}{B_n}\right) = 1.$$

因此由引理假设有

$$|f(t)|^2 = \lim_{n\to\infty} \left| \prod_{k=1}^{n} f_k\left(\frac{t}{B_n}\right) \right|^2 = \lim_{n\to\infty} \left| \prod_{k=1}^{n} f_k\left(\frac{t}{B}\right) \right|^2 = 1.$$

这与 $f(t)$ 的非退化性矛盾, 所以 $B_n \to \infty$.

设 $B_n \to \infty$, $f_n\left(\frac{t}{B_n}\right) \to 1$. 则由引理 1.2 得知存在 $\{B_n'\}$, $B_n' \uparrow \infty$, $B_n'/B_n \to 1$. 所以

$$\lim_{n\to\infty} f_n\left(\frac{t}{B_n'}\right) = 1.$$

因此, 若令 $F_n(x)$ 为 $f_n(t)$ 的 d. f., 则对任何 $\varepsilon > 0$, 由第二章定理 3.3 有

$$\lim_{n\to\infty} \int_{|x|>B_n'\varepsilon} dF_n(x) = 0.$$

令

$$\lambda_{nk} = \int_{|x|>B_n'\varepsilon} dF_k(x),$$

则 $\{\lambda_{nk}\}$ 满足引理 1.3 的条件, 所以

$$\lim_{n\to\infty} \max_{1\leqslant k\leqslant n} \int_{|x|>B_n'\varepsilon} dF_k(x) = \lim_{n\to\infty} \max_{1\leqslant k\leqslant n} \lambda_{nk} = 0.$$

因此,

$$\lim_{n\to\infty} \max_{1\leqslant k\leqslant n} \int_{|x|>B_n\varepsilon} dF_k(x) = 0,$$

此即 $\left\{ f_k\left(\frac{t}{B_n}\right), k=1, \cdots, n \right\}$ 是 u. a. n. 体系.

(iii) 因为 $\left\{f_k\left(\dfrac{t}{B_n}\right),\ k=1,\cdots,n\right\}$ 为 u. a. c. 体系的充要条件是 $\left\{\left|f_k\left(\dfrac{t}{B_n}\right)\right|^2,\ k=1,\cdots,n\right\}$ 为 u. a. n. 体系,故由(ii)得 (iii).

§2 L 族

定理 2.1 设 $\{f_k(t)\}$ 是一串特征函数,$f(t)$ 是非退化特征函数,$\{B_n\}$ 是正数列,若

$$\lim_{n\to\infty}\prod_{k=1}^{n} f_k\left(\frac{t}{B_n}\right)=f(t),$$

则下列三命题等价:

（i）$\left\{f_k\left(\dfrac{t}{B_n}\right),\ k=1,2,\cdots,n\right\}$ 是 u. a. n. 体系;

（ii）$\lim_{n\to\infty} B_n=\infty$, $\lim_{n\to\infty} f_n\left(\dfrac{t}{B_n}\right)=1$;

（iii）$\lim_{n\to\infty} B_n=\infty$, $\lim_{n\to\infty} B_{n+1}/B_n=1$.

证　由引理 1.7 即得.

问题甲 （i）(或者 (ii),或者 (iii)) 及 $\prod\limits_{k=1}^{n} f_k\left(\dfrac{t}{B_n}\right)$ 趋于非退化特征函数 $f(t)$ 的充要条件是什么?

定理 2.2 设 $\{f_k(t)\}$ 是一串特征函数,$f(t)$ 是非退化特征函数,$\{A_n\}$ 是实数列,$\{B_n\}$ 是正数列,若

$$\lim_{n\to\infty} e^{-iA_n t}\prod_{k=1}^{n} f_k\left(\frac{t}{B_n}\right)=f(t),$$

则下列陈述等价

（i）$\left\{f_k\left(\dfrac{t}{B_n}\right),\ k=1,2,\cdots,n\right\}$ 是 u. a. n. 体系;

（ii）$\lim_{n\to\infty} B_n=\infty$, $\lim_{n\to\infty} f_n\left(\dfrac{t}{B_n}\right)=1$.

而且在 (i)（或者 (ii)）条件下，$\lim\limits_{n\to\infty}\dfrac{B_{n+1}}{B_n}=1$。

证　此定理仍是引理 1.7 的推论。

问题乙　(i)（或者 (ii)）及 $e^{-iA_nt}\prod\limits_{k=1}^{n}f_k\left(\dfrac{t}{B_n}\right)$ 趋于非退化特征函数 $f(t)$ 的充要条件是什么？

定理 2.3　在定理 2.2 的条件下，下述陈述等价：

(i)　$\left\{f_k\left(\dfrac{t}{B_n}\right),\ k=1,\cdots,n\right\}$ 是 u. a. c. 体系；

(ii)　$\lim\limits_{n\to\infty}B_n=\infty,\ \lim\limits_{n\to\infty}e^{-i\mu_nt/B_n}f_n\left(\dfrac{t}{B_n}\right)=1$；

(iii)　$\lim\limits_{n\to\infty}B_n=\infty,\ \lim\limits_{n\to\infty}B_{n+1}/B_n=1$。

其中 μ_n 为对应于 c. f. $f_n(t)$ 的 R. V. X_n 的中位数。

证　(i) $\Rightarrow$ (ii). 设 (i) 成立，则由 u. a. c. 的第三个等价性说法知

$$\left\{f_k\left(\frac{t}{B_n}\right)e^{-i\mu_kt/B_n},\ k=1,2,\cdots,n\right\}$$

是 u. a. n. 体系，所以，由引理 1.7 (ii) 得 $\lim\limits_{n\to\infty}B_n=\infty$，而且

$$\lim_{n\to\infty}e^{-i\mu_nt/B_n}f_n\left(\frac{t}{B_n}\right)=1.$$

(ii) $\Rightarrow$ (iii). 设 (ii) 成立. 由引理 1.7 (i) 立得 $\lim\limits_{n\to\infty}B_{n+1}/B_n=1$。

(iii) $\Rightarrow$ (i). 由引理 1.7 (iii) 即得。

问题丙　(i)（或者 (ii)，或者 (iii)）及 $e^{-iA_nt}\prod\limits_{k=1}^{n}f_k\left(\dfrac{t}{B_n}\right)$ 趋于非退化特征函数的充要条件是什么？

定义 2.1　所谓 L 族就是下面的特征函数族：

$$L=\left\{f(t)\ \middle|\ \begin{array}{l}f(t)=\lim\limits_{n\to\infty}e^{-iA_nt}\prod\limits_{k=1}^{n}f_k\left(\dfrac{t}{B_n}\right),\ f(t)\ \text{是非退化}\\ \text{c. f.},\ \{A_n\}\ \text{是实数列}，\{B_n\}\ \text{是正数列},\\ \left\{f_k\left(\dfrac{t}{B_n}\right),\ k=1,2,\cdots,n\right\}\ \text{是 u. a. c. 体系.}\end{array}\right\}.$$

定理 2.4 下列五族特征函数重合：

(1) $L_1 = \left\{ f(t) \middle| \begin{array}{l} f(t) = \lim\limits_{n \to \infty} \prod\limits_{k=1}^{n} f_k\left(\dfrac{t}{B_n}\right), \ f(t) \text{ 是 c.f.}, \ \{B_n\} \\ \text{是正数列}, \ \left\{f_k\left(\dfrac{t}{B_n}\right), \ k = 1, 2, \cdots, n\right\} \text{是} \\ \text{u. a. n. 体系.} \end{array} \right\}$;

(2) $L_2 = \left\{ f(t) \middle| \begin{array}{l} f(t) = \lim\limits_{n \to \infty} e^{-iA_n t} \prod\limits_{k=1}^{n} f_k\left(\dfrac{t}{B_n}\right), \ f(t) \text{ 是 c.} \\ \text{f.,} \ \{B_n\} \text{ 是正数列}, \ \{A_n\} \text{ 是实数列}, \\ \left\{f_k\left(\dfrac{t}{B_n}\right), \ k = 1, 2, \cdots, n\right\} \text{是 u.a.n. 体系.} \end{array} \right\}$;

(3) $L_3 = \left\{ f(t) \middle| \begin{array}{l} f(t) = \lim\limits_{n \to \infty} e^{-iA_n t} \prod\limits_{k=1}^{n} f_k\left(\dfrac{t}{B_n}\right), \ f(t) \text{ 是 c.f.}, \\ \{B_n\} \text{ 是正数列}, \ \{A_n\} \text{ 是实数列}, \\ \left\{f_k\left(\dfrac{t}{B_n}\right), \ k = 1, 2, \cdots, n\right\} \text{是 u.a.c. 体系.} \end{array} \right\}$;

(4) $L_4 = \left\{ f(t) \middle| \begin{array}{l} f(t) = \exp\left(i\alpha t - \dfrac{1}{2}\sigma^2 t^2 + \displaystyle\int_{R^1}\left(e^{itx} - 1\right.\right. \\ \left.\left. - \dfrac{itx}{1 + x^2}\right)\dfrac{q(x)}{|x|}\, dx\right), \ \text{其中 } q(-\infty) = \\ q(\infty) = 0, \ q(x) \text{ 在 }(-\infty, 0)\text{内单调上升}, \\ \text{在 }(0, \infty)\text{内单调下降}, \ \text{且}\displaystyle\int_{R^1}\dfrac{|x|}{1 + x^2} \\ \times q(x)dx < \infty, \ \alpha, \sigma \text{是实数}. \end{array} \right\}$;

(5) $L_5 = \left\{ f(t) \middle| \begin{array}{l} f(t) \text{ 是 c.f.}, \ \text{且对一切 } \lambda > 1, \\ f(\lambda t)/f(t) \ \text{都是 c.f.}. \end{array} \right\}$.

注 (i) 显然一切退化特征函数 $e^{i\alpha t}$ 都属于上述五族特征函数，所以只对非退化特征函数来证明本定理即可。

(ii) L_4 是无穷可分特征函数族 $\mathscr{D}$ 的子族。事实上，若取测度 Ψ 为

· 160 ·

$$\Psi(A) = \sigma^2 \chi_A(0) + \int_A \frac{q(x)|x|}{1+x^2} dx, \quad A \in \mathscr{B}^1,$$

则

$$\exp\left(i\alpha t - \frac{1}{2}\sigma^2 t^2 + \int_{R^1}\left(e^{itx} - 1 - \frac{itx}{1+x^2}\right)\frac{q(x)}{|x|} dx\right)$$
$$= \{\alpha, \Psi(x)\}.$$

所以，定理 2.4 一方面说明 L 族是无穷可分族 $\mathscr{D}$ 的子族，另一方面也给出了 L 族的范式.

证 显然，$L_1 \subset L_2 = L_3$，所以，欲证定理 2.4，只须证明 $L_2 \subset L_4 \subset L_5 \subset L_1$.

1. $L_2 \subset L_4$.

任取 $f \in L_2$，由第四章定理 3.3 知 $f(t) = \{\alpha, \Psi(x)\}$. 欲证 $f \in L_4$，只须证

$$\Psi(A) = \Psi(\{0\})\chi_A(0) + \int_A \frac{q(x)|x|}{1+x^2} dx \quad (A \in \mathscr{B}^1),$$

$q(x)$ 满足 L_4 中的条件.

令 $F_n(x)$ 是 $f_n(t)$ 的 d. f..

(a) 考虑 $x < 0$. 由 $f \in L_2$ 及第四章定理 4.3 知

$$\lim_{n \to \infty} \sum_{k=1}^{n} \int_{y < xB_n} dF_k(y) = \int_{(-\infty, x)} \frac{1+y^2}{y^2} d\Psi(y), \quad \begin{matrix} x < 0, \\ x \in c(\Psi), \end{matrix} \quad (2.1)$$

$$\lim_{n \to \infty} \sum_{k=1}^{n} \int_{y \geq xB_n} dF_k(y) = \int_{[x,\infty)} \frac{1+y^2}{y^2} d\Psi(y), \quad \begin{matrix} x > 0, \\ x \in c(\Psi). \end{matrix} \quad (2.2)$$

在 $\mathscr{B}^1(-\infty, 0)$（负半轴上一切波莱尔集）上定义测度：

$$p(A) = \int_A \frac{1+y^2}{y^2} d\Psi(y), \quad A \in \mathscr{B}^1(-\infty, 0),$$

则

$$\Psi(A) = \int_A \frac{y^2}{1+y^2} dp(y), \quad A \in \mathscr{B}^1(-\infty, 0).$$

按通常习惯，记 $\Psi(x) = \Psi((-\infty, x))$，$p(x) = p((-\infty, x))$. 由于 $\left\{f_k\left(\frac{t}{B_n}\right), k = 1, 2, \cdots, n\right\}$ 是 u. a. n. 体系，所以由定理

2.1 知

$$\lim_{n \to \infty} B_n = \infty, \quad \lim_{n \to \infty} \frac{B_{n+1}}{B_n} = 1.$$

由引理 1.2 可以假设 $B_n \uparrow \infty$。所以任给 $\lambda > 1$，对每一个 k，都存在 n_k，使 $n_k > k$，且

$$B_{n_{k-1}} \leqslant \lambda B_k < B_{n_k}.$$

所以

$$\lambda < \frac{B_{n_k}}{B_k} = \frac{B_{n_{k-1}}}{B_k} \cdot \frac{B_{n_k}}{B_{n_{k-1}}} \leqslant \lambda \frac{B_{n_k}}{B_{n_{k-1}}},$$

令 $k \to \infty$ 即得

$$\lim_{k \to \infty} \frac{B_{n_k}}{B_k} = \lambda.$$

而由 (2.1) 得

$$\lim_{k \to \infty} \sum_{\nu=1}^{n_k} \int_{y < x B_{n_k}} dF_\nu(y) = p(x), \quad x < 0, x \in c(\Psi); \quad (2.3)$$

$$\lim_{k \to \infty} \sum_{\nu=1}^{k} \int_{y < x B_{n_k}} dF_\nu(y) = \lim_{k \to \infty} \sum_{\nu=1}^{k} \int_{y < (x B_k \cdot B_{n_k}/B_k)} dF_\nu(y)$$
$$= p(\lambda x), \quad \lambda x > 0, \ \lambda x \in c(\Psi). \quad (2.4)$$

(2.3) 减 (2.4) 得

$$\lim_{k \to \infty} \sum_{\nu=k+1}^{n_k} \int_{y < x B_{n_k}} dF_\nu(y) = p(x) - p(\lambda x) \quad \left(\begin{matrix} \lambda x, \ x \in c(\Psi), \\ x < 0. \end{matrix} \right)$$
$$(2.5)$$

所以当 $x < 0$，$x, \lambda x \in c(\Psi)$（即 $x, \lambda x \in c(p)$）时，$p(x) - p(\lambda x)$ 是 x 的单调上升函数。而 $p(x)$ 又是左连续函数，所以 $p(x) - p(\lambda x)$ 在 $(-\infty, 0)$ 内单调上升。令

$$S(x) = p(-e^x) \quad (-\infty < x < \infty), \quad (2.6)$$

则对任何固定的常数 $a > 0$，$S(x) - S(x + a) = p(-e^x) - p(-e^a e^x)$ 在 $(-\infty, \infty)$ 内单调下降。所以 $S(x)$ 是凸函数（即对任何 x_1, x_2，有 $S\left(\dfrac{x_1 + x_2}{2}\right) \leqslant \dfrac{1}{2}(S(x_1) + S(x_2))$），从而 $S(x)$

是绝对连续函数，其导函数 $S'(x)$ 几乎处处存在且单调上升. 显然

$$\lim_{x \to \infty} S(x) = \lim_{x \to -\infty} p(x) = 0,$$

所以，存在 $\bar{p}(x)$，使

$$S(x) = \int_{[x,\infty)} \bar{p}(y)dy, \tag{2.7}$$

$\bar{p}(y)$ 在 $(-\infty, \infty)$ 内单调下降，且 $\lim_{x \to \infty} \bar{p}(x) = 0$. 故当 $x < 0$ 时，由 (2.6)，(2.7) 有

$$p(x) = S(\log|x|) = \int_{[\log|x|,\infty)} \bar{p}(y)dy$$

$$= \int_{(-\infty,x)} \frac{\bar{p}(\log(-t))}{-t} dt.$$

令 $q(x) = \bar{p}(\log(-x))$，$(x < 0)$，则

$q(-\infty) = \bar{p}(\infty) = 0$，$q(x)$ 在 $(-\infty, 0)$ 内单调上升，

$$p(A) = \int_A \frac{q(y)}{|y|} dy, \quad A \in \mathscr{B}^1(-\infty, 0),$$

$$\int_{(-\infty,0)} \frac{|x|}{1+x^2} q(x)dx = \int_{(-\infty,0)} \frac{x^2}{1+x^2} dp(x)$$

$$= \Psi((-\infty, 0)) < \infty,$$

$$\int_A \frac{|x|}{1+x^2} q(x)dx = \Psi(A), \quad A \in \mathscr{B}^1(-\infty, 0).$$

(b) 考虑 $x > 0$. 仿(a)，存在定义在 $(0, \infty)$ 上的单调下降函数 $q(x)$，$q(\infty) = 0$，且

$$\int_{(0,\infty)} \frac{|x|}{1+x^2} q(x)dx < \infty,$$

$$\int_A \frac{|x|}{1+x^2} q(x)dx = \Psi(A), \quad A \in \mathscr{B}^1(0, \infty).$$

综合 (a)，(b) 两步有

$$\Psi(A) = \Psi(\{0\})\chi_A(0) + \int_A \frac{|x|}{1+x^2} q(x)dx, \quad A \in \mathscr{B}^1.$$

$L_2 \subset L_4$ 得证。

2. $L_4 \subset L_5$.

任取 $f(t) \in L_4$, 即

$$f(t) = \exp\left(i\alpha t - \frac{1}{2}\sigma^2 t^2 + \int_{R^1}\left(e^{itx} - 1 - \frac{itx}{1+x^2}\right)\frac{q(x)}{|x|}dx\right),$$

$q(x)$ 满足 L_4 中的条件, α, σ 是实数. 任取 $\lambda > 1$. 令

$$H(t, x) = \left(e^{itx} - 1 - \frac{itx}{1+x^2}\right)\frac{q(x)}{|x|} \quad (t \in R^1, \ x \neq 0),$$

则

$$\begin{aligned}
\frac{f(\lambda t)}{f(t)} = \exp\Big(&i\alpha t(\lambda - 1) - \frac{1}{2}\sigma^2 t^2(\lambda^2 - 1) \\
&+ \int_{R^1}(H(t\lambda, x) - H(t, x))dx\Big).
\end{aligned}$$

但是

$$\exp\left(\int_{R^1}(H(t\lambda, x) - H(t, x))dx\right)$$

$$= \exp\left(\int_{R^1}\left(e^{itx} - 1 - \frac{itx}{1+\frac{x^2}{\lambda^2}}\right)\frac{q\left(\frac{x}{\lambda}\right)}{|x|}dx\right.$$

$$\left. - \int_{R^1}\left(e^{itx} - 1 - \frac{itx}{1+x^2}\right)\frac{q(x)}{|x|}dx\right)$$

$$= \exp\left(\int_{R^1}\left(e^{itx} - 1 - \frac{itx}{1+x^2}\right)\frac{q\left(\frac{x}{\lambda}\right) - q(x)}{|x|}dx\right.$$

$$\left. + \int_{R^1}\left(\frac{itx}{1+x^2} - \frac{itx}{1+\frac{x^2}{\lambda^2}}\right)\frac{q\left(\frac{x}{\lambda}\right)}{|x|}dx\right),$$

又因为 $q(x)$ 在 $(-\infty, 0)$ 内单调上升, 在 $(0, \infty)$ 内单调下降, $\lambda > 1$, 所以 $q\left(\frac{x}{\lambda}\right) - q(x)$ 在 $(-\infty, \infty)$ 内非负, 因此, 若取

$$\Psi(y) = \int_{(-\infty, y)}\left[q\left(\frac{x}{\lambda}\right) - q(x)\right]\frac{|x|}{1+x^2}dx \quad (y \in R^1),$$

则由 $q(x)$ 满足 L_4 中的条件知

$$\exp\left(\int_{R^1}\left(e^{itx}-1-\frac{itx}{1+x^2}\right)\frac{q\left(\frac{x}{\lambda}\right)-q(x)}{|x|}dx\right)$$

$$=\exp\left(\int_{R^1}\left(e^{itx}-1-\frac{itx}{1+x^2}\right)\frac{1+x^2}{x^2}d\Psi(x)\right)$$

$$=\{0,\Psi(x)\}$$

是 i. d. c. f. 再用

$$\int_{R^1}\frac{|y|q(y)}{1+y^2}dy<\infty$$

还有

$$\int_{R^1}\frac{q\left(\frac{x}{\lambda}\right)}{|x|}\left(-\frac{itx}{1+x^2}-\frac{itx}{1+\frac{x^2}{\lambda^2}}\right)dx=iat.$$

所以

$$\exp\left(\int_{R^1}(H(t\lambda,x)-H(t,x))dx\right)$$

$$=e^{iat}\{0,\Psi(x)\}=\{a,\Psi(x)\}$$

是 c. f., 而

$$\exp\left(iat(\lambda-1)-\frac{1}{2}\sigma^2t^2(\lambda^2-1)\right)$$

也是 c. f. 所以

$$\frac{f(\lambda t)}{f(t)}=e^{iat(\lambda-1)-\frac{1}{2}\sigma^2t^2(\lambda^2-1)}\cdot\{a,\Psi(x)\}$$

是 c. f.. $L_4\subset L_5$ 得证.

3. $L_5\subset L_1$.

任取 $f(t)\in L_5$. 不妨设 $f(t)$ 是非退化特征函数. 由 $f(\lambda t)/f(t)$ 是 c. f. (对一切 $\lambda>1$), 可推知

$$f(bt)/f(at)\quad\text{是 c. f. } (b>a>0).$$

所以, 任取 $B_n>0$, $B_n\uparrow\infty$, $B_{n+1}/B_n\to1$, $B_1>1$, 令

$$f_1(t)=f(B_1t),\quad f_n(t)=\frac{f(B_nt)}{f(B_{n-1}t)}\quad(n\geqslant2),$$

则 $f_k(t)$ 是 c.f. 且

$$f(t) = \prod_{k=1}^{n} f_k\left(\frac{t}{B_n}\right) \quad (n \geqslant 1),$$

更有

$$f(t) = \lim_{n \to \infty} \prod_{k=1}^{n} f_k\left(\frac{t}{B_n}\right).$$

由于 $f(t)$ 是非退化特征函数，$f_k(t)$ 是特征函数，所以由定理 2.1
知 $\left\{ f_k\left(\dfrac{t}{B_n}\right), k=1,2,\cdots,n \right\}$ 是 u.a.n. 体系，故 $f(t) \in L_1$.
定理 2.4 证毕.

定理 2.5 问题甲、乙、丙的极限特征函数族都是 L.

证 由定理 2.4 即得.

定义 2.2 设 $\{f_k(t)\}$ 是特征函数列．我们称问题乙（或者问
题丙）有解，意即存在实数列 $\{A_n\}$ 及正数列 $\{B_n\}$ 使 $\left\{ f_k\left(\dfrac{t}{B_n}\right),\right.$
$\left. k=1,2,\cdots,n \right\}$ 为 u.a.n.（或者 u.a.c.）体系，且

$$\lim_{n \to \infty} e^{-iA_n t} \prod_{k=1}^{n} f_k\left(\frac{t}{B_n}\right) = f(t),$$

$f(t)$ 是非退化特征函数．这时，称 $\{A_n\}$，$\{B_n\}$ 为其解.

我们称问题甲有解，意即存在正数列 $\{B_n\}$ 使 $\left\{ f_k\left(\dfrac{t}{B_n}\right),\right.$
$\left. k=1,2,\cdots,n \right\}$ 为 u.a.n. 体系，且

$$\lim_{n \to \infty} \prod_{k=1}^{n} f_k\left(\frac{t}{B_n}\right) = f(t),$$

$f(t)$ 为非退化特征函数．这时，称 $\{B_n\}$ 为其解.

定理 2.6 不论问题甲、乙、丙，若 $\{B_n^0\}$ 是解，则正数列 $\{B_n\}$
为其解的充要条件为

$$\lim_{n \to \infty} \frac{B_n}{B_n^0} = \alpha, \quad 0 < \alpha < \infty.$$

证 由定理所设可知

$$\lim_{n\to\infty} \prod_{k=1}^{n} \left| f_k \left(\frac{t}{B_n^0} \right) \right|^2 = |f_0(t)|^2, \tag{2.8}$$

$f_0(t)$ 是非退化特征函数.

(1) 设正数列 $\{B_n\}$ 为其解. 则 $\left\{ f_k \left(\frac{t}{B_n} \right), k=1, 2, \cdots, n \right\}$
为 u.a.n. (或 u.a.c.) 体系, 且有非退化特征函数, 使

$$\lim_{n\to\infty} \prod_{k=1}^{n} \left| f_k \left(\frac{t}{B_n} \right) \right|^2 = |f(t)|^2. \tag{2.9}$$

故由引理 1.6 系 2 (注意 (2.8),(2.9)) 得

$$\lim_{n\to\infty} \frac{B_n}{B_n^0} = \alpha \quad (0 < \alpha < \infty).$$

(2) 设正数列 $\{B_n\}$ 满足

$$\lim_{n\to\infty} \frac{B_n}{B_n^0} = \alpha \quad (0 < \alpha < \infty).$$

往证 $\{B_n\}$ 是解. 事实上, 由 (2.8) 有

$$\lim_{n\to\infty} e^{-iA_n t} \prod_{k=1}^{n} f_k \left(\frac{t}{B_n} \right)$$

$$= \lim_{n\to\infty} e^{-iA_n t} \prod_{k=1}^{n} f_k \left(\frac{1}{B_n^0} \left(\frac{t B_n^0}{B_n} \right) \right) = f \left(\frac{t}{\alpha} \right)$$

是非退化特征函数, 故 $\{B_n\}$ 是解.

定理 2.7 设 $\{f_k(t)\}$ 是特征函数列, $\{F_k(x)\}$ 是其对应的分布函数. 则正数列 $\{B_n\}$ 是问题甲的解的充要条件是:

$$B_n \to \infty, \quad B_{n+1}/B_n \to 1, \quad \text{且}$$

(I)

$$\lim_{n\to\infty} \sum_{k=1}^{n} F_k(B_n x) = G_1(x) \quad (x < 0),$$

$$\lim_{n\to\infty} \sum_{k=1}^{n} (1 - F_k(B_n x)) = G_2(x) \quad (x > 0),$$

$$\lim_{x\to-\infty} G_1(x) = \lim_{x\to\infty} G_2(x) = 0;$$

（II） $\lim\limits_{x\to 0+}\overline{\lim\limits_{n\to\infty}}\dfrac{1}{B_n^2}\sum\limits_{k=1}^{n}\left(\int_{|y|<B_n x}y^2 dF_k(y)-\left(\int_{|y|<B_n x}y dF_k(y)\right)^2\right)$

$$=\lim\limits_{x\to 0+}\lim\limits_{n\to\infty}\dfrac{1}{B_n^2}\sum\limits_{k=1}^{n}\left(\int_{|y|<B_n x}y^2 dF_k(y)\right.$$

$$\left.-\left(\int_{|y|<B_n x}y dF_k(y)\right)^2\right)$$

$$=\alpha \quad (\alpha \text{ 是有限数）;}$$

（III） $\lim\limits_{n\to\infty}\dfrac{1}{B_n}\sum\limits_{k=1}^{n}\int_{|y|<B_n x}y dF_k(y)=G_3(x)$

$$\text{（对一切 } x>0 \text{ 或一个 } x>0\text{），}$$

其中 α, $G_1(x)$, $G_2(x)$ 不同时为 0.

证. 必要性. 由第四章定理 4.4 及本章定理 2.1, 并注意 L 族中的特征函数 $f=\{\alpha,\varPsi(x)\}$ 中的 $\varPsi(x)$ 在 $(-\infty,0)$, $(0,\infty)$ 内连续即可得必要性.

充分性. 若能证在上述诸条件下, 可推出 $\left\{f_k\left(\dfrac{t}{B_n}\right), k=1,\right.$ $\left.2,\cdots,n\right\}$ 是 u. a. n. 体系, 则由第四章定理 4.4, 可推出充分性.

事实上, 由（I）得知存在单调函数 $G(x)$, 使 $G(\infty)=0$ 且

$$\lim\limits_{n\to\infty}\sum\limits_{k=1}^{n}\int_{|y|>B_n x}dF_k(y)=G(x)\quad (x>0,\ x\in c(G)). \quad (2.10)$$

又因为 $B_{n+1}/B_n\to 1$, 所以

$$\lim\limits_{n\to\infty}\sum\limits_{k=1}^{n-1}\int_{|y|>B_n x}dF_k(y)=G(x)\quad (x>0,\ x\in c(G)).$$

因此

$$\lim\limits_{n\to\infty}\int_{|y|>B_n x}dF_n(y)=0\quad (x>0,\ x\in c(G))$$

由于上式左端的积分是 x 的单调函数, 且 $c(G)$ 在 $(0,\infty)$ 内处处稠密, 所以

$$\lim\limits_{n\to\infty}\int_{|y|>B_n x}dF_n(x)=0\quad (x>0). \quad (2.11)$$

（a）若 $G(x) \not\equiv 0$，则 $G(x)$ 满足引理 1.4 的全部条件（那儿的 F_n 相当于此处的 $F_1 + F_2 + \cdots + F_n$），所以由引理 1.4 得知：存在 $B'_n \uparrow \infty$，$B'_n/B_n \rightarrow 1$. 令

$$\lambda_{nk} = \int_{|y|>B'_n x} dF_k(y) \quad (x > 0),$$

则由 (2.11) 及 $B'_n/B_n \rightarrow 1$ 得

（i）固定 k，$\lambda_{nk} \downarrow 0 \ (n \uparrow \infty)$，

（ii）$\lambda_{nn} \rightarrow 0$.

所以，由引理 1.3 得

$$\lim_{n \to \infty} \max_{1 \leqslant k \leqslant n} \lambda_{nk} = 0,$$

故由 $B'_n/B_n \rightarrow 1$ 得

$$\lim_{n \to \infty} \max_{1 \leqslant k \leqslant n} \int_{|y|>B_n x} dF_k(y) = 0,$$

此即 $\left\{ f_k\left(\dfrac{t}{B_n}\right), \ k = 1, 2, \cdots, n \right\}$ 是 u. a. n. 体系.

（b）若 $G(x) \equiv 0$，则由 (2.10) 知 $\left\{ f_k\left(\dfrac{t}{B_n}\right), \ k = 1, 2, \cdots, n \right\}$ 是 u. a. n. 体系.

定理 2.8 设 $\{f_k(t)\}$ 是一串特征函数，$\{F_k(x)\}$ 为其对应的分布函数，则正数列 $\{B_n\}$ 是问题乙的解的充要条件是

$$\left\{ f_k\left(\frac{t}{B_n}\right), \ k = 1, 2, \cdots, n \right\} \text{ 是 u. a. n. 体系且}$$

$$\Phi_n(x) \xrightarrow{c} \Phi(x), \quad \Phi(x) \not\equiv 0,$$

其中

$$\Phi_n(x) = \sum_{k=1}^{n} \int_{(-\infty, B_n x)} \frac{y^2}{B_n^2 + y^2} dF_k(y + a_{nk}(\tau)), \quad (2.12)$$

$$a_{nk}(\tau) = \int_{|y|<B_n\tau} \frac{y}{B_n} dF_k(y).$$

上述诸条件适合后，就取

$$A_n = \frac{1}{B_n} \sum_{k=1}^{n} \int_{|y|<B_n\tau} y\, dF_k(y) + \text{const} + o(1) \quad (n \rightarrow \infty).$$

证　此定理是第四章定理 4.2 的特款．

注　$\Phi(x) \neq 0$ 反映了极限特征函数是非退化的．

定理 2.9　设 $\{f_k(t)\}$ 是一串特征函数，$\{F_k(x)\}$ 是其对应的分布函数，则正数列 $\{B_n\}$ 是问题丙的解的充要条件是：

$$B_n \to \infty, \quad B_{n+1}/B_n \to 1, \quad 且$$

$$(\text{I}) \quad \lim_{n \to \infty} \sum_{k=1}^{n} F_k(B_n x + \mu_k) = G_1(x) \quad (x < 0),$$

$$\lim_{n \to \infty} \sum_{k=1}^{n} (1 - F_k(B_n x + \mu_k)) = G_2(x) \quad (x > 0),$$

$$\lim_{x \to -\infty} G_1(x) = \lim_{x \to \infty} G_2(x) = 0;$$

$$(\text{II}) \quad \lim_{x \to 0+} \overline{\lim_{n \to \infty}} \frac{1}{B_n^2} \sum_{k=1}^{n} \left\{ \int\!\!\int_{|y| < B_n x} y^2 dF_k(y + \mu_k) \right.$$

$$\left. - \left(\int\!\!\int_{|y| < B_n x} y dF_k(y + \mu_k) \right)^2 \right\}$$

$$= \lim_{x \to 0+} \varliminf_{n \to \infty} \frac{1}{B_n^2} \sum_{k=1}^{n} \left\{ \int\!\!\int_{|y| < B_n x} y^2 dF_k(y + \mu_k) \right.$$

$$\left. - \left(\int\!\!\int_{|y| < B_n x} y dF_k(y + \mu_k) \right)^2 \right\}$$

$$= \alpha, \quad \alpha \text{ 是实数．}$$

$G_1(x)$，$G_2(x)$，α 不同时为 0．（这反映了极限特征函数非退化．）

上述诸条件满足后，取 A_n 如下

$$A_n = \frac{1}{B_n} \sum_{k=1}^{n} \left\{ \mu_k + \int_{|y| < B_n x} y dF_k(y + \mu_k) \right\} + \text{const} + o(1)$$

$$(n \to \infty),$$

其中 μ_k 为 $F_k(x)$ 的中位数．

证明仿定理 2.7，只不过在应用第四章定理 4.4 之处改为应用第四章定理 4.4′．

第六章 稳 定 族

§1 问题的提法

在第五章中,我们讨论了相互独立的随机变量序列 $X_1, X_2, \cdots$ 的规范和 $\dfrac{1}{B_n} \sum\limits_{k=1}^{n} X_k - A_n$ 的极限分布

$$\lim_{n \to \infty} \mathscr{L} \left(\frac{1}{B_n} \sum_{k=1}^{n} X_k - A_n \right)$$

的问题,其中 $\{B_n\}$ 是正数列,$\{A_n\}$ 是实数列.

如果用特征函数的语言说,即对给定的特征函数序列 $\{f_k(t)\}$,第五章讨论了

$$e^{-iA_n t} \prod_{k=1}^{n} f_k \left(\frac{t}{B_n} \right)$$

的极限问题. 具体地说,讨论了:

1. 如果 $\left\{ f_k \left(\dfrac{t}{B_n} \right), \ k = 1, 2, \cdots, n \right\}$ 是 u. a. n. 体系,且 $n \to \infty$ 时,$e^{-iA_n t} \prod\limits_{k=1}^{n} f_k \left(\dfrac{t}{B_n} \right)$ 趋于非退化特征函数 $f(t)$ (由第四章定理 4.1 知 $f(t)$ 必为 i. d. c. f. $\{\alpha, \Psi(x)\}$),问 $f(t)$ 属于 $\mathscr{D}$ 中那一个子族? 该子族有何特点? 回答是 $f(t)$ 属于 L 族,其范式如第五章定理 2.4 所示.

2. 由于 $\{f_k(t)\}$ 是事先给定的,而 $\{B_n\}$ 和 $\{A_n\}$ 是事后适当选取的,因而就产生了如何取 $\{B_n\}$ 及 $\{A_n\}$,使 $\left\{ f_k \left(\dfrac{t}{B_n} \right), \ k = 1, 2, \cdots, n \right\}$ 成 u. a. n. 体系,并使 $e^{-iA_n t} \sum\limits_{k=1}^{n} f_k \left(\dfrac{t}{B_n} \right)$ 趋于非退化特征函数 $f(t)$ 的问题. 第五章也研究了欲 $\{B_n\}$ 和 $\{A_n\}$ 满足上述要求,其充要条件是什么? 回答如第五章定理 2.6—2.9.

在这一章中,我们将要把问题更加特殊化. 假定给定了一

串相互独立相同分布的随机变量 $X_1, X_2, \cdots,$ 讨论其规范和 $\dfrac{1}{B_n} \sum\limits_{k=1}^{n} X_k - A_n$ 的极限分布

$$\lim_{n \to \infty} \mathscr{L} \left(\frac{1}{B_n} \sum_{k=1}^{n} X_k - A_n \right)$$

的问题,其中 $\{B_n\}$ 为正数列,$\{A_n\}$ 为实数列.

如果用特征函数的术语说,即给定了一个特征函数 $f(t)$,讨论

$$e^{-iA_n t} \left(f \left(\frac{t}{B_n} \right) \right)^n$$

的极限问题. 具体说,我们将要讨论

1. 如果 $\left\{ f_{nk}(t) = f \left(\dfrac{t}{B_n} \right), \ k = 1, 2, \cdots, n \right\}$ 是 u. a. n. 体系,且 $n \to \infty$ 时,$e^{-iA_n t} f \left(\dfrac{t}{B_n} \right)^n$ 趋于非退化特征函数 $g(t)$(由第五章定理 2.4 知 $g(t)$ 必属于 L 族),问 $g(t)$ 属于 L 中那一子族? 该子族有何特点?

2. 如果 $\left\{ f_{nk}(t) = f \left(\dfrac{t}{B_n} \right), \ k = 1, 2, \cdots, n \right\}$ 是 u. a. n. 体系,当 $n \to \infty$ 时,$e^{-iA_n t} f \left(\dfrac{t}{B_n} \right)^n$ 趋于某一特征函数 $g(t)$ 的充要条件是什么?

§2 稳 定 族

定义 2.1 称特征函数 $f(t)$ 是稳定的,如果对任何常数 $a > 0$,$b > 0$,都有 $c > 0$ 及 d,使

$$f(at)f(bt) = f(ct)e^{idt}.$$

全部稳定特征函数构成的函数族用 S 表示. 显然退化特征函数属于 S.

定理 2.1 下面五族特征函数重合:

$$(1) \ S_1 = \left\{ \tilde{f}(t) \left| \begin{array}{l} \tilde{f}(t) = e^{-iA_n t} f \left(\dfrac{t}{B_n} \right)^n \ (n \geqslant 1), \tilde{f} \text{ 是 c.f.,} \\ \left\{ f_{nk}(t) = f \left(\dfrac{t}{B_n} \right), \ k = 1, 2, \cdots, n \right\} \\ \text{是 u. a. c 体系.} \end{array} \right. \right\};$$

$$(2)\ S_2 = \left\{ \tilde{f}(t) \left| \begin{array}{l} \tilde{f}(t) = e^{-iA_n t} f\left(\dfrac{t}{B_n}\right)^n, \ (n \geq 1),\ \tilde{f} \text{ 是 c.f.}, \\ \left\{ f_{nk}(t) = f\left(\dfrac{t}{B_n}\right), \ k = 1, 2, \cdots, n \right\} \\ \text{是 u.a.n. 体系.} \end{array} \right. \right\};$$

$$(3)\ S_3 = \left\{ \tilde{f}(t) \left| \begin{array}{l} \tilde{f}(t) = \lim_{n \to \infty} e^{-iA_n t} f\left(\dfrac{t}{B_n}\right)^n \text{ 是 c.f.}, \\ \left\{ f_{nk}(t) = f\left(\dfrac{t}{B_n}\right), \ k = 1, 2, \cdots, n \right\} \\ \text{是 u.a.n. 体系.} \end{array} \right. \right\};$$

$$(4)\ S_4 = \left\{ \tilde{f}(t) \left| \begin{array}{l} \tilde{f}(t) = \lim_{n \to \infty} e^{-iA_n t} f\left(\dfrac{t}{B_n}\right)^n \text{ 是 c.f.}, \\ \left\{ f_{nk}(t) = f\left(\dfrac{t}{B_n}\right), \ k = 1, 2, \cdots, n \right\} \\ \text{是 u.a.c. 体系.} \end{array} \right. \right\};$$

(5) $S_5 = S$.

证　显然 $S_1 = S_2 \subset S_3 = S_4$. 又因为退化特征函数属于 S_i, ($i = 1, 2, \cdots, 5$), 所以为证定理, 只需证明

（i）$f \in S_5$, f 非退化 $\Rightarrow f \in S_1$;

（ii）$f \in S_3$, f 非退化 $\Rightarrow f \in S_5$.

先证 (i) 任取 $f \in S_5$, f 非退化, 则由定义有 $c_n > 0$ 及 d_n 使

$$f(t)^2 = f(c_2 t) e^{id_2 t},$$
$$f(t)^3 = f(t) f(c_2 t) e^{id_2 t} = f(c_3 t) e^{id_3 t},$$
$$\cdots\cdots\cdots\cdots\cdots$$
$$f(t)^n = f(c_n t) e^{id_n t},$$

即

$$f(t) = e^{-id_n t / c_n} f\left(\frac{t}{c_n}\right)^n \quad (n \geq 1). \tag{2.1}$$

注意: 上式说明 $S \subset \mathscr{D}$. 若能证 $\left\{ f_{nk}(t) = f\left(\dfrac{t}{c_n}\right), \ k = 1, 2, \cdots, n \right\}$ 是 u.a.c. 体系, 则 (i) 得证. 事实上, (2.1) 说明 $f(t)$ 是 i.d.c.f., 故 $f(t)$ 无处为 0, 从而再用 (2.1) 有

$$\lim_{n \to \infty} \left| f\left(\frac{t}{c_n}\right)\right| = \lim_{n \to \infty} |f(t)|^{1/n} = 1 \quad \text{(对一切 } t\text{)}. \qquad (2.2)$$

往证 $\lim\limits_{n \to \infty} c_n = \infty$. 谬设有 $\lim\limits_{k \to \infty} c_{n_k} = c$ 为有限数,则由 (2.2) 有

$$|f(t)| = \lim_{k \to \infty} \left| f\left(\frac{tc}{c_{n_k}}\right)\right| = 1 \quad \text{(一切 } t\text{)}. \qquad (2.3)$$

这与 $f(t)$ 的非退化性矛盾,所以

$$\lim_{n \to \infty} c_n = \infty. \qquad (2.4)$$

由 (2.1),(2.2),(2.4) 并用第五章引理 1.7(iii) 得知 $\left\{f_{nk}(t) = f\left(\dfrac{t}{c_n}\right),\right.$ $\left. k = 1, 2, \cdots, n\right\}$ 是 u. a. c. 体系.

再证 (ii). 任取 $\varphi(t) \in S_3$, $\varphi(t)$ 非退化,则有

$$\varphi(t) = \lim_{n \to \infty} e^{-i A_n t} f\left(\frac{t}{B_n}\right)^n,$$

$$\left\{f_{nk}(t) = f\left(\frac{t}{B_n}\right), \ k = 1, 2, \cdots, n\right\} \text{ 是 u. a. n. 体系}.$$

所以由第五章引理 1.7 得知

$$B_n \to \infty, \quad B_{n+1}/B_n \to 1 \quad (n \to \infty).$$

再用第五章引理 1.2,可令 $B_n \uparrow \infty$. 所以任给 $\lambda > 0$,可取 N_n,使 $B_{N_n} \leqslant \lambda B_n < B_{N_n+1}$ (n 充分大后),因此,

$$\lim_{n \to \infty} \frac{B_{N_n}}{B_n} = \lambda,$$

从而

$$\varphi(\lambda t) = \lim_{n \to \infty} e^{-i A_{N_n} t \lambda} f\left(\frac{\lambda t}{B_{N_n}}\right)^{N_n}$$

$$= \lim_{n \to \infty} e^{-i A_{N_n} t \lambda} f\left(\frac{t}{B_n}\right)^{N_n}.$$

因此,

$$\varphi(t)\varphi(\lambda t) = \lim_{n \to \infty} e^{-i(A_n + \lambda A_{N_n})t} f\left(\frac{t}{B_n}\right)^{N_n+n}$$

$$= \lim_{n \to \infty} e^{i A_n' t} g_n \left(\frac{B_{Nn+n}}{B_n} \, t \right), \tag{2.5}$$

其中

$$g_n(t) = e^{-i A_{Nn+n} t} f \left(-\frac{t}{B_{Nn+n}} \right)^{N_n+n} \to \varphi(t), \tag{2.6}$$

而 $\varphi(t)$, $\varphi(t)\varphi(\lambda t)$ 皆非退化特征函数,所以由(2.5)和(2.6)并应用第五章引理 1.6 的系 2 可知: 存在 $B > 0$ 及 D,使

$$\varphi(t)\varphi(\lambda t) = e^{i D t} \varphi(B t).$$

所以,任给 $a > 0$, $b > 0$,存在 $c > 0$ 及 d,使

$$\varphi(a t)\varphi(b t) = \varphi(c t) e^{i d t}.$$

此即 $\varphi(t) \in S_5$. 定理证毕.

下面我们研究 S 中的特征函数 $f(t)$ 的范式 $\{\alpha, \Psi(x)\}$ 的特点.

引理 2.1 若 $f(t) = \{\alpha, \Psi(x)\} \in \mathcal{D}$, 记 $\varphi_a(t) = f(at)$, $a > 0$, 则 $\varphi_a(t) = \{\alpha_a, \Psi_a(x)\}$, 其中

$$\alpha_a = a\alpha + (1 - a^2) \int_{R^1} \frac{y}{1 + y^2} \, d\Psi \left(\frac{y}{a} \right),$$

$$\Psi_a(x) = \int_{(-\infty, x)} \frac{a^2 + y^2}{1 + y^2} \, d\Psi \left(\frac{y}{a} \right).$$

证

$$f(at) = \exp \left(i\alpha a t + \int_{R^1} \left(e^{i t a x} - 1 - \frac{i t a x}{1 + x^2} \right) \frac{1 + x^2}{x^2} \, d\Psi(x) \right)$$

$$= \exp \left(i\alpha a t + \int_{R^1} \left(e^{i t y} - 1 - \frac{i t y}{1 + \left(\frac{y}{a} \right)^2} \right) \frac{a^2 + y^2}{y^2} \, d\Psi \left(\frac{y}{a} \right) \right)$$

$$= \exp \left(i\alpha a t + i (1 - a^2) t \int_{R^1} \frac{y}{1 + y^2} \, d\Psi \left(\frac{y}{a} \right) \right.$$

$$\left. + \int_{R^1} \left(e^{i t y} - 1 - \frac{i t y}{1 + y^2} \right) \frac{a^2 + y^2}{y^2} \, d\Psi \left(\frac{y}{a} \right) \right)$$

$$= \{\alpha_a, \Psi_a(x)\}.$$

定理 2.2 任取 $f(t) \in S$, 必有

$$f(t) = \{\alpha, \Psi(x)\},$$

$$\Psi(x) = \sigma^2 \epsilon_0(x) + \int_{(-\infty, x)} \frac{q(y)|y|}{1 + y^2} dy, \quad \epsilon_0(x) \text{ 是零一律},$$

$$q(x) = (A + B \cdot \mathrm{sgn}\, x)|x|^{-\alpha} \quad (x \neq 0),$$

$$A \geqslant 0, \ |B| \leqslant A, \ 0 < \alpha < 2.$$

证 由于 $S \subset L_4$, 所以对于任意 $f(t) \in S$, 必有

$$f(t) = \{\alpha, \Psi(x)\},$$

$$\Psi(x) = \sigma^2 \epsilon_0(x) + \int_{(-\infty, x)} \frac{q(y)|y|}{1 + y^2} dy, \tag{2.7}$$

其中 $q(x)$ 满足第五章定理 2.4 中 L_4 中的性质. 由 $q(y)$ 的单调性, 不失普遍性可令 $q(x)$ 在 $x \neq 0$ 处左连续.

下面我们由 $f(t)$ 的稳定性来探求 $q(x)$ 的具体表达式.

由于 $f(t)$ 稳定, 所以任给 $a > 0$, $b > 0$, 都存在 $c > 0$ 及 d, 使

$$f(at)f(bt) = f(ct)e^{idt}.$$

故由引理 2.1 有

$$\{\alpha_a + \alpha_b, \Psi_a(x) + \Psi_b(x)\} = \{\alpha_c + d, \Psi_c(x)\}.$$

再用第四章定理 3.1 (唯一性) 得

$$\Psi_a(x) + \Psi_b(x) = \Psi_c(x).$$

即

$$\int_{(-\infty, x)} \frac{a^2 + y^2}{1 + y^2} d\Psi\left(\frac{y}{a}\right) + \int_{(-\infty, x)} \frac{b^2 + y^2}{1 + y^2} d\Psi\left(\frac{y}{b}\right)$$

$$= \int_{(-\infty, x)} \frac{c^2 + y^2}{1 + y^2} d\Psi\left(\frac{y}{c}\right).$$

用 (2.7) 代入上式得

$$\int_{(-\infty, x)} \frac{|y| q\left(\dfrac{y}{a}\right)}{1 + y^2} dy + \int_{(-\infty, x)} \frac{|y| q\left(\dfrac{y}{b}\right)}{1 + y^2} dy$$

$$= \int_{(-\infty, x)} \frac{|y| q\left(\dfrac{y}{c}\right)}{1 + y^2} dy \quad (x < 0), \tag{2.8}$$

$$\sigma^2 a^2 + \int_{(-\infty, x)} \frac{|y| q\left(\frac{y}{a}\right)}{1 + y^2} dy + \sigma^2 b^2 + \int_{(-\infty, x)} \frac{|y| q\left(\frac{y}{b}\right)}{1 + y^2} dy$$

$$= \sigma^2 c^2 + \int_{(-\infty, x)} \frac{|y| q\left(\frac{y}{c}\right)}{1 + y^2} dy \quad (x > 0). \tag{2.9}$$

对 (2.8) 及 (2.9) 求导数并注意 $q(x)$ 的左连续性得

$$q\left(\frac{x}{a}\right) + q\left(\frac{x}{b}\right) = q\left(\frac{x}{c}\right) \quad (x \neq 0). \tag{2.10}$$

先考虑 $q(x)$ 在 $(0, \infty)$ 内的性质.

在 (2.10) 中令 $x \to 0+$ 得 $2q(0+) = q(0+)$. 所以 $q(0+)$ 或则为 0 或则为 ∞. 若 $q(0+) = 0$, 则由 $q(x)$ 在 $(-\infty, 0)$ 单调上升在 $(0, \infty)$ 内单调下降得 $q(x) \equiv 0$ $(x \neq 0)$. 若 $q(0+) = \infty$, 则由 (2.10) 得知有 $c_n > 0$, 使 $nq(x) = q\left(\frac{x}{c_n}\right)$ $(x \neq 0)$, 即

$$q(x) = nq(c_n x) \quad (x \neq 0). \tag{2.11}$$

所以由 (2.11) 有

$$\frac{m}{n} q(x) = \frac{1}{n} q\left(\frac{x}{c_m}\right) = q\left(\frac{c_n}{c_m} x\right). \tag{2.12}$$

特别地,有

$$\begin{cases} \lim\limits_{n \to \infty} q\left(\frac{c_{n+1}}{c_n} x\right) = \lim\limits_{n \to \infty} \frac{n}{n+1} q(x) = q(x), \\ \lim\limits_{n \to \infty} q\left(\frac{c_n}{c_{n+1}} x\right) = \lim\limits_{n \to \infty} \frac{n+1}{n} q(x) = q(x). \end{cases} \tag{2.13}$$

由 (2.11) 及 $q(x)$ 在 $(-\infty, 0)$ 单调上升在 $(0, \infty)$ 内单调下降以及 $q(x) \neq 0$ $(x \neq 0)$ 得

$$c_n \uparrow \infty. \tag{2.14}$$

由 (2.13) 得

$$c_{n+1}/c_n \to 1. \tag{2.15}$$

所以,任给 $\lambda > 0$, 对每一个充分大的 k, 都存在 n_k, 使

$$c_{n_k} \leqslant \lambda c_k < c_{n_k+1},$$

由 (2.15) 可得

$$\lim_{k \to \infty} c_{n_k}/c_k = \lambda.$$

由 (2.12) 有

$$\lim_{k \to \infty} \frac{k}{n_k} q(x) = \lim_{k \to \infty} q\left(\frac{c_{n_k}}{c_k} x\right) = q(\lambda x) \quad (\lambda x \in c(q)).$$

若注意 $q(0+) = \infty$，则由上式知：存在 $\varphi(\lambda)$ 使

$$\lim_{k \to \infty} \frac{k}{n_k} = \varphi(\lambda).$$

故 $\varphi(\lambda)q(x) = q(\lambda x)$，$(\lambda x \in c(q))$. 又因为 $q(x)$ 左连续，所以 $\varphi(\lambda)q(x) = q(\lambda x)$ (一切 $\lambda > 0$, $x > 0$). 特别地，$\varphi(\lambda)q(1) = q(\lambda)$. 因此

$$q(\lambda)q(x) = q(x)\varphi(\lambda)q(1) = q(\lambda x)q(1) \quad (\lambda > 0, \ x > 0).$$

即

$$q(x) = A_1 x^{-\alpha_1} \quad (x > 0).$$

而 $q(0+) = \infty$, $q(x) \geqslant 0$, 故 $A_1 > 0$, $\alpha_1 > 0$. 又因为

$$\int_0^1 \frac{|x|}{1 + x^2} q(x) dx < \infty \quad (q(x) \ \text{满足} \ L_4 \ \text{中的要求}),$$

所以 $\alpha_1 < 2$. 因此

$$q(x) = \begin{cases} A_1 x^{-\alpha_1}, & q(0+) = \infty, \\ 0, & q(0+) = 0, \end{cases} \quad x > 0,$$

其中 $0 < \alpha_1 < 2$, $A_1 > 0$. （注意：$q(0+)$ 只有两种可能：$q(0+) = 0$ 或 ∞.）总之，

$$q(x) = A_1 x^{-\alpha_1} \quad (x > 0), \quad \text{其中} \ A_1 \geqslant 0, \ 0 < \alpha_1 < 2.$$

关于 $q(x)$ 在 $(-\infty, 0)$ 内的性质，仿上可得

$$q(x) = A_2 |x|^{-\alpha_2} \quad (x < 0), \quad \text{其中} \ A_2 \geqslant 0, \ 0 < \alpha_2 < 2.$$

把 $q(x)$ 的上述二表达式代入 (2.10) 得

$$\begin{cases} A_1(a^{\alpha_1} + b^{\alpha_1}) = A_1 c^{\alpha_1}, \\ A_2(a^{\alpha_2} + b^{\alpha_2}) = A_2 c^{\alpha_2}. \end{cases}$$

注意：$a > 0$, $b > 0$ 是可以任意选取的.

　　（甲）若 $A_1 \neq 0 \neq A_2$, 取 $a = 1 = b$, 得 $\alpha_1 = \alpha_2$.

（乙）　若 A_1, A_2 至少有一个为 0，不妨设 $A_1 = 0$，则 α_1 可以任意取，当然取 $\alpha_1 = \alpha_2$ 也可以.

总之，无论是情况（甲）或者（乙），总有

$$q(x) = \begin{cases} A_1 x^{-\alpha} & (x > 0); \\ A_2 |x|^{-\alpha} & (x < 0), \end{cases} \quad \text{其中 } A_1, A_2 \geqslant 0,\ 0 < \alpha < 2.$$

即

$$q(x) = (A + B \cdot \operatorname{sgn} x)|x|^{-\alpha} \quad (x \neq 0),$$

其中 $A \geqslant 0$，$|B| \leqslant A$，$0 < \alpha < 2$. 定理证毕.

讨论.

（I）　若 $\sigma^2 = 0$，$A = 0$，则 $\sigma^2 = 0$，$q(x) \equiv 0$，故 $\Psi(x) \equiv 0$，从而稳定特征函数 $f(t) = e^{i\alpha t}$ 是退化特征函数.

（II）　若 $\sigma^2 > 0$，$A = 0$，则 $\sigma^2 > 0$，$q(x) \equiv 0$，故 $\Psi(x) = \sigma^2 \varepsilon_0(x)$，从而 $f(t) = e^{i\alpha t - \frac{1}{2}\sigma^2 t^2}$ 是正态特征函数.

（III）　若 $\sigma^2 = 0$，$A > 0$，则 $\sigma^2 = 0$，$q(x) \not\equiv 0$，故 $\Psi(\{0\}) = \sigma^2 = 0$，从而 $f(t)$ 是无正态成分的稳定特征函数.

注意：$A > 0$，$\sigma^2 > 0$ 这种情况是不可能的. 因为由 $A > 0$ 可推出 $q(x) \not\equiv 0$，以 $q(x) = (A + B \cdot \operatorname{sgn} x)|x|^{-\alpha}$ 代入 (2.8) 得 $a^\alpha + b^\alpha = c^\alpha$，代入 (2.9) 得

$$a^2\sigma^2 + b^2\sigma^2 - c^2\sigma^2 + (a^\alpha + b^\alpha - c^\alpha)\int_{(-\infty, x)} \frac{|y|q(y)}{1 + y^2}\,dy = 0,$$

所以 $a^2\sigma^2 + b^2\sigma^2 - c^2\sigma^2 = 0$. 令 $a = b = 1$，并注意对应的 c 也大于 0 得 $\sigma^2 = 0$. 这就证明了

$$A > 0 \Rightarrow \sigma^2 = 0.$$

对于情况 (I)，(II)，稳定特征函数 $f(t)$ 的范式已明确地写出来了，它们分别为退化特征函数与正态特征函数. 对于情况(III)，其范式为

$$f(t) = \{\alpha, \Psi(x)\} = \exp\left(i\alpha t + \int_{R^1}\left(e^{itx} - 1 - \frac{itx}{1 + x^2}\right)\right.$$
$$\left. \times \frac{(A + B \cdot \operatorname{sgn} x)}{|x|^{1+\alpha}}\,dx\right),$$

其中 $0 < \alpha < 2$, $A > 0$, $|B| \leqslant A$.

下面我们将把上述积分算出来. 为此, 我们要用下面三个积分公式:

(1) $\displaystyle\int_0^\infty \frac{dx}{x^\alpha(x^2+1)} = \int_0^\infty \frac{x^\alpha}{1+x^2}dx$

$$= \frac{\pi}{2\cos\dfrac{\pi}{2}\alpha} \quad (0 < \alpha < 1),$$

(2) $\displaystyle\int_0^\infty \frac{1-\cos tx}{x^{\alpha+1}}dx$

$$= \frac{\pi|t|^\alpha}{2\Gamma(\alpha+1)\sin\dfrac{\pi}{2}\alpha} \quad (0 < \alpha < 1),$$

(3) $\displaystyle\int_0^\infty \frac{\sin tx}{x^{\alpha+1}}dx$

$$= \frac{\pi\,\mathrm{sgn}\,t\,|t|^\alpha}{2\Gamma(\alpha+1)\cos\dfrac{\pi}{2}\alpha} \quad (0 < \alpha < 1).$$

令

$$g(t) = \int_{R^1} \left(e^{itx} - 1 - \frac{itx}{1+x^2}\right)\frac{(A+B\,\mathrm{sgn}\,x)}{|x|^{1+\alpha}}dx$$

情况 (a) $0 < \alpha < 1$.

把 $g(t)$ 分成实部与虚部得

$$g(t) = -2A\int_0^\infty \frac{1-\cos tx}{x^{1+\alpha}}dx$$

$$+ 2Bi\int_0^\infty \left(\sin tx - \frac{tx}{1+x^2}\right)\frac{dx}{x^{1+\alpha}}$$

$$= -2A\int_0^\infty \frac{1-\cos tx}{x^{1+\alpha}}dx$$

$$+ 2Bi\int_0^\infty \frac{\sin tx}{x^{1+\alpha}}dx - 2Bit\int_0^\infty \frac{dx}{x^\alpha(1+x^2)}.$$

利用上面三个积分公式可得

$$g(t) = -\frac{Bi\pi t}{\cos\frac{\pi}{2}\alpha} - \frac{A\pi|t|^\alpha}{\Gamma(\alpha+1)\sin\frac{\pi}{2}\alpha}$$

$$+ \frac{Bi\pi\,\mathrm{sgn}\,t\,|t|^\alpha}{\Gamma(\alpha+1)\cos\frac{\pi}{2}\alpha}.$$

情况 (b)　$1 < \alpha < 2$。

对 $g(t)$ 求导数得：

$$g'(t) = i\int_{R^1} x\left(e^{itx} - \frac{1}{1+x^2}\right)\frac{A + B\,\mathrm{sgn}\,x}{|x|^{1+\alpha}}dx$$

$$= i\int_{R^1}\left(e^{itx} - \frac{1}{1+x^2}\right)\frac{A\cdot\mathrm{sgn}\,x + B}{|x|^\alpha}dx,$$

若注意

$$Ai\int_{R^1}\frac{|x|^{2-\alpha}}{1+x^2}\,\mathrm{sgn}\,x\,dx = 0$$

则可得

$$g'(t) = i\int_{R^1}(e^{itx} - 1)\frac{A\,\mathrm{sgn}\,x + B}{|x|^\alpha}dx + Bi\int_{R^1}\frac{|x|^{2-\alpha}}{1+x^2}dx$$

$$= -2Bi\int_0^\infty\frac{1 - \cos tx}{x^\alpha}dx - 2A\int_0^\infty\frac{\sin tx}{x^\alpha}dx$$

$$+ 2Bi\int_0^\infty\frac{|x|^{2-\alpha}}{1+x^2}dx.$$

用前面三个积分公式可得

$$g'(t) = -2Bi\,\frac{\pi|t|^{\alpha-1}}{2\Gamma(\alpha)\sin\frac{\pi}{2}(\alpha-1)} - 2A\,\frac{\pi\,\mathrm{sgn}\,t\,|t|^{\alpha-1}}{2\Gamma(\alpha)\cos\frac{(\alpha-1)\pi}{2}}$$

$$+ 2Bi\,\frac{\pi}{2\cos\frac{\pi}{2}(2-\alpha)}$$

$$= -\frac{Bi\pi|t|^{\alpha-1}}{\Gamma(\alpha)\cos\frac{\alpha\pi}{2}} - \frac{\pi A\,\mathrm{sgn}\,t\,|t|^{\alpha-1}}{\Gamma(\alpha)\sin\frac{\alpha\pi}{2}} - \frac{Bi\pi}{\cos\frac{\alpha\pi}{2}},$$

所以

$$g(t) = \frac{Bi\pi \operatorname{sgn} t |t|^\alpha}{\Gamma(\alpha+1)\cos\dfrac{\alpha\pi}{2}} - \frac{\pi A |t|^\alpha}{\Gamma(\alpha+1)\sin\dfrac{\alpha\pi}{2}} - \frac{Bi\pi t}{\cos\dfrac{\alpha\pi}{2}}.$$

因此，无论 $0 < \alpha < 1$ 或者 $1 < \alpha < 2$，$g(t)$ 的表示式在形式上都是一样的，即

$$g(t) = -\frac{\pi A |t|^\alpha}{\Gamma(\alpha+1)\sin\dfrac{\alpha\pi}{2}} + \frac{Bi\pi(|t|^\alpha \operatorname{sgn} t - t\Gamma(\alpha+1))}{\cos\dfrac{\alpha\pi}{2}} \cdot$$

$$(0 < \alpha < 2, \ \alpha \neq 1).$$

当 $\alpha = 1$ 时，上式第一项为 $-\pi A |t|$，而第二项可用洛必达 (L' Hopitol G.) 法则算出为

$$-2Bi(t\log|t| - t\Gamma'(1)).$$

所以

$$f(t) = \{\alpha, \Psi(x)\} = e^{i\alpha t + g(t)}$$

$$= \begin{cases} e^{ict - (c_0 - ic_1 \operatorname{sgn} t)|t|^\alpha}, & 0 < \alpha < 2, \ \alpha \neq 1; \\ e^{ic't - a|t| + bit\log|t|}, & \alpha = 1, \end{cases}$$

其中

$$c = \alpha - \frac{B\pi}{\cos\dfrac{\alpha\pi}{2}}, \qquad c_0 = \frac{A\pi}{\Gamma(\alpha+1)\sin\dfrac{\alpha\pi}{2}},$$

$$c_1 = \frac{B\pi}{\Gamma(\alpha+1)\cos\dfrac{\alpha\pi}{2}}, \qquad c' = \alpha + 2B\Gamma'(1),$$

$$a = A\pi, \qquad b = 2B.$$

而 $A > 0$，$|B| \leqslant A$ 反映在这里为

$$\begin{cases} c_0 > 0, \\ |c_1| \leqslant c_0 \left|\tan\dfrac{\alpha\pi}{2}\right|, \end{cases} \qquad \begin{cases} a > 0, \\ |b| < \dfrac{2}{\pi} a. \end{cases}$$

作为这一章的结尾，我们研究 $e^{-iA_n t} f\left(\dfrac{t}{B_n}\right)^n$ 趋于某一个稳定特征函数的充要条件。而趋于退化特征函数与正态特征函数的简单情形在第四章 §5 中已经进行过周详的讨论了，所以，在此只

讨论趋于非退化非正态的稳定特征函数的充要条件,(即前面所说的 $\sigma^2 = 0,\ A > 0$ 的情况 (III)).

定理 2.3 设 $f(t)$ 是特征函数, $\varphi(t)$ 是非退化非正态的稳定特征函数, 即

$$\varphi(t) = \{\gamma,\ \Psi(x)\},$$

$$\Psi(x) = \int_{(-\infty,x)} \frac{(A + B\operatorname{sgn} y)|y|^{1-\alpha}}{1 + y^2}\, dy,$$

$$A > 0,\ |B| \leqslant A,\ 0 < \alpha < 2,$$

则

$$\lim_{n \to \infty} e^{-iA_n t} f\left(\frac{t}{B_n}\right)^n = \varphi(t)$$

的充要条件是:

（I）　$\lim\limits_{n \to \infty} n F(B_n x) = \dfrac{A - B}{\alpha}\, |x|^{-\alpha} \quad (x < 0),$

$\lim\limits_{n \to \infty} n(1 - F(B_n x)) = \dfrac{A + B}{\alpha}\, x^{-\alpha} \quad (x > 0);$

（II）　$\lim\limits_{n \to \infty} \dfrac{n}{B_n^2}\left[\int_{|y| < B_n x} y^2 dF(y) - \left(\int_{|y| < B_n x} y\, dF(y)\right)^2\right]$

$= \dfrac{2A}{2 - \alpha}\, x^{2-\alpha}$

（对一切 $x > 0$ 或一个 $x > 0$），

其中 $F(x)$ 为 $f(x)$ 的 d.f.;

（III）　$\lim\limits_{n \to \infty}\left(-A_n + \dfrac{n}{B_n}\int_{|y| < B_n x} y\, dF(y)\right)$

$$= \begin{cases} \gamma + \dfrac{2B x^{1-\alpha}}{1 - \alpha} - \dfrac{B\pi}{\cos\dfrac{\alpha\pi}{2}}, & \alpha \neq 1, \\[4mm] \gamma + \log x, & \alpha = 1, \end{cases}$$

对一切 $x > 0$ 或一个 $x > 0$, 其中 $\{A_n\}$ 为实数列, $\{B_n\}$ 为正数列.

　证　必要性.

若 $\lim\limits_{n\to\infty} e^{-iA_n t} f\left(\dfrac{t}{B_n}\right)^n = \varphi(t)$（非退化非正态的稳定特征函数）。

则 $B_n \to \infty$. （此事实在定理 2.1 的 $S_3 \subset S_1$ 的证明中已证.）所以

$$\lim_{n\to\infty} \max_{1\leqslant k\leqslant n} |1 - f_{nk}(t)| = \lim_{n\to\infty} \max_{1\leqslant k\leqslant n} \left|1 - f\left(\frac{t}{B_n}\right)\right| = 0,$$

此即 $\left\{ f_{nk}(t) = f\left(\dfrac{t}{B_n}\right), \ k = 1, 2, \cdots, n \right\}$ 是 u. a. n. 体系，所以由第四章定理 4.3 得知 (I)，(II)，(III) 成立.

充分性. 由 (I) 得: $(1 - F(B_n x) + F(-B_n x)) \to 0$，（对一切 $x > 0$)，所以 $B_n \to \infty$（反之 $F(x)$ 为零一律，从而 (II) 的左端恒为 0，而右端恒大于 0，故 (II) 不能成立). 因此，$\left\{ f_{nk}(t) = f\left(\dfrac{t}{B_n}\right), \ k = 1, 2, \cdots, n \right\}$ 是 u. a. n. 体系，再用第四章定理 4.3 知 (I)，(II)，(III) 是充分条件.

第七章 强极限定理

在第三章至第六章,我们系统地研究了分布函数(特征函数)的极限理论。在这一章中,我们将直接从随机变量出发,研究它们的极限理论. 本章涉及的随机变量,都是某个概率空间 $(\Omega, \mathscr{F}, P)$ 上的,因而涉及随机变量序列的几乎处处([a. e.])收敛,总是对概率测度 P 而言的. Ω 中的元素用 ω 表示.

§1 三级数定理及强大数定律

引理 1.1 (柯尔莫哥罗夫不等式) 设随机变量 $X_1, \cdots, X_n$ 相互独立, $E(X_k) = p_k$, $\mathrm{var}(X_k) = \sigma_k^2$ 都存在 $(k = 1, 2, \cdots, n)$,则对任意给定的 $\varepsilon > 0$,都有

$$P\left(\max_{1 \leqslant k \leqslant n} \left| \sum_{i=1}^{k} (X_i - p_i) \right| \geqslant \varepsilon \right) \leqslant \frac{\sum_{k=1}^{n} \sigma_k^2}{\varepsilon^2}. \tag{1.1}$$

证 令 $E = \left\{ \max_{1 \leqslant k \leqslant n} \left| \sum_{i=1}^{k} (X_i - p_i) \right| \geqslant \varepsilon \right\}$, $S_k = \sum_{i=1}^{k} (X_i - p_i)$, $E_k = \left(\bigcap_{i=1}^{k-1} \{|S_i| < \varepsilon\} \right) \cap \{|S_k| \geqslant \varepsilon\}$ $(k \geqslant 2)$, $E_1 = \{|S_1| \geqslant \varepsilon\}$,则 $E = \bigcup_{k=1}^{n} E_k$, $\{E_k\}$ 互不相交. 又因为由独立性有

$$\int_{E_k} S_n^2 dP = \int_{E_k} \left\{ S_k^2 + 2 S_k \sum_{i=k+1}^{n} (X_i - p_i) \right.$$

$$\left. + \left(\sum_{i=k+1}^{n} (X_i - p_i) \right)^2 \right\} dP$$

$$= \int_{E_k} S_k^2 dP + \int_{E_k} \left(\sum_{i=k+1}^{n} (X_i - p_i) \right)^2 dP$$

· 185 ·

$$\geqslant \int_{E_k} S_k^2 dP. \tag{1.2}$$

所以

$$\sum_{k=1}^{n} \sigma_k^2 = \mathrm{var}\Big(\sum_{k=1}^{n} X_k\Big) = \int_{\Omega}\Big(\sum_{k=1}^{n}(X_k - p_k)\Big)^2 dP$$

$$\geqslant \int_{E} S_n^2 dP - \sum_{k=1}^{n}\int_{E_k} S_n^2 dP$$

$$\geqslant \sum_{k=1}^{n}\int_{E_k} S_k^2 dP \geqslant \sum_{k=1}^{n} \varepsilon^2 P(E_k) = \varepsilon^2 P(E),$$

此即

$$P\Big(\Big(\max_{1 < k < n}\Big|\sum_{i=1}^{k}(X_i - p_i)\Big|\Big) \geqslant \varepsilon\Big) \leqslant \frac{\sum\limits_{k=1}^{n}\sigma_k^2}{\varepsilon^2}.$$

定理 1.1 设随机变量序列 $\{X_n\}$ 相互独立. $E(X_n) = p_n$, $\mathrm{var}(X_n) = \sigma_n^2$ 都存在,则 $\sum\limits_{n=1}^{\infty} X_n$ 收敛 [m²],即 $\sum\limits_{n=1}^{\infty} X_n$ 均方收敛的充要条件是

$$\sum_{n=1}^{\infty} p_n \quad \text{与} \quad \sum_{n=1}^{\infty} \sigma_n^2 \quad \text{皆收敛}.$$

而且,若 $\sum\limits_{n=1}^{\infty} X_n = X$, [m²],则 $\sum\limits_{n=1}^{\infty} p_n = E(X)$, $\sum\limits_{n=1}^{\infty}\sigma_n^2 = \mathrm{var}(X)$.

(注意: $\sum\limits_{n=1}^{\infty} X_n$ 收敛 [m²],意即 $\sum\limits_{n=1}^{\infty} X_n$ 在 [m²] 意义下收敛到某一随机变量,对其它意义下的收敛,也有类似的含义.)

证 必要性. 若 $\sum\limits_{n=1}^{\infty} X_n = X$, [m²],即

$$\lim_{n \to \infty} E\Big(\Big|X - \sum_{k=1}^{n} X_k\Big|^2\Big) = 0.$$

由

$$\Big|E(X) - \sum_{k=1}^{n} p_k\Big| \leqslant E\Big(\Big|X - \sum_{k=1}^{n} X_k\Big|\Big)$$

$$\leqslant \left[E\left(\left| X - \sum_{k=1}^{n} X_k \right|^2 \right) \right]^{\frac{1}{2}}$$

可知

$$\sum_{n=1}^{\infty} p_n = E(X) \quad 收敛.$$

又因为

$$\left| \operatorname{var}(X) - \sum_{k=1}^{n} \operatorname{var}(X_k) \right| = \left| \operatorname{var}(X) - \operatorname{var}\left(\sum_{k=1}^{n} X_k \right) \right|$$

$$= \left| E(X^2) - E(X)^2 - E\left(\left(\sum_{k=1}^{n} X_k \right)^2 \right) + \left(\sum_{k=1}^{n} p_k \right)^2 \right|$$

$$\leqslant E\left(\left| X - \sum_{k=1}^{n} X_k \right|^2 \right) + 2E\left(\left| \left(\sum_{k=1}^{n} X_k \right)^2 - X \sum_{k=1}^{n} X_k \right| \right)$$

$$+ \left| \left(\sum_{k=1}^{n} p_k \right)^2 - E(X)^2 \right|,$$

但是,由霍尔德尔不等式,闵可夫斯基 (Minkowski, H.) 不等式有

$$E\left(\left| \left(\sum_{k=1}^{n} X_k \right)^2 - X \sum_{k=1}^{n} X_k \right| \right)$$

$$\leqslant E\left(\left| \sum_{k=1}^{n} X_k - X \right|^2 \right)^{\frac{1}{2}} E\left(\left| \sum_{k=1}^{n} X_k \right|^2 \right)^{\frac{1}{2}}$$

$$\leqslant E\left(\left| \sum_{k=1}^{n} X_k - X \right|^2 \right)^{\frac{1}{2}} \left(E\left(\left| \sum_{k=1}^{n} X_k - X \right|^2 \right)^{\frac{1}{2}} \right.$$

$$\left. + E\left(|X|^2 \right)^{\frac{1}{2}} \right),$$

以此式代入上式,并注意 $E(|X|^2) = \beta^2 < \infty$,$\sum_{n=1}^{\infty} p_n = E(X)$

收敛,及 $E\left(\left| \sum_{k=1}^{n} X_k - X \right|^2 \right) \to 0$ 可得

$$\sum_{n=1}^{\infty} \sigma_n^2 = \operatorname{var}(X) \quad 收敛.$$

充分性. 首先我们证明 $\left\{ \sum_{k=1}^{n} (X_k - p_k) \right\}$ 是一个基本均方收

敛序列.

事实上，$E\left(\left|\sum_{k=m}^{n}(X_k - p_k)\right|^2\right) \leqslant \sum_{k=m}^{n}\sigma_k^2$，所以由 $\sum_{k=1}^{\infty}\sigma_k^2 < \infty$ 知 $\left\{\sum_{k=1}^{n}(X_k - p_k)\right\}$ 是基本均方收敛序列. 因此，它均方收敛，又因为 $\sum_{n=1}^{\infty}p_n$ 收敛，故 $\left\{\sum_{k=1}^{n}X_k\right\}$ 均方收敛.

定理 1.2 设随机变量序列 $\{X_n\}$ 相互独立，$E(X_n) = p_n$，$\mathrm{var}(X_n) = \sigma_n^2$ 都存在 $(n = 1, 2, \cdots)$，而且 $\sum_{n=1}^{\infty}p_n, \sum_{n=1}^{\infty}\sigma_n^2$ 都收敛，则

(1) $\sum_{n=1}^{\infty}X_n$ 收敛，[a.e.]；

(2) $\sum_{n=1}^{\infty}X_n - X$, $[\mathrm{m}^2]$, $E(X) = \sum_{n=1}^{\infty}p_n$,

$\quad\quad \mathrm{var}(X) = \sum_{n=1}^{\infty}\sigma_n^2$；

(3) $P\left(\sup_{1 \leqslant n < \infty}\left|\sum_{k=1}^{n}(X_k - p_k)\right| \geqslant \varepsilon\right) \leqslant \sum_{n=1}^{\infty}\sigma_n^2/\varepsilon^2$.

证 不失普遍性可令 $p_n = E(X_n) = 0$ $(n \geqslant 1)$，再令

$$S_n(\omega) = \sum_{k=1}^{n}X_k(\omega) \ (n \geqslant 1), \ S_0(\omega) = 0,$$

$$a_m(\omega) = \sup\{|S_{m+k}(\omega) - S_m(\omega)|, \ k = 0, 1, 2, \cdots\},$$

$$a(\omega) = \inf\{a_m(\omega), \ m = 0, 1, 2, \cdots\}.$$

则 $\sum_{n=1}^{\infty}X_n(\omega_0)$ 收敛的充要条件是：$a(\omega_0) = 0$. 因此，欲证 $\sum_{n=1}^{\infty}X_n$ 收敛，[a.e.]，只需证明对任意 $\varepsilon > 0$，有

$$P(a(\omega) \geqslant \varepsilon) = 0.$$

事实上

$$P(a(\omega) \geqslant \varepsilon) \leqslant P(a_m(\omega) \geqslant \varepsilon)$$

$$= P(\sup\{|S_{m+k}(\omega) - S_m(\omega)|, \ k = 1, 2, \cdots\} \geqslant \varepsilon)$$

$$= P\left(\left(\lim_{n\to\infty} \max_{1\leqslant k\leqslant n} |S_{m+k}(\omega) - S_m(\omega)|\right) \geqslant \varepsilon\right)$$

$$\leqslant P\left(\lim_{n\to\infty}\left(\max_{1\leqslant k\leqslant n} |S_{m+k}(\omega) - S_m(\omega)| \geqslant \varepsilon - \frac{\varepsilon}{r}\right)\right)$$

$$= \lim_{n\to\infty} P\left(\max_{1\leqslant k\leqslant n} |S_{m+k}(\omega) - S_m(\omega)| \geqslant \varepsilon - \frac{\varepsilon}{r}\right)$$

$$\leqslant \lim_{n\to\infty} \frac{1}{\left(\varepsilon - \dfrac{\varepsilon}{r}\right)^2} \sum_{j=m+1}^{m+n} \mathrm{var}\,(X_j). \tag{1.3}$$

由于 $\displaystyle\sum_{j=1}^{\infty} \mathrm{var}\,(X_j)$ 收敛，在(1.3)中令 $m \to \infty$ 即可得 $P(a(\omega) \geqslant \varepsilon) = 0$. 此即 (1) 成立. 在 (1.3) 中取 $m = 0$，令 $r \to \infty$ 则得

$$P(a_0(\omega) \geqslant \varepsilon) \leqslant \frac{1}{\varepsilon^2} \sum_{j=1}^{\infty} \mathrm{var}\,(X_j),$$

此即 (3) 成立. 而 (2) 可直接由定理 1.1 得出.

定理 1.3 设 $\{X_n\}$ 为相互独立的随机变量序列，$|X_n| < c$, [a.c.] $(n \geqslant 1)$，而且 $\displaystyle\sum_{n=1}^{\infty} X_n$ 在某一正测集上收敛，则

$$\sum_{n=1}^{\infty} E(X_n), \quad \sum_{n=1}^{\infty} \mathrm{var}\,(X_n)$$

都收敛.

证 设 $E(X_n) = 0$ $(n \geqslant 1)$，令 $S_0 \equiv 0$, $S_n = \displaystyle\sum_{k=1}^{n} X_k$ $(n \geqslant 1)$. 由于 $\displaystyle\sum_{n=1}^{\infty} X_n$ 在正测集 E_1 上收敛，且 $|X_n| < c$, [a. e.]，所以存在一个正测集 $E_2 \subset E_1$，使 $\displaystyle\sum_{n=1}^{\infty} X_n$ 在 E_2 上收敛，且 $|X_n| < c$ 在 E_2 上处处成立. 利用叶果罗夫 (Егоров, Д. Ф.) 定理，可知，存在一个正测集 $E_3 \subset E_2$，使 $\displaystyle\sum_{n=1}^{\infty} X_n$ 在 E_3 上一致收敛，即，对任何给定的 $\varepsilon > 0$，存在正整数 N，对任意正整数 p，都有

$$|S_N(\omega) - S_{N+p}(\omega)| < \varepsilon, \quad 对 \omega \in E_3 一致成立.$$

所以

$$|S_{N+p}(\omega)| \leqslant |S_N(\omega)| + \varepsilon \leqslant Nc + \varepsilon \quad (\omega \in E_3).$$

而 $|X_k(\omega)| < c \; (\omega \in E_3)$, 所以对一切 $n \leqslant N$, $\omega \in E_3$, 都有

$$|S_n(\omega)| \leqslant nc \leqslant Nc.$$

因此 $|S_n(\omega)| \leqslant Nc + \varepsilon \; (\omega \in E_3, \; n \geqslant 1)$. 即

$$E_3 \subset \bigcap_{n=0}^{\infty} \{|S_n| \leqslant Nc + \varepsilon\} \overset{\text{记作}}{=\!=\!=} F,$$

所以 $P(F) \geqslant P(E_3) > 0$. 令

$$F_n = \bigcap_{k=0}^{n} \{|S_k| \leqslant Nc + \varepsilon\},$$

则 $F_n \downarrow F$. 再令 $d = Nc + \varepsilon$, $G_n = F_{n-1} \backslash F_n$, $\alpha_n = \int_{F_n} S_n^2 dP$,
则由独立性及假设 $\boldsymbol{E}(X_n) = 0$ 得

$$
\begin{aligned}
\alpha_n - \alpha_{n-1} &= \int_{F_n} S_n^2 dP - \int_{F_{n-1}} S_{n-1}^2 dP \\
&= \int_{F_{n-1}} S_n^2 dP - \int_{G_n} S_n^2 dP - \int_{F_{n-1}} S_{n-1}^2 dP \\
&= \int_{F_{n-1}} (X_n^2 + 2X_n S_{n-1}) dP - \int_{G_n} S_n^2 dP \\
&= \int_{F_{n-1}} X_n^2 dP - \int_{G_n} S_n^2 dP \\
&= \int_{\Omega} \chi_{F_{n-1}} X_n^2 dP - \int_{G_n} S_n^2 dP \\
&= \int_{\Omega} \chi_{F_{n-1}} dP \cdot \int_{\Omega} X_n^2 dP - \int_{G_n} S_n^2 dP \\
&\geqslant P(F_{n-1}) \operatorname{var}(X_n) - P(G_n)(d + c)^2 \\
&\geqslant P(F) \operatorname{var}(X_n) - P(G_n)(d + c)^2. \quad (1.4)
\end{aligned}
$$

把 (1.4) 对 n 从 1 到 M 求和得:

$$
\begin{aligned}
\alpha_M &\geqslant \sum_{n=1}^{M} P(F) \operatorname{var}(X_n) - (d + c)^2 P\left(\sum_{n=1}^{M} G_n\right) \\
&\geqslant P(F) \sum_{n=1}^{M} \operatorname{var}(X_n) - (d + c)^2.
\end{aligned}
$$

而 $\alpha_M \leqslant d^2$，所以 $\sum\limits_{n=1}^{\infty} \text{var}(X_n)$ 收敛.

现在，我们来证明一般情况，即取消 $E(X_n) = 0$ 的假设. 作新的相互独立随机变量序列 $\{X_n^*\}$，它与原来的 $\{X_n\}$ 相互独立，且 X_n^* 与 X_n 同分布 $(n \geqslant 1)$. 记 $Y_n = X_n - X_n^*$，则 $E(Y_n) = 0$，$\text{var}(X_n) = \dfrac{1}{2}\text{var}(Y_n)$，$\sum\limits_{n=1}^{\infty} Y_n$ 在某一正测集上收敛，$|Y_n| < 2c$，[a.e.]. 因此，由前面的证明可知 $\sum\limits_{n=1}^{\infty} \text{var}(Y_n)$ 收敛，所以 $\sum\limits_{n=1}^{\infty} \text{var}(X_n) = \dfrac{1}{2}\sum\limits_{n=1}^{\infty} \text{var}(Y_n)$ 收敛. 但是 $\sum\limits_{n=1}^{\infty} \text{var}(X_n - E(X_n))$ 收敛，$\sum\limits_{n=1}^{\infty} E(X_n - E(X_n)) = 0$，所以由定理 1.1 得

$$\sum_{n=1}^{\infty} (X_n - E(X_n)) \quad \text{收敛，[a.e.].}$$

而 $\sum\limits_{n=1}^{\infty} X_n$ 在某一正测集上收敛，所以 $\sum\limits_{n=1}^{\infty} E(X_n)$ 收敛.

定理 1.4 （波莱尔引理） 若 $\sum\limits_{n=1}^{\infty} P(E_n) < \infty$，则 $P(\limsup\limits_{n\to\infty} E_n) = 0$；反之，若 $P(\limsup\limits_{n\to\infty} E_n) = 0$，而且 $\{E_n\}$ 相互独立，则 $\sum\limits_{n=1}^{\infty} P(E_n) < \infty$.

证 若 $\sum\limits_{n=1}^{\infty} P(E_n) < \infty$，则

$$P(\limsup_{n\to\infty} E_n) = P\left(\bigcap_{n=1}^{\infty}\bigcup_{k=n}^{\infty} E_k\right) = \lim_{n\to\infty} P\left(\bigcup_{k=n}^{\infty} E_k\right)$$

$$= \lim_{n\to\infty}\lim_{m\to\infty} P\left(\bigcup_{k=n}^{m} E_k\right) \leqslant \lim_{n\to\infty}\lim_{m\to\infty}\sum_{k=n}^{m} P(E_k) = 0.$$

若 $P(\limsup\limits_{n\to\infty} E_n) = 0$，$\{E_n\}$ 相互独立，令 χ_n 为 E_n 上的示性函数，则 $w_0 \in \limsup\limits_{n\to\infty} E_n$ 的充要条件是 $\sum\limits_{n=1}^{\infty} \chi_n(w_0)$ 发散. 所以由 $P(\limsup\limits_{n\to\infty} E_n) = 0$ 推出 $\sum\limits_{n=1}^{\infty} \chi_n$ 收敛，[a.e.]. 而 $|\chi_n| \leqslant 1$，

$(n \geqslant 1)$，所以由定理 1.3 得知

$$\sum_{n=1}^{\infty} P(E_n) - \sum_{n=1}^{\infty} E(\chi_n) \quad 收敛.$$

引理 1.2 令 $\{a_{nk}, k = 1, 2, \cdots, k_n\}$ 满足下述条件：

(1) $k_n \geqslant n$，$k_{n+1} \geqslant k_n \ (n \geqslant 1)$；

(2) 对每一个 k，都有 $\lim_{n \to \infty} a_{nk} = 0$；

(3) $\sum_{k=1}^{k_n} |a_{nk}| \leqslant c < \infty \quad (n \geqslant 1).$

若令 $x'_n = \sum_{k=1}^{k_n} a_{nk} x_k$，则由 $x_n \to 0$ 可推出 $x'_n \to 0$；由 $\sum_{k=1}^{k_n} a_{nk} \to 1$ 及 $x_n \to x$ 可推出 $x'_n \to x$（x 是实数）. 特别地，若 $b_n = \left(\sum_{k=1}^{n} a_k\right) \uparrow \infty$，则由 $x_n \to x$（x 是实数）可推出

$$\frac{1}{b_n} \sum_{k=1}^{n} a_k x_k \to x.$$

证 若 $x_n \to 0$，则任给 $\varepsilon > 0$，都存在 $N(\varepsilon)$，当 $n \geqslant N(\varepsilon)$ 时，$|x_n| \leqslant \dfrac{\varepsilon}{c}$. 所以

$$|x'_n| \leqslant \sum_{k=1}^{N(\varepsilon)} |a_{nk} x_k| + \varepsilon. \tag{1.5}$$

由于 $N(\varepsilon)$ 是固定的，$a_{nk} \to 0 \ (n \to \infty)$，所以在 (1.5) 中令 $n \to \infty$ 并注意 $\varepsilon > 0$ 可任意小，即发现

$$x'_n \to 0.$$

若 $\sum_{k=1}^{k_n} a_{nk} \to 1$，$x_n \to x \ (n \to \infty)$，则

$$x'_n = \sum_{k=1}^{k_n} a_{nk} x + \sum_{k=1}^{k_n} a_{nk}(x_k - x) \to x.$$

若 $b_n = \left(\sum_{k=1}^{n} a_k\right) \uparrow \infty$，$x_n \to x$，取 $a_{nk} = \dfrac{a_k}{b_n}$（$k = 1, \cdots, k_n = n$），则

· 192 ·

$$\sum_{k=1}^{k_n} a_{nk} \to 1, \quad x_n \to x \quad (n \to \infty).$$

所以

$$\frac{1}{b_n} \sum_{k=1}^{n} a_k x_k = \sum_{k=1}^{k_n} a_{nk} x_k = x'_n \to x.$$

系 若 $\sum_{n=1}^{\infty} a_n$ 收敛，$b_n \uparrow \infty$，则

$$\frac{b_1 a_1 + \cdots + b_n a_n}{b_n} \to 0. \tag{1.6}$$

证 令 $S_0 = 0$，$S_n = a_1 + \cdots + a_n$，则

$$\frac{1}{b_n} \sum_{j=1}^{n} a_j b_j = \frac{1}{b_n} \sum_{j=1}^{n} (S_j - S_{j-1}) b_j$$

$$= \left(S_n - \frac{1}{b_n} \sum_{j=0}^{n-1} (b_{j+1} - b_j) S_j \right) \to 0.$$

定理 1.5 （强大数定律） 设 $\{X_n\}$ 是相互独立的随机变量序列，$b_n \uparrow \infty$，若 $E(X_n) = p_n$ 存在，$E(X_n^2) < \infty$ $(n \geq 1)$，且 $\sum_{n=1}^{\infty} \frac{\text{var}(X_n)}{b_n^2} < \infty$，则

$$\lim_{n \to \infty} \frac{1}{b_n} \sum_{k=1}^{n} (X_k - p_k) = 0, \quad [\text{a.e.}], \tag{1.7}$$

$$\lim_{n \to \infty} \frac{1}{b_n} \sum_{k=1}^{n} (X_k - p_k) = 0, \quad [\text{m}^2]. \tag{1.8}$$

证 应用定理 1.2 于 $\left\{ \dfrac{X_n - p_n}{b_n} \right\}$，则知

$$\sum_{n=1}^{\infty} \frac{X_n - p_n}{b_n} = X, \quad [\text{a.e.}].$$

取 $a_n = \dfrac{1}{b_n} (X_n - p_n)$，再利用引理 1.2 的系，则得 (1.7)。

又因为

$$E\left(\left(\frac{1}{b_n}\sum_{k=1}^{n}(X_k-p_k)\right)^2\right)=\frac{1}{b_n^2}\sum_{k=1}^{n}\text{var}(X_k). \qquad (1.9)$$

而 $\sum_{n=1}^{\infty}\frac{\text{var}(X_n)}{b_n^2}<\infty$，所以，再一次应用引理 1.2 的系，则得出

$$\frac{1}{b_n^2}\sum_{k=1}^{n}\text{var}(X_k)\to 0. \qquad (1.10)$$

综合 (1.9), (1.10) 得 (1.8).

引理 1.3 设 $F(x)$ 是分布函数. 则 $\int_{R^1}|x|dF(x)<\infty$ 的充要条件是

$$\sum_{n=1}^{\infty}\int_{|x|>n}dF(x)<\infty.$$

证 令 $\phi(x)=\int_{|y|>x}dF(y)$ $(x\geqslant 0)$，则

$$\phi(n)\leqslant\int_{n-1}^{n}\phi(x)dx\leqslant\phi(n-1)\quad(n\geqslant 1).$$

所以

$$\sum_{n=1}^{\infty}\phi(n)\leqslant\int_{0}^{\infty}\phi(x)dx\leqslant\phi(0)+\sum_{n=1}^{\infty}\phi(n)$$

$$=1+\sum_{n=1}^{\infty}\phi(n).$$

因此，$\sum_{n=1}^{\infty}\phi(n)<\infty$ 的充要条件是

$$\int_{0}^{\infty}\phi(x)dx<\infty.$$

但是

$$\int_{0}^{\infty}\phi(x)dx=\int_{0}^{\infty}\left(\int_{|y|>x}dF(y)\right)dx=\int_{R^1}\left(\int_{0}^{|y|}dx\right)dF(y)$$

$$=\int_{R^1}|y|dF(y).$$

所以 $\int_{R^1}|x|dF(x)<\infty$ 的充要条件是

$$\sum_{n=1}^{\infty}\int_{|x|>n}dF(x)<\infty.$$

定理 1.6 （强大数定律） 设 $\{X_n\}$ 是一串相互独立具有相同分布函数 $F(x)$ 的随机变量. 若

$$\lim_{n \to \infty} \frac{1}{n} \sum_{k=1}^{n} X_k = X, \quad [\text{a. e.}], \tag{1.11}$$

则

$$\int_{R^1} |x| dF(x) < \infty; \tag{1.12}$$

反之,若 $\int_{R^1} |x| dF(x) < \infty$, 则

$$\lim_{n \to \infty} \frac{1}{n} \sum_{k=1}^{n} X_k = E(X_k) = p, \quad [\text{a. e.}].$$

证 令 $A_n = \left\{ \left| \frac{X_n}{n} \right| \geqslant 1 \right\}$, 若 (1.11) 成立, 则

$$\frac{X_n}{n} = \left[\frac{1}{n} \sum_{k=1}^{n} X_k - \frac{n-1}{n} \left(\frac{1}{n-1} \sum_{k=1}^{n-1} X_k \right) \right] \to 0, \quad [\text{a. e.}].$$

所以

$$P \left(\limsup_{n \to \infty} A_n \right) = P \left(\limsup_{n \to \infty} \left\{ \left| \frac{X_n}{n} \right| \geqslant 1 \right\} \right) = 0,$$

因此,由波莱尔引理得知

$$\sum_{n=1}^{\infty} P(A_n) < \infty. \tag{1.13}$$

而由引理 1.3, (1.13) 与 (1.12) 等价. 所以 (1.12) 得证.

反之,设 (1.12) 成立. 作两串新随机变量如下

$$U_n = \begin{cases} X_n, & |X_n| < n; \\ 0, & |X_n| \geqslant n, \end{cases} \quad V_n = \begin{cases} 0, & |X_n| < n; \\ X_n, & |X_n| \geqslant n. \end{cases}$$

则 $\{U_n\}$, $\{V_n\}$ 是两串相互独立随机变量,且 $X_n = U_n + V_n$. 令 $\sigma_k^2 = \mathrm{var}(U_k)$, 则

$$\sigma_k^2 \leqslant E(U_k^2) = \int_{|x|<k} x^2 dF(x) = \sum_{\nu=1}^{k} \int_{\nu-1 \leqslant |x| < \nu} x^2 dF(x)$$

$$\leqslant \sum_{\nu=1}^{k} \nu \int_{\nu-1 \leqslant |x| < \nu} |x| dF(x).$$

令
$$a_\nu = \int_{\nu-1 \leqslant |x| < \nu} |x| \, dF(x),$$
则
$$\sum_{k=1}^\infty \frac{\sigma_k^2}{k^2} \leqslant \sum_{k=1}^\infty \frac{1}{k^2} \sum_{\nu=1}^k \nu a_\nu = \sum_{\nu=1}^\infty \nu a_\nu \sum_{k=\nu}^\infty \frac{1}{k^2}$$

$$\leqslant \sum_{\nu=1}^\infty \nu a_\nu \left(\frac{1}{\nu^2} + \int_\nu^\infty \frac{dx}{x^2} \right).$$

$$\leqslant \sum_{\nu=1}^\infty \nu a_\nu \left(\frac{1}{\nu^2} + \frac{1}{\nu} \right) \leqslant 2 \sum_{\nu=1}^\infty a_\nu$$

$$= 2 E(|X_k|) < \infty.$$

所以,由定理 1.5 得

$$\frac{1}{n} \sum_{k=1}^n (U_k - E(U_k)) \to 0, \quad [\text{a. e.}]. \tag{1.14}$$

但是,$E(U_k) \to p$,所以

$$\frac{1}{n} \sum_{k=1}^n E(U_k) \to p. \tag{1.15}$$

由 (1.14),(1.15) 得

$$\frac{1}{n} \sum_{k=1}^n (U_k - p) \to 0, \quad [\text{a. e.}]. \tag{1.16}$$

若能证 $V_n \to 0$,[a. e.],则由(1.16)和 V_n, U_n 之定义可推出

$$\frac{1}{n} \sum_{k=1}^n X_k = \frac{1}{n} \left(\sum_{k=1}^n U_k + \sum_{k=1}^n V_k \right) \to p, \quad [\text{a. e.}],$$

即定理得证. 往证 $V_n \to 0$,[a. e.].

事实上,令 $E_n = \{V_n \neq 0\}$,则

$$P(E_n) = P(V_n \neq 0) = \int_{|x| \geqslant n} dF(x)$$

$$= \sum_{\nu=1}^\infty \int_{n+\nu-1 \leqslant |x| < n+\nu} dF(x)$$

$$\leqslant \sum_{\nu=1}^\infty \frac{1}{n+\nu-1} a_{n+\nu} = \sum_{\nu=n}^\infty \frac{a_{\nu+1}}{\nu}.$$

所以

$$\sum_{n=1}^{\infty} P(E_n) \leqslant \sum_{n=1}^{\infty} \sum_{\nu=n}^{\infty} \frac{a_{\nu+1}}{\nu} = \sum_{\nu=1}^{\infty} a_{\nu+1} < \infty,$$

因此，由波勒尔引理推出

$$P\left(\limsup_{n\to\infty} E_n\right) = 0.$$

所以 $V_n \to 0$, [a. e.].

定理 1.7 设 $\{X_n\}$ 是相互独立的随机变量序列，$F_n(x)$ 是 X_n 的分布函数. 则下列陈述等价:

(1) $\sum_{n=1}^{\infty} X_n = X$, [a. e.].

(2) 对一切正数列 $\{a_n\}$, $\{b_n\}$ 来说，只要

$$0 < \varliminf_{n\to\infty} a_n, \ \varlimsup_{n\to\infty} a_n < \infty; \ 0 < \varliminf_{n\to\infty} b_n, \ \varlimsup_{n\to\infty} b_n < \infty,$$

则有

$$\sum_{n=1}^{\infty} \int_{x \in (-a_n, b_n)} dF_n(x) < \infty; \tag{1.17}$$

$$\sum_{n=1}^{\infty} \int_{(-a_n, b_n)} x \, dF_n(x) \quad \text{收敛}; \tag{1.18}$$

$$\sum_{n=1}^{\infty} \left(\int_{(-a_n, b_n)} x^2 dF_n(x) - \left(\int_{(-a_n, b_n)} x \, dF_n(x) \right)^2 \right) < \infty. \tag{1.19}$$

(3) 对一切正数 c, 都有

$$\sum_{n=1}^{\infty} \int_{|x| \geqslant c} dF_n(x) < \infty; \tag{1.17.1}$$

$$\sum_{n=1}^{\infty} \int_{|x| < c} x \, dF_n(x) \quad \text{收敛}; \tag{1.18.1}$$

$$\sum_{n=1}^{\infty} \left(\int_{|x| < c} x^2 dF_n(x) - \left(\int_{|x| < c} x \, dF_n(x) \right)^2 \right) < \infty. \tag{1.19.1}$$

(4) 对某一个正数 c, (1.17.1), (1.18.1), (1.19.1) 成立.

(5) 存在相互独立的随机变量序列 $\{X'_n\}$, 适合下列条件:

$$E(X_n'^2) < \infty, \quad E(X_n') = p_n', \quad \text{var}(X_n') = \sigma_n'^2,$$

$$\sum_{n=1}^{\infty} p_n' \text{ 收敛}, \quad \sum_{n=1}^{\infty} \sigma_n'^2 < \infty, \quad \sum_{n=1}^{\infty} P(X_n' \neq X_n) < \infty.$$

证 (1) $\Longrightarrow$ (2). 设 $\sum_{n=1}^{\infty} X_n = X$, [a.e.], 而且 $\{a_n\}, \{b_n\}$ 合于 (2) 中的条件. 令

$$Z_n = \begin{cases} X_n, & -a_n < X_n < b_n; \\ 0, & \text{反之} \end{cases}$$

再令 $E_n = \{X_n \neq Z_n\}$. 因为 $\sum_{n=1}^{\infty} X_n = X$, [a.e.], 所以 $X_n \to 0$, [a.e.]. 因此 $P(X_n = Z_n, \text{ a.a.}) = P\left(\bigcup_{n=1}^{\infty} \bigcap_{k=n}^{\infty} \{X_k = Z_k\}\right) = 1$, 所以 $\sum_{n=1}^{\infty} Z_n = Z$, [a.e.], 又因为 Z_n 一致有界 (对 n 来说), 所以应用定理 1.3 即得: $\sum_{n=1}^{\infty} E(Z_n)$, $\sum_{n=1}^{\infty} \text{var}(Z_n)$ 都收敛, 即 (2) 中的 (1.18), (1.19) 成立. 而

$$P(\limsup_{n\to\infty} E_n) = P\left(\bigcap_{n=1}^{\infty} \bigcup_{k=n}^{\infty} E_k\right)$$

$$= 1 - P\left(\Omega \setminus \left(\bigcap_{n=1}^{\infty} \bigcup_{k=n}^{\infty} E_k\right)\right)$$

$$= 1 - P\left(\bigcup_{n=1}^{\infty} \bigcap_{k=n}^{\infty} (\Omega \setminus E_k)\right)$$

$$= 1 - P\left(\bigcup_{n=1}^{\infty} \bigcap_{k=n}^{\infty} \{Z_k = X_k\}\right) = 0,$$

所以, 根据波勒尔引理推出

$$\sum_{n=1}^{\infty} P(E_n) < \infty.$$

此即 (1.17) 成立.

(2) $\Longrightarrow$ (3) $\Longrightarrow$ (4). 显然成立.

(4) $\Longrightarrow$ (5). 设 (4) 成立, 取

$$X'_n = \begin{cases} X_n, & |X_n| < c; \\ 0, & \text{反之}, \end{cases}$$

则 $\{X'_n\}$ 即为所求.

$(5) \Longrightarrow (1)$. 设 (5) 成立,则由定理 1.2 知 $\sum\limits_{n=1}^{\infty} X'_n = X'$, [a. e.]. 而 $\sum\limits_{n=1}^{\infty} P(X_n \neq X'_n) < \infty$, 所以由波勒尔引理得

$$P\left(\limsup_{n \to \infty} \{X_n \neq X'_n\}\right) = 0.$$

故

$$P(X_n = X'_n, \text{ a. a.})$$

$$= P\left(\bigcup_{n=1}^{\infty} \bigcap_{k=n}^{\infty} \{X_k = X'_k\}\right)$$

$$= 1 - P\left(\bigcap_{n=1}^{\infty} \bigcup_{k=n}^{\infty} \{X_k \neq X'_k\}\right)$$

$$= 1 - P\left(\limsup_{n \to \infty} \{X_n \neq X'_n\}\right) = 1.$$

因此由 $\sum\limits_{n=1}^{\infty} X'_n = X'$, [a. e.] 推知

$$\sum_{n=1}^{\infty} X_n = X, \quad [\text{a. e.}].$$

§2 无 穷 乘 积

定义 2.1 称无穷乘积 $\prod\limits_{n=1}^{\infty} Z_n$ 收敛,如果存在一个 n_0, 使

$$\lim_{n \to \infty} Z_{n_0+1} \cdots Z_n$$

存在而且不为 0.

定理 2.1 $\prod\limits_{n=1}^{\infty} Z_n$ 收敛的充要条件是

$$\begin{cases} (1) & \lim\limits_{n \to \infty} Z_{m+1} \cdots Z_n = p_m \text{ 存在 } (m \geqslant 1); \\ (2) & \lim\limits_{m \to \infty} p_m = 1. \end{cases}$$

证 必要性. 设 $\lim\limits_{n \to \infty} Z_{n_0+1} \cdots Z_n = a \neq 0$, 则显然 $\lim\limits_{n \to \infty} Z_{m+1} \cdots Z_n$ 存在, 令 $p_m = \lim\limits_{n \to \infty} Z_{m+1} \cdots Z_n$, 则

$$p_m = \frac{a}{Z_{n_0+1} \cdots Z_m},$$

所以, $p_m \to 1$.

充分性. 因为 $\lim\limits_{m \to \infty} p_m = 1$, 所以存在一个 n_0, 使 $p_{n_0} \neq 0$.

注 条件 (1), (2) 可合写为

$$\lim_{m \to \infty} \lim_{n \to \infty} Z_{m+1} \cdots Z_n = 1. \tag{2.1}$$

定义 2.2 无穷乘积 $\prod\limits_{n=1}^{\infty} Z_n$ 称为绝对收敛, 如果

$$\sum_{n=1}^{\infty} |Z_n - 1| < \infty.$$

定理 2.2 无穷乘积 $\prod\limits_{n=1}^{\infty} (1 + u_n)$ 收敛的充要条件是存在一个 m_0, 使

$$\sum_{n=m_0}^{\infty} \log(1 + u_n) \tag{2.2}$$

收敛.

证 由定理 2.1 知: $\prod\limits_{n=1}^{\infty} (1 + u_n)$ 收敛的充要条件是

$$\lim_{m \to \infty} \lim_{n \to \infty} (1 + u_{m+1}) \cdots (1 + u_n) = 1. \tag{2.1}'$$

而由对数函数的连续性知 $(2.1)'$ 与定理 2.2 中的条件是等价的.

定理 2.3 设序列 $\{u_n\}$ 中当 $n \geqslant m_0$ 后 u_n 是同号的, 则 $\prod\limits_{n=1}^{\infty} (1 + u_n)$ 收敛的充要条件是

$$\sum_{n=1}^{\infty} u_n \tag{2.3}$$

收敛.

证 首先, 不妨设 $\lim\limits_{n \to \infty} u_n = 0$, 如果不然, 则 $\sum\limits_{n=1}^{\infty} u_n$ 与 $\prod\limits_{n=1}^{\infty} (1 + u_n)$ 都不收敛, 则定理 2.3 的结论已经成立.

(1) 设 $u_n \geq 0$ $(n \geq m_0)$. 则由

$$e^x = 1 + x + o(x) \quad (x \to 0)$$

可知: 当 n 充分大后有

$$e^{\frac{1}{2}u_n} \leq 1 + u_n \leq e^{2u_n}.$$

即存在 $n_0 \geq m_0$, 使

$$e^{\frac{1}{2}(s_{n_0+p}-s_{n_0})} \leq \prod_{k=n_0+1}^{n_0+p} (1 + u_k) \leq e^{2(s_{n_0+p}-s_{n_0})},$$

其中 $S_n = \sum_{k=1}^{n} u_k$. 所以 $\sum_{n=1}^{\infty} u_n$ 收敛的充要条件是 $\prod_{n=1}^{\infty} (1 + u_n)$ 收敛.

(2) 设 $u_n \leq 0$ $(n \geq m_0)$. 则当 n 充分大后有

$$e^{2u_n} \leq 1 + u_n \leq e^{\frac{1}{2}u_n}.$$

即, 存在 $n_0 \geq m_0$, 使

$$e^{2(s_{n_0+p}-s_{n_0})} \leq \prod_{k=n_0+1}^{n_0+p} (1 + u_n) \leq e^{\frac{1}{2}(s_{n_0+p}-s_{n_0})}.$$

所以, $\sum_{n=1}^{\infty} u_n$ 收敛的充要条件是 $\prod_{n=1}^{\infty} (1 + u_n)$ 收敛.

定理 2.4 若 $\prod_{n=1}^{\infty} Z_n$ 绝对收敛, 则 $\prod_{n=1}^{\infty} Z_n$ 收敛, 而且在计算 $\lim_{n\to\infty} Z_1 \cdots Z_n$ 时, 可以将其中各项任意调动及任意结合, 其极限仍不变.

证 设 $\prod_{n=1}^{\infty} Z_n$ 绝对收敛, 即 $\sum_{n=1}^{\infty} |Z_n - 1| < \infty$, 因此, 当 n 充分大后, $\{Z_n - 1\}$ 不变号, 所以由定理 2.3 得知 $\prod_{n=1}^{\infty} Z_n$ 收敛, 而今 $\sum_{n=1}^{\infty} |Z_n - 1| < \infty$, 所以可以将 $\sum_{n=1}^{\infty} (Z_n - 1)$ 中各项任意调动及任意结合, 其和不变, 从而在计算 $\lim_{n\to\infty} Z_1 \cdots Z_n$ 时, 可以将其中各项任意调动及任意结合, 其极限不变.

定义 2.3 称函数无穷乘积 $\prod_{n=1}^{\infty} Z_n(\lambda)$ $(\lambda \in \Lambda)$ 依强控意义收敛, 如果存在一个正项收敛的数值级数 $\sum_{n=1}^{\infty} C_n$, 使

$$\sum_{n=1}^{\cdot} |Z_n(\lambda) - 1| \ll \sum_{n=1}^{\cdot} C_n \quad (\lambda \in \Lambda).$$

$$\left(\text{所谓 } \sum_{n=1}^{\cdot} a_n \ll \sum_{n=1}^{\cdot} b_n, \text{ 意即 } a_n \leqslant b_n, \ n \geqslant 1. \right)$$

定理 2.5 设 $\prod_{n=1}^{\infty} Z_n(\lambda)$ 依强控意义收敛，则它除了绝对收敛外，尚有下述性质

$$\lim_{n \to \infty} Z_{m+1}(\lambda) \cdots Z_n(\lambda) = p_m(\lambda) \quad (\text{对 } \lambda \in \Lambda \text{ 一致}), m \geqslant 1,$$

$$\lim_{m \to \infty} p_m(\lambda) = 1 \quad (\text{对 } \lambda \in \Lambda \text{ 一致}).$$

证 只需注意定理 2.1 及强控收敛的定义即可得本定理.

§3 独立随机变量之和的收敛性与其对应的特征函数的收敛性之间的关系

设 S_n 为随机变量，$F_n(x)$, $f_n(t)$ 分别为 S_n 的 d.f. 和 c.f.. 一般地，我们有

$$\text{“}S_n \to S, \ [\text{a.e.}]\text{”} \Longrightarrow \text{“}S_n \to S, \ [P]\text{”} \Longrightarrow \text{“}F_n \overset{c}{\to} \mathscr{L}(S)\text{”}.$$

而其逆命题一般是不对的. 如果 S_n 是 n 个相互独立随机变量之和，问上述两个逆命题是否成立？这就是本节所要解决的问题.

定理 3.1 设 $\{X_n\}$ 是相互独立的随机变量序列，$F_n(x)$, $f_n(t)$ 分别为 X_n 的 d.f. 和 c.f.. τ 是任意给定的正数，μ_n 是 X_n 的中位数，

$$b_n = \mu_n + \int_{|x - \mu_n| < \tau} (x - \mu_n) dF_n(x) = \mu_n + \int_{|x| < \tau} x \, dF_n^{\mu}(x),$$

$F_n^{\mu}(x) = F_n(x + \mu_n)$ 是 $X_n - \mu_n$ 的分布函数. 则下列诸陈述等价:

(1) $\lim\limits_{n \to \infty} \prod\limits_{j=1}^{n} |f_j(t)|^2 = f(t)$ 是 c.f.;

(2) $\sum\limits_{n=1}^{\infty} (X_n - b_n)$ 收敛, $[\text{a.e.}]$;

(3) 存在实数列 $\{C_n\}$ 使

$$\sum_{n=1}^{\infty} (X_n - C_n) \text{ 收敛}, \text{ [a. e.]};$$

(4) $\prod_{n=1}^{\infty} |f_n(t)|^2$ 收敛 $(t \in R^1)$;

(5) $\prod_{n=1}^{\infty} |f_n(t)|^2$ 收敛 $(t \in E, L(E) > 0)$,

其中 $L(E)$ 表 E 的勒贝格测度.

(6) 在每一个有限 t 区间上, $\prod_{n=1}^{\infty} e^{-itb_n} f_n(t)$ 依强控意义收敛.

证 $(1) \Longrightarrow (2)$. 设

$$\lim_{n \to \infty} \prod_{j=1}^{n} |f_j(t)|^2 = f(t)$$

是一个特征函数. 则可取 $\delta > 0$, 使得当 $|t| \leq \delta$ 时有 $f(t) \geq \frac{1}{2}$. 所以

$$- \sum_{n=1}^{\infty} \log |f_n(t)|^2 = - \log f(t) \leq \log 2, \quad |t| \leq \delta.$$

但是
$$x \leq - \log(1 - x), \quad 0 \leq x \leq 1,$$
所以
$$\sum_{n=1}^{\infty} (1 - |f_n(t)|^2) \leq - \sum_{n=1}^{\infty} \log |f_n(t)|^2 \leq \log 2, \quad |t| \leq \delta. \quad (3.1)$$

令

$$X_n' = \begin{cases} X_n, & |X_n - \mu_n| < \tau; \\ \mu_n, & \text{反之,} \end{cases}$$

则可算出 $\mathbf{E}(X_n') = b_n$,

$$\text{var}(X_n') = \int_{|x-\mu_n|<\tau} (x - \mu_n)^2 dF_n(x)$$
$$- \left(\int_{|x-\mu_n|<\tau} (x - \mu_n) dF_n(x) \right)^2.$$

利用第二章截尾不等式 (4.20) 即得:

$$\operatorname{var}(X'_n) \leqslant C(\tau, \delta) \int_0^\delta (1 - |f_n(t)|^2) dt. \tag{3.2}$$

由 (3.1) 及 (3.2) 可得

$$\sum_{n=1}^\infty \operatorname{var}(X'_n) \leqslant C(\tau, \delta) \delta \log 2 < \infty,$$

所以,用定理 1.2 于 $\{X'_n - b_n\}$ 则得

$$\sum_{n=1}^\infty (X'_n - b_n) \quad \text{收敛}, \ [\text{a. e.}]. \tag{3.3}$$

但是

$$\sum_{n=1}^\infty P(X_n \neq X'_n) \leqslant \sum_{n=1}^\infty P(|X_n - \mu_n| \geqslant \tau),$$

利用第二章 (4.17) 得

$$P(|X_n - \mu_n| \geqslant \tau) = \int_{|x-\mu_n| > \tau} dF_n(x)$$

$$\leqslant C_1(\tau, \delta) \int_0^\delta (1 - |f_n(t)|^2) dt,$$

所以

$$\sum_{n=1}^\infty P(X_n \neq X'_n) \leqslant c_1(\tau, \delta) \sum_{n=1}^\infty \int_0^\delta (1 - |f_n(t)|^2) dt$$

$$\leqslant c_1(\tau, \delta) \delta \log 2. \tag{3.4}$$

由 (3.3) 和 (3.4) 得知

$$\sum_{n=1}^\infty (X_n - b_n) \quad \text{收敛} \ [\text{a. e.}].$$

(2) $\Longrightarrow$ (3). 显然成立.

(3) $\Longrightarrow$ (4). 设

$$\sum_{n=1}^\infty (X_n - c_n) = S, \ [\text{a. e.}]; \quad \sum_{n=m}^\infty (X_n - c_n) = S_m, \ [\text{a. e.}].$$

则 S_m 的 c.f. 为

$$\lim_{n \to \infty} \prod_{k=m}^n e^{-ic_k t} f_k(t) = g_m(t),$$

因为 $\lim\limits_{m\to\infty} S_m = 0$, $[\text{a. e.}]$, 所以 $\lim\limits_{m\to\infty} g_m(t) = 1$. 因此,

$$\lim\limits_{m\to\infty}\lim\limits_{n\to\infty} |f_m(t)|^2 \cdots |f_n(t)|^2 = \lim\limits_{m\to\infty} |g_m(t)|^2 = 1,$$

根据定理 2.1 注得知

$$\prod_{n=1}^{\infty} |f_n(t)|^2 \quad \text{收敛} \quad (t \in R^1).$$

(4) ⇒ (5). 显然成立.

(5) ⇒ (6). 设 (5) 成立, 即设

$$\lim\limits_{m\to\infty}\lim\limits_{n\to\infty} |f_{m+1}(t)|^2 \cdots |f_n(t)|^2 = 1 \quad (t \in E, \ L(E) > 0).$$

由叶果罗夫定理知: 存在 $B \subset E$, $L(B) > 0$, 使

$$\lim\limits_{m\to\infty}\lim\limits_{n\to\infty} |f_{m+1}(t)|^2 \cdots |f_n(t)|^2 = 1 \quad \text{对} \quad t \in B \quad \text{一致成立}.$$

由于 $L(B) > 0$, 所以 B 在 $[0, \infty)$ 内或者在 $(-\infty, 0)$ 内有正测度子集. 又因为 $|f_k(t)|^2$ 是偶函数, 所以可以假定 $B \cap [0, \infty)$ 有正测度. 因此, 存在一个 $\delta > 0$, 使 $B \cap (0, \delta) = A$ 有正测度 $L(A) = \rho > 0$. 即

$$\lim\limits_{m\to\infty}\lim\limits_{n\to\infty} |f_{m+1}(t)|^2 \cdots |f_n(t)|^2 = 1, \quad \text{对} \quad t \in A \quad \text{一致成立},$$

$A \subset (0, \delta)$, $L(A) = \rho > 0$.

取 m_0 使 $\lim\limits_{n\to\infty} |f_{m_0+1}(t)|^2 \cdots |f_n(t)|^2 \geqslant \dfrac{1}{2}$ $(t \in A)$. 仿 (3.1) 可证:

$$\sum_{n=m_0+1}^{\infty} (1 - |f_n(t)|^2) \leqslant \log 2 \quad (t \in A).$$

利用第二章不等式 (4.14) 得

$$|e^{-itb_n} f_n(t) - 1| \leqslant L_0(T, \tau, \rho, \delta) \int_A (1 - |f_n(t)|^2) dt$$
$$(|t| \leqslant T).$$

取 $c_n = L_0(T, \tau, \rho, \delta) \int_A (1 - |f_n(t)|^2) dt$, 则 $\sum\limits_{n=1}^{\infty} c_n$ 收敛且

$$\sum_{n=1}^{\infty} |e^{-itb_n} f_n(t) - 1| \ll \sum_{n=1}^{\infty} c_n \quad (|t| \leqslant T)$$

此即 $\prod_{n=1}^{\infty} e^{-itb_n} f_n(t)$ 在任何有限区间 $[-T, T]$ 上依强控意义收敛.

(6) $\Rightarrow$ (1). 若 $\prod_{n=1}^{\infty} e^{-itb_n} f_n(t)$ 在 $|t| \leqslant T$ 上依强控意义收敛,则 $\prod_{k=1}^{n} e^{-itb_k} f_k(t)$ 在 $|t| \leqslant T$ 上一致收敛,因此 $\prod_{k=1}^{n} |f_k(t)|^2$ 在 $|t| \leqslant T$ 上一致收敛,由于 T 可为任意正数,所以 $\prod_{k=1}^{n} |f_k(t)|^2$ 的极限函数是特征函数.

定义 3.1 设 $\{X_n\}$ 是随机变量序列. 如果存在一串实数 $\{c_n\}$,使 $\sum_{n=1}^{\infty}(X_n - c_n)$ 收敛,[a.e.],则称 $\{X_n\}$ 是稳固的.

定理 3.1 给出了独立随机变量列 $\{X_n\}$ 为稳固的充要条件.

定理 3.2 设 $\{X_n\}$ 是相互独立的随机变量序列,则下列诸陈述等价:

(1) $\lim_{n \to \infty} f_1(t) \cdots f_n(t) = f(t)$ 是 c.f.;

(2) $\sum_{n=1}^{\infty} X_n$ 收敛 [a.e.];

(3) $\prod_{n=1}^{\infty} f_n(t)$ 收敛 ($t \in R^1$);

(4) $\prod_{n=1}^{\infty} f_n(t)$ 收敛 ($t \in E$, $L(E) > 0$),

$\{f_n(t)\}$ 是 $\{X_n\}$ 的特征函数.

证 (1) $\Rightarrow$ (2). 设 (1) 成立,则

$$\lim_{n \to \infty} |f_1(t)|^2 \cdots |f_n(t)|^2 = |f(t)|^2$$

所以,由定理 3.1 知 $\sum_{n=1}^{\infty}(X_n - b_n)$ 收敛,[a.e.]. 因此,

$$\lim_{n \to \infty} e^{-itb_1} f_1(t) \cdots e^{-itb_n} f_n(t) = g(t) \tag{3.5}$$

是特征函数. 所以存在一个 $\delta > 0$, 使 $|t| < \delta$ 时 $|g(t)| > 0$. 因此由 (3.5) 知

$$\lim_{n \to \infty} e^{-it(b_1 + \cdots + b_n)} = h(t) \quad (|t| < \delta).$$

利用第五章引理 1.5 可知 $\sum_{n=1}^{\infty} b_n$ 收敛到有限数. 但是 $\sum_{n=1}^{\infty} (X_n -$ $b_n)$ 收敛, [a.e.]. 所以 $\sum_{n=1}^{\infty} X_n$ 收敛, [a.e.].

(2) $\Rightarrow$ (3). 设 $\sum_{n=1}^{\infty} X_n$ 收敛, [a.e.]. 令 $S_m = \sum_{n=m}^{\infty} X_n$, 则 $\lim_{m \to \infty} S_m = 0$, [a.e.]. 所以

$$\mathbf{E}(e^{itS_m}) \to 1 \quad (m \to \infty),$$

即

$$\lim_{m \to \infty} \lim_{n \to \infty} f_{m+1}(t) \cdots f_n(t) = 1.$$

此即 (3) 成立.

(3) $\Rightarrow$ (4). 显然成立.

(4) $\Rightarrow$ (1). 设 (4) 成立, 则

$$\prod_{n=1}^{\infty} |f_n(t)|^2 \quad 收敛 \ (t \in E, \ L(E) > 0).$$

所以由定理 3.1, $\prod_{n=1}^{\infty} e^{-ib_n t} f_n(t)$ 依强控意义收敛更有 $\prod_{n=1}^{\infty} e^{-ib_n t} \times$ $f_n(t)$ 收敛, 从而

$$\lim_{m \to \infty} \lim_{n \to \infty} e^{-i(b_{m+1} + \cdots + b_n)t} f_{m+1}(t) \cdots f_n(t) = 1. \tag{3.6}$$

但是, 由 (4) 有

$$\lim_{m \to \infty} \lim_{n \to \infty} f_{m+1}(t) \cdots f_n(t) = 1 \quad (t \in E, \ L(E) > 0). \tag{3.7}$$

任取 $t_0 \in E$, 都存在 m_0, 使

$$\lim_{n \to \infty} f_{m_0+1}(t_0) \cdots f_n(t_0) \neq 0. \tag{3.8}$$

比较 (3.6), (3.7), (3.8) 可知

$$\lim_{n \to \infty} e^{-i(b_{m_0+1} + \cdots + b_n)t_0}$$

存在, 所以

$$\lim_{n\to\infty} e^{-i(b_1+\cdots+b_n)t} \quad \text{存在} \ (t \in E)$$

再利用第五章引理 1.5 的注, 可得 $\sum_{n=1}^{\infty} b_n$ 收敛到有限数. 所以由

$$\lim_{n\to\infty} e^{-i(b_1+\cdots+b_n)t} f_1(t)\cdots f_n(t) = \varphi(t)$$

是 c.f. $\left(\text{因为} \prod_{n=1}^{\infty} e^{-ib_n t} f_n(t) \text{ 依强控意义收敛}\right)$ 得知

$$\lim_{n\to\infty} f_1(t)\cdots f_n(t) = e^{i \sum_{n=1}^{\infty} b_n t} \varphi(t)$$

也是 c.f.. 定理证毕.

系 1 设 $\{X_n\}$ 是相互独立的随机变量序列, 若 $\sum_{n=1}^{\infty} X_n$ 收敛 ([a.e.]), 则 $\sum_{n=1}^{\infty} b_n$ 收敛到有限数.

系 2 若 $\{X_n\}$ 是相互独立的随机变量序列, 则 $\sum_{n=1}^{\infty} X_n$ 收敛 ([a.e.]) 的充要条件是

$$\sum_{n=1}^{\infty} X_n \quad \text{收敛 ([P]).}$$

定理 3.3 设 X 为随机变量, $\{X_n\}$ 为相互独立的随机变量序列. 如果存在一串随机变量 $\{Y_n\}$ 满足

(1) Y_n 与 $X_1, \cdots, X_n$ 相互独立 $(n \geq 1)$;

(2) $X = (X_1 + \cdots + X_n) + Y_n$ $(n \geq 1)$.

则 $\{X_n\}$ 是稳固的.

证 令 $f_n(t)$, $g_n(t)$, $f(t)$ 分别为 X_n, Y_n, X 的 c.f.. 由 (2) 得

$$f(t) = g_n(t) \left(\prod_{k=1}^{n} f_k(t)\right).$$

所以

$$|f(t)|^2 \leq |f_1(t)|^2 \cdots |f_n(t)|^2.$$

取 $\delta > 0$, 使 $|t| < \delta$ 时 $f(t) \neq 0$, 则 $\prod_{n=1}^{\infty} |f_n(t)|^2$ 在 $|t| < \delta$

收敛. 因此,由定理 3.1 得知 $\{X_n\}$ 是稳固的.

§4 无条件 [a. e.] 收敛

在这一节中,沿袭 §3 的符号.

定义 4.1 设 $\{X_n\}$ 是随机变量列. 如果自然数 $\{n\}$ 的任何一种重排 $\{N_n\}$,都有 $\sum\limits_{n=1}^{\infty} X_{N_n}$ 收敛 ([a. e.]),则说 $\sum\limits_{n=1}^{\infty} X_n$ 无条件 [a. e.] 收敛,或记作 $\sum\limits_{n=1}^{\infty} X_n$ 无条件收敛 ([a. e.]).

引理 4.1 设 $\{X_n\}$ 是相互独立随机变量序列,$\{f_n(t)\}$ 是对应的特征函数. 如果

$$\sum_{n=1}^{\infty} |1 - f_n(t)| < \infty \quad (t \in E, \; L(E) > 0),$$

则 $\sum\limits_{n=1}^{\infty} X_n$ 无条件 [a. e.] 收敛.

证 若 $\sum\limits_{n=1}^{\infty} |1 - f_n(t)| < \infty \; (t \in E)$,则 $\prod\limits_{n=1}^{\infty} f_n(t)$ 在 $t \in E$ 收敛,因此,由定理 3.2 知 $\sum\limits_{n=1}^{\infty} X_n$ 收敛 ([a. e.]). 而 $\sum\limits_{n=1}^{\infty} |1 - f_n(t)| < \infty \; (t \in E)$ 与次序无关,所以 $\sum\limits_{n=1}^{\infty} X_n$ 无条件 [a. e.] 收敛.

定理 4.1 设 $\{X_n\}$ 是相互独立的随机变量序列. 若 $\sum\limits_{n=1}^{\infty} X_n$ 无条件 [a. e.] 收敛,则 $\sum\limits_{n=1}^{\infty} |b_n| < \infty$ (b_n 之定义见定理 3.1).

证 若 $\sum\limits_{n=1}^{\infty} X_n$ 收敛 [a. e.],则由定理 3.2 系 1 知 $\sum\limits_{n=1}^{\infty} b_n$ 收敛到有限数,而今 $\sum\limits_{n=1}^{\infty} X_n$ 无条件 [a. e.] 收敛,所以 $\sum\limits_{n=1}^{\infty} |b_n| < \infty$.

定理 4.2 若 $\{X_n\}$ 是相互独立的随机变量序列,则下列诸陈述等价:

(1) $\sum\limits_{n=1}^{\infty} |1 - f_n(t)| < \infty \quad (t \in E, \; L(E) > 0)$;

(2) $\sum\limits_{n=1}^{\infty} X_n$ 无条件 [a.e.] 收敛;

(3) $\prod\limits_{n=1}^{\infty} f_n(t)$ 在任意有限区间 $[-T, T]$ 上依强控意义收敛 ($f_n(t)$ 为 X_n 的 c.f.).

证 (1) $\Rightarrow$ (2). 由引理 4.1 即得.

(2) $\Rightarrow$ (3). 设 (2) 成立. 由定理 3.1 知

$$\prod_{n=1}^{\infty} e^{-itb_n} f_n(t)$$

在任意有限区间 $[-T, T]$ 上依强控意义收敛,即存在一个收敛的正项级数 $\sum\limits_{n=1}^{\infty} c_n$, 使

$$\sum_{n=1}^{\infty} |1 - f_n(t) e^{-ib_n t}| \ll \sum_{n=1}^{\infty} c_n.$$

又由定理 4.1 及 $\sum\limits_{n=1}^{\infty} X_n$ 无条件 [a.e.] 收敛知 $\sum\limits_{n=1}^{\infty} |b_n| < \infty$. 所以

$$\sum_{n=1}^{\infty} |1 - f_n(t)| \ll \sum_{n=1}^{\infty} (|1 - e^{ib_n t}| + |1 - e^{-ib_n t} f_n(t)|)$$

$$\ll \sum_{n=1}^{\infty} (|b_n| T + c_n) \quad (当 \ |t| \leqslant T). \tag{4.1}$$

而 $\sum\limits_{n=1}^{\infty} |b_n|$, $\sum\limits_{n=1}^{\infty} c_n$ 都是收敛的正项级数. 所以 (4.1) 说明了

$\prod\limits_{n=1}^{\infty} f_n(t)$ 依强控意义收敛.

(3) $\Rightarrow$ (1). 显然成立.

定理 4.3 设 $\{X_n\}$ 是稳固的相互独立的随机变量序列,对于实数列 $\{c_n\}$ 而言, $\sum\limits_{n=1}^{\infty} (X_n - c_n)$ 无条件 [a.e.] 收敛的充要条件是

$$\sum_{n=1}^{\infty} |b_n - c_n| < \infty. \tag{4.2}$$

证 由 $\sum_{n=1}^{\infty} (X_n - b_n)$ 无条件 [a.e.] 收敛可得定理 4.3.

引理 4.2 设 $\{a_n\}$, $\{a'_n\}$ 都是实数列，$\{N_n\}$ 是自然数 $\{n\}$ 的一个重排，而且有

(1) $a_n = a'_n$ 对 n 充分大以后成立，

(2) $\sum_{n=1}^{\infty} a'_{N_n} = \sum_{n=1}^{\infty} a'_n,$

则

$$\sum_{n=1}^{\infty} a_n = \sum_{n=1}^{\infty} a_{N_n}.$$

证 由(1)可设 $a_n = a'_n$ （当 $n > m$）. 对 $\{N_n\}$ 作有限的调动成 $\{M_n\}$, 使 $M_1 = 1, \cdots, M_m = m$. 则

$$\sum_{n=1}^{\infty} a_{N_n} = \sum_{n=1}^{\infty} a_{M_n} = (a_1 + \cdots + a_m) + \sum_{n>m} a_{M_n}$$

$$= (a_1 + \cdots + a_m) + \sum_{n>m} a'_{M_n}$$

$$= (a_1 + \cdots + a_m) + \left(\sum_{n=1}^{\infty} a'_{M_n} - a'_1 - \cdots - a'_m\right)$$

$$= (a_1 + \cdots + a_m) + \left(\sum_{n=1}^{\infty} a'_{N_n} - a'_1 - \cdots - a'_m\right)$$

$$= (a_1 + \cdots + a_m) + \left(\sum_{n=1}^{\infty} a'_n - a'_1 - \cdots - a'_m\right)$$

$$= (a_1 + \cdots + a_m) + \sum_{n>m} a_n = \sum_{n=1}^{\infty} a_n.$$

引理 4.3 设 $\{X_n\}$, $\{X'_n\}$ 是两个随机变量序列，$\{N_n\}$ 是自然数 $\{n\}$ 的一个重排，而且有

(1) $\sum_{n=1}^{\infty} P(X_n \neq X'_n) < \infty,$

(2) $\sum\limits_{n=1}^{\infty} X'_n$, $\sum\limits_{n=1}^{\infty} X'_{N_n}$ 都收敛 ([a.e.]), 且

$$\sum_{n=1}^{\infty} X'_n = \sum_{n=1}^{\infty} X'_{N_n}, \quad [\text{a.e.}],$$

则 $\sum\limits_{n=1}^{\infty} X_n$, $\sum\limits_{n=1}^{\infty} X_{N_n}$ 都收敛 ([a.e.]), 且

$$\sum_{n=1}^{\infty} X_n = \sum_{n=1}^{\infty} X_{N_n}, \quad [\text{a.e.}].$$

证   由波莱尔引理得知, (1) 蕴含了
$$P(X_n = X'_n, \text{ a.a.}) = 1.$$

因此由·(2) 推知 $\sum\limits_{n=1}^{\infty} X_n$, $\sum\limits_{n=1}^{\infty} X_{N_n}$ 都收敛 ([a.e.]).

令 $E_1 = \{X_n = X'_n, \text{ a.a.}\}$, $E_2 = \left\{\sum\limits_{n=1}^{\infty} X'_n = \sum\limits_{n=1}^{\infty} X'_{N_n}\right\}$, $E = E_1 \cap E_2$, 则 $P(E_1) = P(E_2) = 1$, 所以 $P(E) = 1$. 因此, 若能证 $\sum\limits_{n=1}^{\infty} X_n(\omega) = \sum\limits_{n=1}^{\infty} X_{N_n}(\omega)$ ($\omega \in E$), 则引理得证. 事实上, 任取 $\omega \in E$, 令 $a_n = X_n(\omega)$, $a'_n = X'_n(\omega)$, 则 $\{a_n\}$, $\{a'_n\}$ 满足引理 4.2 中的全部条件, 所以 $\sum\limits_{n=1}^{\infty} X_n(\omega) = \sum\limits_{n=1}^{\infty} X'_n(\omega)$. 引理证毕.

引理 4.4   设 $\{X_n\}$ 为相互独立的随机变量序列, $\mathbf{E}(X_n) = 0$ ($n \geqslant 1$), $\sum\limits_{n=1}^{\infty} \mathbf{E}(X_n^2) < \infty$, 则 $\sum\limits_{n=1}^{\infty} X_n$ 无条件 [a.e.] 收敛, 而且对自然数 $\{n\}$ 的任何一个重排 $\{N_n\}$, 不仅有

$$\sum_{n=1}^{\infty} X_n = S, \ [\text{m}^2]; \quad \sum_{n=1}^{\infty} X_{N_n} = S_1, \ [\text{m}^2],$$

$$\sum_{n=1}^{\infty} X_n = S_1^* \ [\text{a.e.}]; \quad \sum_{n=1}^{\infty} X_{N_n} = S_1^*, \ [\text{a.e.}],$$

而且有 $S_1 = S_1^* = S = S^*$.

证 由定理 1.2 有

$$\sum_{n=1}^{\infty} X_n = S, \ [m^2]; \quad \sum_{n=1}^{\infty} X_{N_n} = S_1, \ [m^2],$$

$$\sum_{n=1}^{\infty} X_n = S^*, \ [a.e.]; \quad \sum_{n=1}^{\infty} X_{N_n} = S_1^*, \ [a.e.],$$

而且 $S = S^*$, $S_1 = S_1^*$. 但是

$$\lim_{n \to \infty} \left(S_1 - \sum_{k=1}^{n} X_k \right) = S_1 - S, \ [m^2],$$

所以由定理 1.2 有

$$\mathbf{E}(|S_1 - S|^2) = \lim_{n \to \infty} \mathbf{E} \left(\left| S_1 - \sum_{k=1}^{n} X_k \right|^2 \right)$$

$$= \lim_{n \to \infty} \left(\sum_{m=1}^{\infty} \mathbf{E}(X_{N_m}^2) - \sum_{k=1}^{n} \mathbf{E}(X_k^2) \right) = 0$$

因此 $S_1 = S$, $[a.e.]$, 引理证毕.

定理 4.4 设 $\{X_n\}$ 为相互独立的随机变量序列,$\sum_{n=1}^{\infty} X_n$ 无条件 $[a.e.]$ 收敛,则对自然数 $\{n\}$ 的任何一个重排 $\{N_n\}$,都有

$$\sum_{n=1}^{\infty} X_n = \sum_{n=1}^{\infty} X_{N_n}, \quad [a.e.]. \tag{4.3}$$

证 若 $\sum_{n=1}^{\infty} X_n$ 无条件 $[a.e.]$ 收敛,则由定理 1.7 可以作一串相互独立的随机变量 $\{X_n'\}$,使

$$\sum_{n=1}^{\infty} P(X_n \neq X_n') < \infty, \tag{4.4}$$

而且

$$\sum_{n=1}^{\infty} \mathbf{E}(X_n'), \quad \sum_{n=1}^{\infty} \mathrm{var}(X_n') \tag{4.5}$$

都收敛. 因此 $\{X_n' - \mathbf{E}(X_n')\}$ 满足引理 4.4 的全部条件,所以

$$\sum_{n=1}^{\infty} (X_n' - \mathbf{E}(X_n')) \tag{4.6}$$

无条件 [a. e.] 收敛,而且

$$\sum_{n=1}^{\infty} (X'_n - \mathbf{E}(X'_n)) - \sum_{n=1}^{\infty} (X'_{N_n} - \mathbf{E}(X'_{N_n})), \ [a. e.], \quad (4.7)$$

由 $\sum_{n=1}^{\infty} X_n$ 无条件 [a. e.] 收敛及 (4.4) 得

$$\sum_{n=1}^{\infty} X'_n \quad 无条件 \ [a. e.] \ 收敛. \quad\quad (4.8)$$

由 (4.6),(4.8) 得 $\sum_{n=1}^{\infty} \mathbf{E}(X'_n)$ 无条件收敛,所以

$$\sum_{n=1}^{\infty} \mathbf{E}(X'_n) - \sum_{n=1}^{\infty} \mathbf{E}(X'_{N_n}). \quad\quad (4.9)$$

由 (4.7),(4.9) 得

$$\sum_{n=1}^{\infty} X'_n - \sum_{n=1}^{\infty} X'_{N_n}, \quad [a. e.]. \quad\quad (4.10)$$

由 (4.4),(4.10) 和引理 4.3 得 $\sum_{n=1}^{\infty} X_n - \sum_{n=1}^{\infty} X_{N_n}, \ [a. e.].$ 定理
得证.

习 题

1. 若 $\sum_{k=1}^{\infty} \sigma_k^2 / k^2$ 发散,则存在一串相互独立相同分布的随机变量 $\{X_k\}$,
使 $\mathrm{var}(X_k) = \sigma_k^2$,而 $\{X_k\}$ 不服从强大数定律(提示:首先证明 $\sum_{n=1}^{\infty} P(|X_n| \geqslant \varepsilon n)$ 收敛是 $\{X_k\}$ 服从强大数定律的必要条件).

2. 柯尔莫哥罗夫不等式的推广. 设 $\{X_n\}$ 是相互独立的随机变量序列,
$\mathbf{E}(X_n) = 0, \ (n \geqslant 1)$. 令 $C_n = \{\sup_{k \leqslant n} |S_k| \geqslant c\}$,其中 $S_n = \sum_{k=1}^{n} X_k$,试证

$$c^r P(C_n) \leqslant \mathbf{E}(|S_n|^r \chi_{C_n}),$$

其中 $r \geqslant 1$,χ_{C_n} 为 C_n 上的示性函数.

3. 设 $\{X_n\}$ 为相互独立的随机变量序列. 令

$$T'_n = \sup_{k \leqslant n} |S_k|^r, \quad r \geqslant 1, \quad S_n = \sum_{k=1}^{n} X_k.$$

a 若 X_k 服从对称分布 $(k \geqslant 1)$，则
$$E(T_n^r) \leqslant 2E(|S_n|^r).$$

b 若 $E(X_k) = 0$ $(k \geqslant 1)$，则
$$E(T_n^r) \leqslant 2^{2r+1}E(|S_n|^r).$$

4. 设 $\{X_n\}$ 是相互独立的随机变量序列，$E(X_n) = 0$ $(n \geqslant 1)$，$r \geqslant 1$，如果

$$\sum_{n=1}^{\infty} \frac{E(|X_n|^{2r})}{n^{r+1}}$$

收敛，则 $\{X_n\}$ 服从强大数定律.

5. 设 $\{\theta_n\}$ 是相互独立的随机变量序列，若 $\sum_{n=1}^{\infty} c_n^2 < \infty$ $(\{c_n\}$ 是实数列)，则 $\sum_{n=1}^{\infty} c_n e^{i\theta_n}$ 收敛，[a. e.].

参 考 文 献

[1] Halmos, P. R., Measure theory, D. Van Nostrand Company, INC., Toronto, New York, London, 1951. (中译本: 王建华译,测度论,科学出版社, 1958.)
[2] Гнеденко, Б. В. и Колмогоров, А. Н., Предельные распределения для сумм независимых случайных величин, Гостехиздат, 1949. (中译本: 王寿仁译,相互独立随机变数之和的极限分布,科学出版社, 1955.)
[3] Feller, W., An introduction to probability theory and its applications, V. 2, Second edition, Wiley, New York, 1971.
[4] Loève, M., Probability theory, D. Van Nostrand Company, INC., Toronto, New York, London, Second edition, 1963.
[5] 许宝騄, L 族内的分布函数的绝对连续性,北京大学学报（自然科学）, 4(2), 145—150 (1958).
[6] 赵仲哲,稳定性分布律的显明公式,数学学报,3(3), 177—185 (1953).
[7] 胡迪鹤,不变原理及其在分枝过程中的应用,北京大学学报(自然科学), 10(1), 1—27 (1964).
[8] Donsker, M., An invanriance principle for certain probability limit theorems, Mem. Amer. Math. Soc., No. 6 (1951).
[9] Cramèr, H., Mathematical methods of statistics, Princeton University Press, 1946. (中译本: 魏宗舒译,统计学数学方法,上海科学技术出版社, 1960.)
[10] 严士健,王隽骧,刘秀芳,概率论基础,科学出版社, 1982.

《现代数学基础丛书》已出版书目